珠江河口水动力环境
研究与探讨

方神光　王少波　高龙华　著

黄　河　水　利　出　版　社
·郑州·

U0791267

图书在版编目(CIP)数据

珠江河口水动力环境研究与探讨/方神光,王少波,高龙华著. —郑州:黄河水利出版社,2014.4
ISBN 978-7-5509-0718-8

Ⅰ.①珠… Ⅱ.①方… ②王… ③高… Ⅲ.①珠江-河口-水动力学-研究②珠江-河口-水环境-研究 Ⅳ.①TV882.4 ②X321.26

中国版本图书馆 CIP 数据核字(2014)第 018991 号

出 版 社:黄河水利出版社
地址:河南省郑州市顺河路黄委会综合楼 14 层 邮政编码:450003
发行单位:黄河水利出版社
发行部电话:0371-66026940、66020550、66028024、66022620(传真)
E-mail:hhslcbs@126.com
承印单位:河南新华印刷集团有限公司
开本:850 mm×1 168 mm 1/32
印张:7.625
字数:210 千字 印数:1—1 000
版次:2014 年 4 月第 1 版 印次:2014 年 4 月第 1 次印刷

定价:30.00 元

前　言

珠江河口地区地处我国改革开放的前沿地带，经过近30多年的快速发展，经济社会取得了巨大成就，但同时也极大地改变了河口地区的地形地貌和水文自然条件，对河口地区生态环境造成了显著的负面影响，为河口地区的可持续性发展带来了诸多问题。珠江河口地区地形地貌变化多端，河网密布，八口入海，潮汐和径流在此交汇作用，加之人类活动剧烈且频繁，导致河口地区水动力环境复杂多变。由于河口水动力环境与河口防洪排涝、泥沙输运、河口整治、咸潮入侵、陆海物质交换、河口湿地、生物栖息地和生物多样性研究息息相关，是开展各项研究工作的前期基础性研究工作，随着近年来河口地区生态系统退化造成的人类生存环境的恶化，有关珠江河口水动力环境问题的研究成果也逐年增多，但由于河口生态系统的开放性、多样性和复杂性，在河口基础性研究领域方面还急需投入更多更为艰巨的研究和探索工作。

有鉴于此，本书基于大量的河口实测资料和数学模型，对重点关注的珠江河口伶仃洋水域和磨刀门水域的水动力环境特性进行了较为详细的探讨。全书共7章。第1章中，对珠江河口面临的主要问题和河口治理研究现状进行了总结；分析了伶仃洋水域水动力特性；对国内外河口盐水入侵研究现状进行了回顾；对珠江河口盐水入侵特性及其对河口水动力和水环境的影响进行了阐述。第2章中，详细推导了河口二维和三维水动力与盐度数学模型，对河口三维水动力和盐度数学模型进行了初步验证；建立了伶仃洋河口地区二维水动力数学模型，对模型进行了验证。第3章和第4章，采用实测资料对伶仃洋水域的纳潮演变和水体交换进行了详细分析；基于验证过的数学模型，对伶仃洋水域各典型断面现状进出潮量和水体交换特性分别进行了计算和分析；详细探讨了珠江河口口门兴建的港珠澳大桥对伶仃洋水域纳潮和水体交换的影响。第5章，基于实测资料分析了磨刀门水道的水动力特性，并对磨刀门水道咸潮入侵影响因素及其对水动力环境的影响进行了总结。第6章，基于磨刀门水道实测盐度资料，对磨刀门水道咸潮入侵特性及其规律进行了详细分析。第7章，采用建立的磨刀门水道三维潮流和盐度数学模型及水质模型，对磨刀门水道水动力特性与盐度分布特性进行了详细分析和探讨，并模拟和分析了咸潮入侵对磨刀门水道污染物输移和扩散的影响。

本书第2~4章由方神光执笔，第1、7章由高龙华执笔，第5、6章由王少波执笔。本书在撰写过程中，得到了珠江水利科学研究院王现方院长、徐峰俊总工、李亮新副院长、谢宇峰副院长、黄胜伟副院长、邓家泉副院长、王琳副院长、陈文龙副院长、吴小明教授、陈荣力教授、张康博士、蓝霄峰硕士、蒋玉玲硕士、彭威硕士、崔丽琴学士等人的关心和帮助，在此一并表示衷心的感谢。

本书的出版得到了国家自然科学基金“珠江河口盐水入侵对有机污染物的影响机理研究”(51109232)、广州市科技计划项目－珠江科技新星专项“港珠澳大桥对伶仃洋水域纳潮和水体交换的影响机理研究”(2012J2200076)和广东省自然科学基金“珠江河口盐水异重流对有机污染物的影响机理研究”(10151061101000001)项目的资助。

鉴于珠江河口问题的复杂性及作者认识水平所限，书中难免有不妥及错误之处，敬请读者批评指正。

作　者

2013年11月

目　录

第1章 绪 论

1.1 引 言

珠江河口地区是我国经济社会最为发达的地区之一，得益于河口地区优良的自然地理环境和丰富的河口生态环境资源，但也面临着众多亟待解决的问题，例如：河口的洪、涝、潮、咸、旱、台风等自然灾害；人类活动如采沙造成的水沙重新分配、河势变化、局部洪水位壅高、咸潮入侵等；河道污染严重，水质性缺水问题日益突出，水环境、生态环境趋于恶化；大量滩涂围垦开发和水体严重污染造成生态环境的破坏和经济上的巨大损失等。这些问题对当前珠江河口地区经济社会的可持续性发展形成了显著障碍和制约。入海河口地处海陆交汇处，同时受到径流、潮汐、波浪、泥沙、风等综合影响，其水动力环境十分复杂。一方面表现为河流与潮汐的复杂动力作用；另一方面表现为淡水与咸水的相互作用。由于河水与海水的密度不同，海水常呈现楔形在淡水之下沿河向上游入侵；河水则常呈淡水舌在海面向远方扩散，且咸淡水交汇地带，常引起明显的泥沙堆积作用，形成河口的拦门沙分布。珠江河口前缘东起九龙半岛九龙城，西到赤溪半岛鹅头颈，大陆岸线长450多km。河口由八大入海口门组成，东四口门是虎门、蕉门、洪奇门和横门，注入伶仃洋；西四口门自东向西为磨刀门、鸡啼门、虎跳门和崖门，其中磨刀门注入南海，鸡啼门注入三灶岛与高栏岛之间的海域，虎跳门和崖门注入黄茅海河口湾。

珠江水系汇入三角洲后具有“三江汇流、网河密布、八口入海”的独特水动力环境特征。珠江河口八大口门多年平均径流量为3 260亿m^3；东四口门径流占珠江河口年径流量的61%，其中虎门、蕉门、洪奇门和横门分别占24.5%、16.8%、7.2%和12.5%；西四口门占年径流量的39%，其中磨刀门、鸡啼门、虎跳门和崖门分别占26.6%、4.0%、3.9%和4.5%。从输沙量来看，珠江河口多年平均悬移质输沙量为7 024万t，东四口门和西四口门分别占总输沙量的56.8%和43.2%；磨刀门径流和输沙分配比例最大，是珠江泄洪排沙的主要口门。珠江河口潮汐主要是不正规半日混合潮型，一年中夏潮大于冬潮，最高潮位、最低潮位分别出现在春风和秋分前后，且潮差最大，夏至、冬至潮差最小。因受汛期洪水和风暴潮的影响，最高潮位一般出现在6~9月，最低潮位一般出现在12月至次年2月。受人类活动和水文环境变化影响，近30年来口门站高低潮位都有抬高趋势。珠江河口属南亚热带海洋性季风地区，根据赤湾站统计资料，全年盛吹偏东风，E向风频率为23.4%，SE向风频率为14.2%，实测最大风速达30 m/s。赤湾海区波浪以风浪为主，出现最多的是S向，其次是N向，再次为ENE向；风浪的年平均波高为0.2 m，最大波高为1.2 m，出现在10月。

河口区是河流与海洋的交汇地带，咸潮活动是河口水动力环境最为典型的特征之一。盐度分布是径流、重力环流、扩散流相互作用平衡的结果。重力环流源于高盐水自底部向河口上游深入过程，从而使得等盐度线分布展平而形成分层反向流动；扩散流则是潮汐抽吸、剪切扩散以及其他过程的结果。河口地区各种动力因素和地形的相互耦合作用，常常使混合过程异常复杂，从而控制盐度分布的时空变化。潮汐潮流是咸潮活动的“动力源”，潮流对盐水的对流输运，潮汐引起的紊动混合，潮汐与地形共同作用引起的“潮汐捕集”和“潮汐抽送”，使珠江河口盐度受潮汐涨落的日变化和大小潮变化控制。在珠江河口，由于洪、枯季入海径流量的巨大差异，以及各口门地理位置和地形特征不同，导致不同季节和不同区域河口盐水入侵规律不同。以伶仃洋为例，该河口湾呈现宽而浅的喇叭状、三滩两槽、西滩大而浅的地形分布格局，含盐度分布呈现东高西低和S形北东—南西走向。一般情况下，枯季高潮时，30‰的含盐等值线可伸入到内伶仃岛以北的东槽，2‰的含盐等值线则几乎可上溯至各东四口门，尤其是潮势较强的虎门水道，可上溯至大虎以上，黄埔最大含盐度曾达9‰；汛期高潮时，海区含盐度小于20‰，2‰的含盐等值线下移至深圳永福—淇澳岛一线。对输水和水沙最大的磨刀门口门，则无论枯、汛期，咸淡水都呈现显著的分层现象，盐水楔运动明显。

珠江河口所处地理环境、地形地貌、径流分配、潮汐及盐水入侵等特征共同塑造了其独特的河口水动力环境，从而对水环境和水生态产生影响。近些年来，伴随经济高速发展的同时，区域内水污染也日趋严重。珠江口门的延伸、水域的围垦、大型涉水工程的建设等人类活动，都直接减少了珠江口的纳潮量和水体交换能力，改变了珠江口的水动力环境特性，进而影响到河口污染物的输运和扩散、水体盐度、水域环境容量、水生物栖息地、水生物的种群和数量等。珠江河口地区近30年经济迅速发展的同时，水生态环境的恶化已对区域经济社会的可持续性发展构成了显著的影响和制约；鉴于珠江河口治理和开发中出现问题的复杂性，深入开展珠江河口水动力环境方面的基础研究工作，有助于理解珠江河口水动力作用的机制，探寻复杂表象下的根本原因，为人水和谐的河口治理和保护提供科学依据。

1.2 珠江河口水生态环境的主要问题

河口地区是我国经济最发达的地区，在国民经济中占有十分重要的地位，目前，河口地区的经济在全国国民经济中占有50%以上的比重，仅长江和珠江三角洲的国民生产总值就约占全国的1/4。珠江河口伶仃洋海域沿岸经济区由三大城市群组成，北部为广州市和佛山市，东部有深圳市、东莞市和惠州市，西部有珠海市和中山市等，总面积约41 698 km^2，约占广东全省面积的23%。另外，还有位于伶仃洋东岸的香港和西岸的澳门两个特别行政区。经过30多年的发展，该地区人口密集、经济发达，成为我国最具活力的地区之一。但是，伴随该区域经济快速发展的是人类活动对河口自然生态环境的超强度索取和干预，河口地区丰富的自然资源在给人类带来诸多益处的同时，也由于人类活动的破坏带来了一系列严重的生态环境问题。

1.2.1 河口污水排放造成水体污染严重

珠江河口海域是我国近岸污染最严重的海域之一，据不完全统计，每年大量未经处理的生活污水、工业废水直接或间接排入珠江河口的超过20亿t，大量的污染物日积月累，致使珠江河口海域水质普遍超出三类海水水质标准。2003～2005年广州市海洋地质调查局对珠江三角洲近岸海域海洋地质环境进行了调查，调查结果表明珠江河口附近海域海水中无机氮、NH_4^+、pH值、PO_{14}^-、Pb、硫化物、石油类达到了重污染级，其中重金属Pb、无机氮、石油类几乎100%超标。珠江河口成为仅次于渤海湾的全国第二大重点污染海域。污水的无序排放严重恶化了伶仃洋河口地区的水环境，给渔业资源和生产造成重大的经济损失，威胁河口生物的生存。国家一级保护动物“白海豚”已不再见，著名的沙井蚝和中华对虾面临消失的危险，栖息于珠江河口的19种经济鱼类和25种虾类出现大量死亡。海湾水域的污染导致赤潮越来越严重，每年约发生7次。近年来发生赤潮的频率越来越高，持续的时间延长，危害程度加大，造成的经济损失巨大，1998年珠江河口发生特大赤潮，造成3.5亿元的经济损失。

1.2.2 咸潮上溯严重影响河口水生态环境和供水安全

近些年，随着珠江河口联围筑堤和航道整治，导致河口拦门沙的退化和消失，咸潮入侵逐年加重，由此对珠江河口生态环境及生物资源的生存环境造成重大影响。研究显示，海水盐度对红树林及海洋生物生长发育及生理活动有着多方面的影响，是海洋生态的基础环境因子。海水盐度升高对海洋生态与气候变暖、气温升高对陆地生态一样有着深层次的巨大影响。海水中盐度的变化对海洋生物有着非常重要的影响。多数无脊椎动物和原始鱼类（如鲨和鳐）血液和体液的含盐量约等于海水的平均盐度；硬骨鱼类血液中盐浓度仅是周围海水盐度的30% ~50%。海洋生物为维持正常的生理、生化活动必须要保持体内相对稳定的盐浓度和水分，因此伶仃洋河口地区海水盐度的变化对近海生态环境影响巨大。同时，珠江河口地区分布着广州和深圳等众多重要城市，目前香港供水水源的70%以上来自东江下游干流河道跨流域调水，澳门供水水源则全部来自三角洲磨刀门水道。随着珠江河口地区人口和产业的高度聚集，社会经济用水不断增长，而水环境日益恶化，水质型缺水问题日益突出。尤其是近年来珠江河口地区咸潮发生频率越来越高，咸潮上溯的影响范围也愈来愈广，咸潮上溯影响程度也越来越严重，持续的时间也越来越长，对澳门和珠江三角洲地区居民和大量工业企业的供水安全构成了严重的威胁，供水安全问题已成为制约河口地区社会发展和社会稳定的关键因素。

1.2.3 水利工程建设对河口生态系统的胁迫效应巨大

珠江河口滩涂湿地处于海洋、淡水、陆地间的过渡区域，是一个活跃的生态系统，它以其自身的生态优势维系大量的水生生物和植物的生存发育。区域内自然资源、自然环境和人类开发活动的相互作用最活跃，是典型的生态环境脆弱区域。珠江河口红树林湿地不仅可以除去水中的磷和吸收环境中的重金属，起到净化水体的特殊作用和价值，而且是河口生物种聚集地，咸淡水交叠环境的鱼、虾、蟹、贝类资源十分丰富，栖息红树林的鹭科、鸭科等鸟类达100多种。另外，珠江河口红树林湿地是候鸟从大洋洲到北亚徒迁往返的重要一站，广阔的滩涂和丰富的底栖动物为它们提供休息活动的场所和食物，到此落脚的鸟类最多年份达20万只以上。

新中国成立以来，为解决伶仃洋河口地区防洪、防潮问题，开展了大规模的联围筑闸工程，阻断了河网水域之间水生生物的正常流动；江河堤防、港口码头等大量混凝土工程使水生植物难以生长，水生动物难以栖息；大型水电站和枢纽工程阻断了洄游鱼类到内河产卵水域的路径，对鱼类资源影响深远。例如，洄游性鱼类鲥鱼，20世纪 50 年代在磨刀门的每网捕获量为 20 ~ 25 kg,90 年代后只有 0.5 ~1.0 kg。此外,珠江流域内近 9 000 座水库还改变了天然输沙量和径流量的情势,使得以生物多样化为特征的河口滩涂湿地面临萎缩退化的危险,对潮间带和浅水滩涂水生物栖息地造成影响。基础建设的迅速发展同时也引发了对河口地区的大量采沙活动,这直接造成河口地区地形地貌的显著变异,改变了河口的自然演变规律,破坏了底栖生物的种群和数量。

尤其对滩涂的侵占以及河口治理和管理工作相对滞后,引发了滩涂资源过度开发利用和滩涂湿地保护极不协调的矛盾,导致大量滩涂湿地和河口红树林的减少。据不完全统计,1950 ~ 1999 年间来珠江河口开发利用滩涂资源共 6.0 万 hm^2,其中 1950 ~ 1980 年开发利用 1.9 万 hm^2,1981 ~ 1989 年为 1.5 万 hm^2,1990 ~ 1999 年为 2.6 万 hm^2。珠江河口滩涂湿地和红树林的减少不仅削弱了河口地区防洪纳潮和抵御台风暴潮的能力,而且严重影响了河口生态功能,特别对珠江河口地区自然资源的可持续利用影响尤为重大。

1.2.4 水环境变异对河口生态系统影响显著

珠江河口水环境的变异引起原有水生生物栖息繁衍场所的锐减,改变和破坏了水生生物的生存环境,导致河口生物多样性的减少和水生态种群的生存危机。1980 ~ 2000 年间,水生生物发生很大的变化,冬季浮游植物种类由 158 种下降到 97 种,浮游植物生物量由 1 711 万 ind/m^3 下降到 100 万 ind/m^3;夏季浮游动物种类由 133 种下降到 16 种,浮游动物生物量由 2 339 mg/m^3 下降到 69 mg/m^3;潮间带生物物种减少十分明显,生物平均生物量由 1 207 g/m^3 下降到 370 g/m^3,平均栖息密度从 88 735 ind/m^3 下降到 8 478 ind/m^3;底栖生物平均栖息密度从 342 ind/m^3 下降到 153.33 ind/m^3;浮游动物年平均生物量逐年减少。处于高级营养级类群中的鱼类也受到水环境变异的影响,近年珠江河口的渔获率已从 1983 年的 251 kg/h 锐减至不到原来的 1/6。

可见，珠江河口渔业资源衰退的严重程度，鱼、蟹、贝栖息繁衍场所锐减，珍稀动植物生存受到严重威胁。环境的恶化使不少珍稀濒危野生动植物生存受到严重威胁，如国家一类重点保护野生动物中华白海豚，现在已变得十分稀少。珠江三角洲沿岸的红树林面积逐年锐减，红树林滩涂面积仅存原有的 1/4，而且红树林的外貌和结构都变得简单，有些珍贵树种消失了，防潮护岸的功能也大为减弱，众多的湿地生态系统遭到人为破坏，珠江河口海域的生产力大幅下降。

1.2.5 缺少针对河口湾生态系统健康和治理工程效果的评估指标体系

生态系统的健康与生物多样性紧密相连，生物多样性是地球上生命经过几十亿年发展进化的结果，是人类赖以生存的物质基础。然而，随着人口的迅速增长，人类经济活动的不断加剧，作为人类生存最为重要的生物多样性受到了严重的威胁。海洋蕴藏着丰富的海洋生物资源，是人类重要的食物来源，每年为全球人类提供了 22% 的动物蛋白。但由于人类对海洋资源的开发利用强度日益加剧，过度捕捞、生境丧失、环境污染、生态入侵、海水养殖单一化使海洋生物多样性受到严重威胁，大批物种正在急剧减少乃至绝灭。然而，我们对于生物多样性受威胁的程度、原因等又缺乏了解，生物多样性动态变化的监测几近空白，由于各河口生态系统的复杂性和开放性，尚缺少一套统一的针对不同类型河口开展生物多样性和生态系统健康评估的指标体系。因此，针对伶仃洋河口湾，极有必要采取跨行业和跨学科合作的方式，组织各部门的科研力量，建立针对该海湾的生态系统评估指标体系，不仅能分析和评估该海湾生态系统的健康状况，而且可用来指导开展的生态治理和恢复工作的方向。

1.3 河口水生态环境治理和研究现状

世界上大多数国家的人口和经济发达地区都处在河口地区，各国河口都经历了由于人口增长和人类活动加剧造成的各种生态环境问题,包括河口地区的沉降、水质恶化、咸水入侵、生物栖息地的破坏、渔业等生物资源锐减以及整体生态系统的退化等。其中,河口地区的人类活动主要指滩涂围垦、河口采沙、航道疏浚、港口工程建设、河口地区排污以及商业捕捞等,这些活动在近 100 年内对河口的地形地貌、水动力和泥沙环境、水质、咸潮入侵产生了重大影响,由此引发了河口海域生态系统的急剧退化及生物资源的锐减,对包括我国在内的全世界人类社会的安全和可持续发展构成了严峻挑战,成为各国科学家积极探索和应对的主要课题。

河口地区的地形地貌和水动力环境是在过去千万年的演变中逐渐形成的,李春初[1]对河流优势型、潮汐优势型、波浪优势型三大河口类型体系的自动调整作用及其地貌特征形成机制进行了阐释,指出河口的功能会通过体系内部各要素如流速、比降、水深、河口宽度以及泥沙组成等的不断调整并表现出某种特定的最优形态,以适应和满足河流和海洋两个方向上能量的输入、传递和输出。戴志军等[2]指出沉积、生物、化学特性也是河口的重要特征要素,因为河口污染物的扩散及自净、河口生态物种和环境突变都与河口系统有内在的联系。有史以来珠江三角洲的发展可以归纳为泥沙持续在口门外堆积、海岸线不断向海推移、出海河道不断延伸、口门相应外移、河口湾逐渐淤积的过程。100 多年来,人工促淤围垦、联围筑闸,加快了河口三角洲的淤长和海岸线演变的速度。因此,近些年来河口滩涂围垦及港口码头等涉水工程的建设是导致河口地区地形地貌迅速发生变化的主要原因。河口地形地貌变化的直接体现是,河口生态湿地面积迅速萎缩。长江河口、黄河河口、辽河河口在一定时期都出现过不同程度的围垦。据统计,1978 ~ 2002 年,长江河口围海造地面积达 3.4 万 hm^2[3]。黄河三角洲地区由于围滩造田,造成滩涂底栖动物多样性降低,使迁徙鸟类的栖息地和饵料受到破坏;乱捕滥挖,直接导致湿地动植物资源减少,破坏了湿地环境[4]。20 世纪 80 年代以来,辽河三角洲湿地由于大面积围垦,原有湿地面貌发生很大变化，自然湿地面积大量减少，稻田等人工湿地逐渐增加[5]。人类围垦活动除了直接造成湿地面积减少外，还会造成湿地生境质量变差，生物多样性下降，湿地生态功能减退[6]。大多河口湿地处于东部沿海，土地压力大，土地需求紧迫，在各种因素作用下，对河口湿地的围垦活动持续不断。

导致湿地退化的另一主要因素是河道上兴建的大型水利工程，这些工程在防洪、灌溉、发电等方面带来正面效应，但其对生态环境的影响却是不容忽视的[7]。修建水库和堤防，拦截水源使得河口湿地与周围的水利联系减少甚至中断，湿地变干、萎缩，使地表盐分难以向下游排泄而加剧湿地盐碱化[8]。黄河近年来断流频繁，下游生态环境条件恶化主要与黄河干流上梯级水利枢纽的建设有关[9]。珠江流域已建水库总库容超过 $46\times10^9\ m^3$ 的电站枢纽水库，水库改变了天然输沙量和径流量，成为珠江河口滩涂湿地萎缩退化的重要原因之一[10]。辽河河口红海滩地退化也与一些水利工程的建设密切相关，红海滩的主要植被是翅碱蓬，其生长的主要限制因子是盐分，由于拦海大堤的修筑，入海淡水减少，物质沉积使滩涂面积增加，幅度延伸，适宜翅碱蓬生长的范围逐渐缩小[11]，高处土壤积盐加快，翅碱蓬不能生长；一些地势较低的渍涝滩涂的边缘因潮水淹没过深或淹没时间过长，翅碱蓬逐渐枯萎死亡[12]。此外，在气候干旱的年份，辽河河口拦河大闸关闸断水，没有足够淡水补充，使得河口海水盐度升高，由于翅碱蓬生长区吸附和渗透了大量的潮汐海水，加上土壤水分蒸发，使地表积盐，造成盐渍化，超出了翅碱蓬生长的耐盐极限，从而引起翅碱蓬群落退化死亡[13]。

河口地形地貌的变化及水利工程对河口湿地退化的影响，最根本的原因是由于围垦及水利工程建设等改变了流域的水文、水动力及水沙输移环境条件，从而影响到流域内的生态环境。美国佛吉尼亚州国土保护部门的杰森·爱尔克逊（Jason Ericson）及其研究人员指出，68%的河口三角洲主要是由于河口泥沙缺失而导致的下沉。陈吉余等[14]指出，河口及其邻近岸段是促淤造地的重要地区，有的河口治理与围涂相结合，有的河口疏浚和围垦相结合，但河口在涨落潮流路变异时所带来的冲淤变异往往导致较大的灾害，必须对其进行水沙运动规律和自然适应性的基础研究，必须在促淤造陆和湿地保护之间进行权衡。

河口地区滩涂和湿地的萎缩直接改变了海域的地形地貌及水动力边界条件，造成的另一个影响是海湾纳潮和水体交换发生变化。纳潮量是海湾环境评价的重要指标，其大小反应了海湾的自净能力，决定了海湾与外海的交换强度，对海湾环境、生态及冲淤等方面意义重大[15]。研究分析显示[16,17]，从1978～2007年，伶仃洋水域面积缩小了约253.83 km^2，近30年间，伶仃洋水域纳潮量减少了约11.79%；纳潮量的大幅度减少无疑直接削减了伶仃洋河口湾水域的水环境容量，进一步降低了该海域生态系统的自净能力和承载能力。因此，在对伶仃洋海域生态环境的综合治理中，急需就该方面开展更多的研究和探索工作。

伶仃洋河口地形地貌及水动力和水沙环境的变化导致的另一个重要变化因素是咸潮入侵规律发生的变异，从而影响到海湾水体的理化性质和生态系统。从区域水文变化来看，近年来伶仃洋河口及上游区域干旱比较严重，淡水入流急剧减少，同时伴随天文大潮的出现[18]，导致2004年冬至2005年春珠江三角洲爆发了42年来最严重的咸潮入侵[19]。同时，近年来的河道采沙、航道整治、滩涂围垦、口门延伸和拦门沙的消失进一步加剧了伶仃洋河口咸潮入侵的趋势，海域海水含盐度升高的趋势影响到海水水质的各个要素，通过对2005年年初珠江河口特大咸潮入侵期采样点的盐度和COD等要素分析显示[19]，盐度的升高改变了入海河口段的理化环境，水体中的铵盐硝化作用被抑制并上移。俞鸣同[20]对闽江口河口盐水楔的活动进行了研究，指出在水体锋面上悬移质活跃，生物群落复杂。崔莹等[21]在研究长江口南港水域COD和营养盐分布的时候发现，除NH_4—N外，其他营养盐与盐度呈现良好的负相关性，COD的分布呈现口内高、口外低的特征。因此，已有相关研究显示，咸潮入侵直接影响到了河口湾的水环境质量。

伶仃洋为弱潮型河口湾，咸潮入侵下，容易出现海水与河水之间明显的分层现象[22]，海水在表层淡水下方呈楔状沿河底向上游推进，形成盐水楔或异重流[23]，从而对河口污染物的输移和扩散造成直接影响。据2003年在珠江河口海域布设的41个站点取海水各层样本分析得出的水质状况调查显示[24]，仅有2个站点处于中度污染，其余皆为重污染。另据2004～2005年进行的珠江污染物入海通量监测结果表明，排入珠江河口海湾的主要污染物为COD和无机氮，其次是磷和石油类，海水质量大都为四类或劣四类，沉积物则普遍受到铅、镉、砷和铜的污染。大量的有机污染物排放，使该海域有机污染严重。由径流挟带入伶仃洋河口的高浓度COD经过迁移和转化，逐渐形成表高底低的垂向分布[25]。在夏季，在强烈太阳辐射下，口门径流下泄的暖热水与底层温度较低的高盐水体形成温跃层，同时盐水异重流的入侵会形成一盐度梯度较大的盐度跃层，在热带海域，经常发现温度跃层顶端深度大于盐度跃层深度，温跃层和盐度跃层形成海洋障碍层现象，从而阻止上、下层水体温度和物质的交换[26]，这也是造成珠江河口海域底部贫氧或缺氧的主要原因之一。包芸和任杰[27]采用改进后的Backhaus三维斜压模式模拟出珠江河口盐度高度分层现象，指出该高度分层现象对珠江河口伶仃洋水动力及泥沙、污染物输运的影响有待进一步研究。显然，伶仃洋河口由盐水入侵形成的盐水分层现象对河口生态系统及生物资源效应的影响有待于深入研究。

综上可见，河口海湾地区由于处于海陆交汇处，与生态系统密切相关的滩涂湿地和浅海水域等容易受到海陆相互作用的影响，在人类活动和风暴潮汐的影响下，维持生态平衡更加困难。失去平衡或退化后的河口生态系统的治理和恢复又是一个涉及河口地形地貌、水文水动力、泥沙运动学、海洋环境和海洋生态学等各学科交叉的综合研究课题，其工作量巨大，各学科相互紧密交叉互动，研究任务艰巨。在恢复河口生态时，不仅要考虑到恢复河口不同生境之间的联系，还要恢复河口的微地貌，进而有助于河口地区物质和能量的交换，使河口生态系统达到和谐状态[28]。从各国经验看，成功的河口治理都十分注重河口生态的保护，在此基础上积极开展基础理论方面的研究工作。但由于河口湾生态系统的复杂性、区域的开放性、不同生态系统类型的异质性、边界的模糊性以及开发利用方式的差异性等特点，难以形成适用于不同河口生态治理的统一经验或方法[29,30]。伶仃洋河口由于地处珠江三角洲区域经济发展的中心，在开展水动力环境和水生态基础研究工作的同时，通过跨行业合作和跨学科紧密结合的方式，综合治理和恢复该河口海域生态系统，有利于周边包括香港和澳门特区在内的珠三角城市群实现社会经济的安全和可持续发展战略，其研究成果还可为其他河口治理提供参考和借鉴。

1.4 珠江河口水动力环境特性

1.4.1 伶仃洋水下地形特征

伶仃洋水下地形呈现三滩两槽的地貌，其复杂的水下地形及动力过程使伶仃洋的各槽道具有不同的特征。大致以伶仃洋西槽（伶仃水道）西侧 -5 m（黄线）等深线为界，此线以西的西部浅滩区属于径流作用为主的河口；以东的槽滩区属于潮流作用为主的河口。-5 m 等深线沿伶仃水道向虎门嵌入，把伶仃洋分为东、西两部分；东部的 -10 m 等深线由香港急水门沿暗士顿水道伸入到赤湾，而 -5 m 等深线则直达虎门。在东、西两条 -5 m 等深线之间，水深不足 5 m 的矾石浅滩位于伶仃洋中部，称为中滩。中滩以东为矾石水道（东槽），中滩以西为伶仃水道（西槽）。内伶仃洋水下地形的两槽（东槽和西槽）和三滩（西滩、中滩、东滩）的格局近百年以来虽然无大的变化，但滩槽的平面形态仍在不断的变化中，总的趋势是西滩向东南方向扩展，中滩向东淤长，东滩向西略有扩展，深槽向东渐淤，并有下移趋势。在赤湾—内伶仃岛—淇澳岛一线以南的外伶仃洋，-20 m等深线延展在湾口外的万山群岛—隘洲岛—外伶仃岛之间，在桂山岛与大濠岛之间有一水深20 m的水槽，-10 m等深线则楔入伶仃航道直到虎门口。在伶仃水道西侧-5 m等深线以西的浅海区有一条水深不到5 m的帆船水道，主要接纳来自横门、洪奇门以及蕉门延伸段的水流，通过帆船水道与澳门水道下泄的水流汇合，经大西水道进入南海；而在伶仃水道西侧-5 m等深线以东的水流，主要通过伶仃水道和矾石水道的部分水流经过铜鼓浅滩（包括内伶仃岛以南浅滩）区的次深槽（铜鼓西槽）经大濠水道和青州水道进入南海；矾石水道的另一部分水流则汇入暗士顿水道出南海。

1.4.2 潮汐

珠江河口潮汐系数为0.94～1.77，为不规则半日混合潮型，潮周期大约为12.42 h，日不等现象显著。各验潮站平均潮差均不超过2 m，属弱潮河口。潮波属于以驻波为主，有某些前进波性质的合成潮波。以2007年8月同步实测潮位资料为例进行整理和分析，各潮位站点经纬度坐标见表1-1，相关结果见表1-2。

表1-1 潮位站点坐标

验潮站	北纬	东经
大万山岛	21°56′00″	113°43′00″
桂山岛	22°08′29″	113°49′12″
内伶仃岛	22°25′26″	113°47′57″
赤湾	22°28′28″	113°52′16″
宝安机场	22°39′30″	113°47′39″
南沙港区	22°38′54″	113°40′50″
万顷沙	22°34′01″	113°37′39″
横门	22°34′31″	113°31′11″
大虎山	22°47′54″	113°37′10″

表 1-2　2007 年 8 月实测站点潮位特征值统计　（单位：m）

站点		2007 年 8 月 13～14 日		2007 年 8 月 16～17 日		平均潮差	最大潮差
		平均潮差	最大潮差	平均潮差	最大潮差		
大万山岛	涨潮	1.26	1.34	1.00	1.06	1.12	2.02
	落潮	1.19	2.02	1.05	1.43		
桂山岛	涨潮	1.32	1.35	1.12	1.16	1.21	2.17
	落潮	1.30	2.17	1.09	1.51		
内伶仃岛	涨潮	1.66	1.67	1.40	1.52	1.52	2.51
	落潮	1.60	2.51	1.43	1.86		
赤湾	涨潮	1.63	1.64	1.43	1.54	1.52	2.48
	落潮	1.59	2.48	1.45	1.88		
宝安机场	涨潮	1.75	1.82	1.67	1.76	1.70	2.52
	落潮	1.71	2.52	1.66	2.07		
南沙	涨潮	1.78	1.83	1.70	1.75	1.71	2.53
	落潮	1.75	2.53	1.62	2.03		
万顷沙	涨潮	1.51	1.71	1.39	1.45	1.44	2.24
	落潮	1.50	2.24	1.36	1.68		
横门	涨潮	1.37	1.60	1.24	1.28	1.29	1.92
	落潮	1.32	1.92	1.24	1.57		
大虎	涨潮	1.93	2.00	1.81	1.90	1.85	2.62
	落潮	1.87	2.62	1.80	2.18		

沿主要潮汐通道可见，伶仃洋纵向潮差由里向外呈递减变化，其中：大虎站最大潮差为 2.62 m，平均潮差为 1.85 m；内伶仃岛站最大潮差为 2.51 m，平均潮差为 1.52 m；桂山岛站最大潮差为 2.17 m，平均潮差为 1.21 m；大万山岛站最大潮差为 2.02 m，平均潮差为 1.12 m。

从横向潮位变化来看，宝安机场站最大潮差为2.52 m，平均潮差为1.70 m；横门站最大潮差为1.92 m，平均潮差为1.29 m，见表1-2。特别是在洪季，因受上游河道径流影响，横门站低潮位较高，潮差较东岸小。伶仃洋东西部分出现横比降，尤其是落潮时段横比降更为明显，见图1-1。

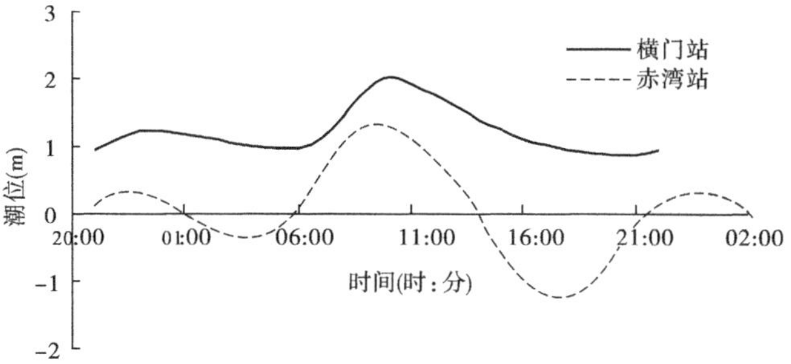

图1-1　伶仃洋1998年7月洪季东西站点潮位对比

1.4.3　潮流

1.4.3.1　测站布置

采用2007年8月采样资料，在调查海域内共布设21个海流观测站（见图1-2），选取其中15个典型观察点，坐标见表1-3。

1.4.3.2　潮流分析

根据2007年8月13～14日（大潮）和8月16～17日（中潮）水文全潮实测资料分析，该水域潮流具有以下基本特征：

（1）伶仃洋的潮汐类型判别系数为0.96～1.77（赤湾1.21，舢舨洲1.15，工程区1.30～1.57），该海域潮流类型为不规则半日潮流性质；根据各测站实测流速和流向数据作出各站流速矢量图，如图1-3所示。由流速矢量图可以判断，伶仃洋口门（澳门机场—大濠岛一线）以内基本为往复流，沿口门内岸线走向，涨潮流方向为N、NNE或NNW向，落潮流为S、SSE或SSW向；从外海1#和2#站点可见，伶仃洋口门外海流为旋转流。口门内的珠海站和大濠岛站紧邻

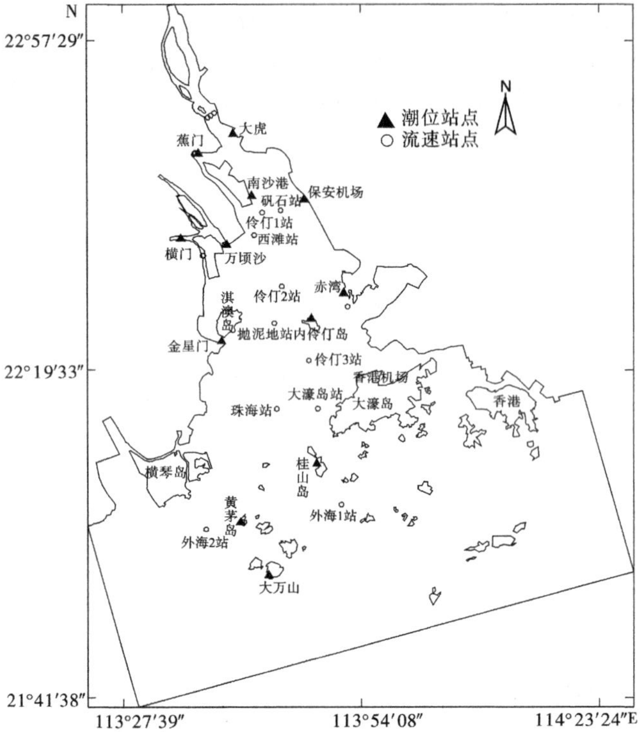

图 1-2　测点布置图

表 1-3　2007 年 8 月海流观测站站位

站位	纬度	经度	站位	纬度	经度
虎门	22°48′49.6″	113°35′45.2″	砜石	22°37′55.6″	113°44′18.6″
蕉门	22°44′26.0″	113°33′45.0″	铜鼓航道	22°26′48.5″	113°52′33.6″
洪奇沥	22°34′02.5″	113°37′36.2″	西滩	22°35′05.0″	113°41′04.0″
横门	22°32′41.0″	113°34′51.0″	抛泥地	22°24′54.0″	113°43′31.0″
伶仃 1#	22°37′41.4″	113°42′02.5″	珠海	22°14′59.0″	113°43′50.0″
伶仃 2#	22°29′09.0″	113°44′27.1″	外海 1#	22°04′00.0″	113°51′46.0″
伶仃 3#	22°20′38.3″	113°47′46.6″	外海 2#	22°01′05.0″	113°35′12.0″
大濠岛	22°15′01.0″	113°48′53.0″	—	—	—

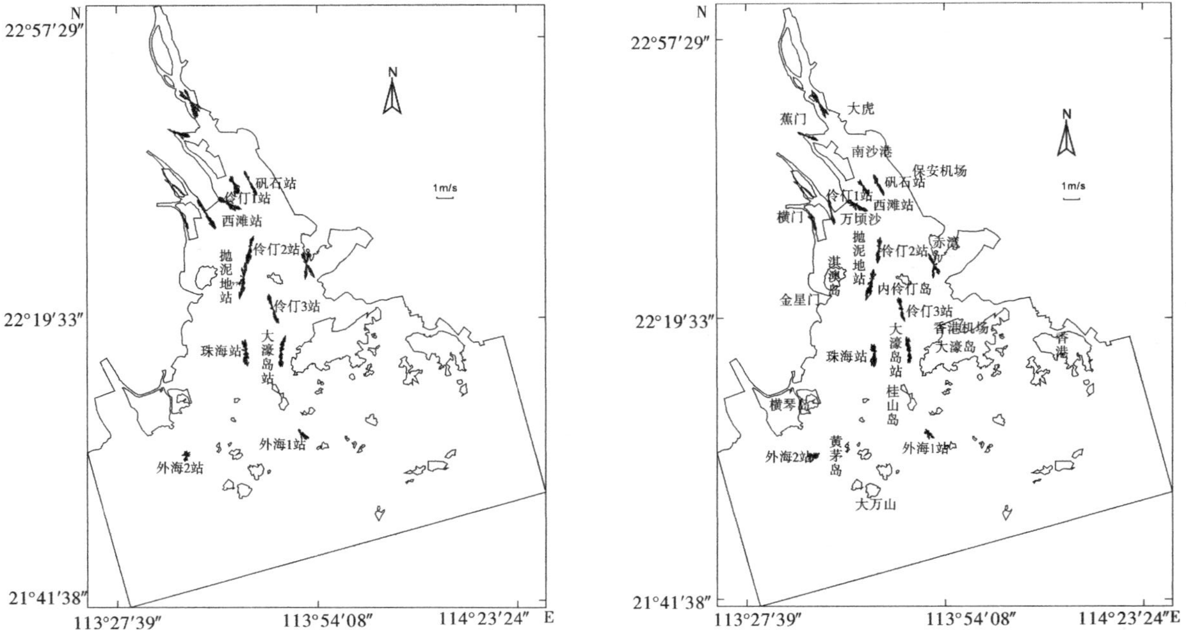

(a)大潮

(b)中潮

图1-3 各站垂线平均实测海流矢量图(2007年8月)

工程海域和伶仃洋口门，两站的涨潮流为 N 向，落潮流为 S 向，可见外海涨落潮流主要沿正北和正南向进出伶仃洋海域。

(2)根据两个不同时期水文全潮流速资料(见表1-4、表1-5)，并给出了大潮期整个水域水深平均流速等值线分布图1-4，可见流速等值线呈现 NW－SE 走向，纵向来看，整个水域流速呈现由南向北递增的特点，如伶仃洋口门内的平均涨落潮流速范围分别为0.29～0.52 m/s 和0.45～0.61 m/s，而外海1#和2#站点的涨落潮平均流速分别仅为0.19 m/s 和0.29 m/s 及0.08 m/s 和0.19 m/s。横向来看，伶仃洋东侧水域流速要大于西侧，如大潮期矾石站涨落潮平均流速为 0.41 m/s 和0.55 m/s，西侧横门站涨落潮流速分别为0.26 m/s和0.32 m/s。

(3)从该海域各测点不同潮型的潮段平均流速看(见表1-4、表1-5)，主要呈现流速随潮差增大而增大的特点。典型的如大濠岛站涨落潮流速大潮为0.52 m/s 和0.45 m/s，中潮时为0.48 m/s 和0.38 m/s。以大潮时涨落潮流速为例作出整个水域的涨落潮流速等值线，如图1-5 所示。由图可见，不管是涨潮还是落潮，伶仃洋口门内的流速大于口门外海流速。伶仃洋海域涨潮流速纵向呈现由南至北递减、横向上东侧大于西侧的趋势，涨潮流进入虎门后流速又有所增大；落潮流速变化则呈现由北向南递减、西侧大于东侧的趋势。总体来看，潮段平均流速分布趋势是，内伶仃岛以北(上段)海域是落潮大于涨潮，内伶仃岛以南(下段)海域基本是涨潮大于落潮。其中，上段的平均流速，矾石和伶仃深槽内基本相近，下段以伶仃航道为强。

(4)从涨落潮历时看(见表1-6)，该海域主要呈现由南向北涨潮历时逐渐减小、落潮历时逐渐增大的趋势，如伶仃洋3#站点大潮时涨落潮历时分别为6.2 h 和6.0 h，中潮涨落潮历时分别为6.5 h 和5.7 h，往北伶仃洋1#站点大潮时的涨落潮历时分别为5.1 h 和7.2 h，中潮时涨落潮历时分别为5.4 h 和7.3 h，较伶仃洋3#站大潮和中潮涨潮历时均缩短了1.1 h，落潮历时分别增加了1.2 h 和1.6 h。

表 1-4　2007 年 8 月水文站点大潮潮段特征流速

项目	测站	潮段平均流速和流向						潮段最大流速和流向			
		涨潮			落潮			涨潮		落潮	
		1	2	平均	1	2	平均	1	2	1	2
流速（m/s）	虎门	0.45	0.59	0.52	0.45	0.64	0.55	0.82	0.96	0.85	1.09
	蕉门	0.23	0.44	0.34	0.4	0.63	0.52	0.35	0.69	0.55	0.82
	洪奇沥	0.34	0.53	0.44	0.46	0.62	0.54	0.51	0.82	0.64	0.87
	横门	0.21	0.3	0.26	0.19	0.44	0.32	0.3	0.55	0.32	0.63
	伶仃 1#	0.27	0.31	0.29	0.39	0.54	0.47	0.46	0.47	0.61	0.77
	伶仃 2#	0.36	0.46	0.41	0.49	0.72	0.61	0.57	0.7	0.81	1.12
	伶仃 3#	0.49	0.55	0.52	0.32	0.57	0.45	0.83	0.97	0.5	0.92
	大濠岛	0.46	0.57	0.52	0.26	0.64	0.45	0.78	1.03	0.39	0.97
	矾石	0.38	0.44	0.41	0.43	0.67	0.55	0.59	0.72	0.71	0.99
	铜鼓	0.43	0.44	0.44	0.41	0.63	0.52	0.71	0.73	0.66	1.04
	西滩	0.4	0.38	0.39	0.34	0.59	0.47	0.6	0.61	0.43	0.99
	抛泥地	0.41	0.54	0.48	0.33	0.77	0.55	0.6	0.93	0.54	1.38
	珠海	0.38	0.47	0.43	0.28	0.58	0.43	0.57	0.75	0.44	0.92
	外海 1#	0.09	0.22	0.16	0.19	0.39	0.29	0.16	0.32	0.26	0.58
	外海 2#	0.17	0.21	0.19	0.08	0.3	0.19	0.26	0.27	0.13	0.41
流向（°）	虎门	320	328	324	153	150	152	333	314	139	157
	蕉门	291	294	293	119	110	115	287	289	114	111
	洪奇沥	307	357	332	164	171	168	346	355	164	172
	横门	309	351	330	164	174	169	341	349	167	171
	伶仃 1#	310	325	318	148	161	155	334	333	143	175
	伶仃 2#	18	18	18	183	192	188	22	18	191	188
	伶仃 3#	339	332	336	163	165	164	343	344	166	158
	大濠岛	14	41	28	189	177	183	13	16	193	182
	矾石	336	338	337	148	151	150	336	334	147	151
	铜鼓	309	86	198	163	163	163	347	12	185	150
	西滩	303	263	283	134	131	133	300	290	132	115
	抛泥地	63	104	84	208	189	199	15	5	222	192
	珠海	342	347	345	193	176	185	350	355	184	174
	外海 1#	347	335	341	97	120	109	322	336	112	119
	外海 2#	222	211	217	177	195	186	345	43	218	199

表 1-5　2007 年 8 月水文站点中潮潮段特征流速

项目	测站	潮段平均流速和流向						潮段最大流速和流向			
		涨潮			落潮			涨潮		落潮	
		1	2	平均	1	2	平均	1	2	1	2
流速（m/s）	虎门	0.51	0.48	0.50	0.71	0.52	0.62	0.96	0.74	0.99	0.78
	蕉门	0.3	0.37	0.34	0.57	0.46	0.52	0.5	0.55	0.81	0.69
	洪奇沥	0.35	0.39	0.37	0.9	0.69	0.80	0.59	0.61	1.35	1.07
	横门	0.28	0.31	0.30	0.46	0.38	0.42	0.4	0.52	0.61	0.49
	伶仃 1#	0.23	0.26	0.25	0.45	0.39	0.42	0.37	0.37	0.71	0.62
	伶仃 2#	0.35	0.39	0.37	0.62	0.45	0.54	0.6	0.66	0.95	0.69
	伶仃 3#	0.53	0.44	0.49	0.44	0.3	0.37	0.82	0.73	0.73	0.5
	大濠岛	0.54	0.42	0.48	0.45	0.3	0.38	0.95	0.7	0.7	0.44
	矾石	0.37	0.37	0.37	0.58	0.39	0.49	0.61	0.56	0.88	0.59
	铜鼓	0.45	0.41	0.43	0.49	0.4	0.45	0.78	0.67	0.86	0.68
	西滩	0.37	0.35	0.36	0.55	0.41	0.48	0.6	0.52	0.88	0.59
	抛泥地	0.31	0.34	0.33	0.73	0.57	0.65	0.55	0.6	1.43	0.91
	珠海	0.31	0.33	0.32	0.57	0.45	0.51	0.48	0.52	0.93	0.67
	外海 1#	0.23	0.22	0.23	0.24	0.21	0.23	0.38	0.33	0.43	0.33
	外海 2#	0.19	0.08	0.14	0.27	0.39	0.33	0.25	0.14	0.54	0.52
流向（°）	虎门	327	325	326	149	150	150	329	319	157	141
	蕉门	286	294	290	111	107	109	288	294	111	106
	洪奇沥	326	322	324	148	153	151	323	325	147	155
	横门	355	351	353	176	170	173	354	351	179	166
	伶仃 1#	306	310	308	153	147	150	303	332	153	153
	伶仃 2#	13	15	14	185	189	187	12	7	186	192
	伶仃 3#	332	350	341	172	171	172	346	349	165	179
	大濠岛	343	352	348	181	163	172	348	348	179	164
	矾石	333	332	333	155	152	154	335	336	155	155
	铜鼓	338	347	343	169	146	158	333	334	184	152
	西滩	271	288	280	136	138	137	284	303	121	133
	抛泥地	356	350	353	199	194	197	1	5	197	193
	珠海	332	318	325	189	189	189	335	338	184	181
	外海 1#	330	286	308	124	181	153	325	295	129	183
	外海 2#	80	52	66	251	241	246	60	6	264	244

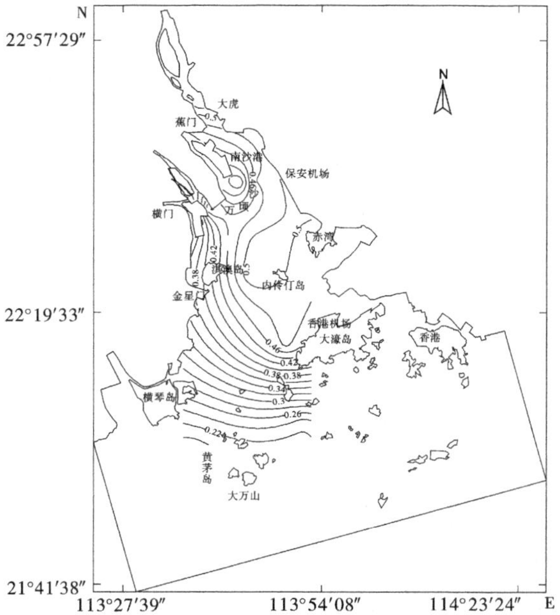

图 1-4　水域大潮平均流速等值线分布图(2008 年 7 月)

表 1-6　两次水文全潮潮段历时统计　　　(单位:h)

站点	2007 年 8 月 13～14 日大潮						2007 年 8 月 16～17 日中潮					
	涨潮			落潮			涨潮			落潮		
	1	2	平均	1	2	平均	1	2	平均	1	2	平均
虎门	4.9	4.6	4.8	6.4	8.9	7.7	4.5	4.7	4.6	7.9	7.0	7.5
蕉门	4.1	4.9	4.5	6.2	9.1	7.7	4.2	4.3	4.3	8.7	7.5	8.1
洪奇沥	4.3	4.9	4.6	6.2	9.2	7.7	4.3	4.8	4.6	8.3	7.2	7.8
横门	4.4	5.3	4.9	5.2	9.9	7.6	3.6	4.2	3.9	9.1	7.1	8.1
伶仃 1#	5.1	5.0	5.1	6.0	8.3	7.2	5.1	5.7	5.4	7.5	7.1	7.3
伶仃 2#	5.7	5.2	5.5	5.9	8.0	7.0	5.8	4.8	5.3	7.3	6.1	6.7
伶仃 3#	6.2	6.2	6.2	5.3	6.7	6.0	6.8	6.1	6.5	6.1	5.2	5.7
大濠岛	6.2	6.3	6.3	4.6	7.3	6.0	6.7	6.8	6.8	6.3	4.4	5.4

续表 1-6

站点	2007年8月13～14日大潮						2007年8月16～17日中潮					
	涨潮			落潮			涨潮			落潮		
	1	2	平均	1	2	平均	1	2	平均	1	2	平均
矾石	5.2	4.9	5.1	5.8	8.4	7.1	4.9	5.2	5.1	7.9	6.9	7.4
铜鼓	5.8	5.3	5.6	5.3	7.9	6.6	5.3	5.2	5.3	7.2	6.6	6.9
西滩	4.9	4.9	4.9	5.4	9.3	7.4	4.9	4.4	4.7	8.9	6.9	7.9
抛泥地	5.3	5.2	5.3	5.8	8.0	6.9	4.3	4.8	4.6	8.6	7.0	7.8
珠海	6.0	6.0	6.0	5.0	7.2	6.1	5.0	5.8	5.4	7.9	6.3	7.1
外海1#	4.4	4.9	4.7	6.3	8.1	7.2	5.5	8.2	6.9	7.6	4.9	6.3
外海2#	5.8	8.7	7.3	3.3	4.3	3.8	6.5	3.7	5.1	7.1	9.7	8.4

显然,越靠近各口门,受到径流影响作用越强。总体来看,呈现内伶仃岛以北海域涨潮历时小于落潮历时,内伶仃岛以南呈现落潮历时小于或趋近涨潮历时的特点。

(5)余流一般指实测海流扣除周期性潮流后的剩余部分,在一时期内能够反映污染物或泥沙的运移方向。经计算,各测站不同潮型下的垂线平均余流如图1-6和表1-7所示。从图表中可以看出,本海区由南向北余流流速呈增加趋势,外海区域最小,至各口门最大,显然是受到伶仃洋东四口门径流的影响所致,本次测量显示,大潮期间余流流速范围为0.03～0.27 m/s,蕉门处余流最大,中潮余流流速范围为0.03～0.26 m/s,横门与蕉门同为0.19 m/s。总体显示大潮余流流速大于中潮。伶仃洋各站点余流方向与落潮流主流向基本一致,如虎门为SSE向,内伶仃岛附近为S向,珠海站为SSW向。

1.4.4 伶仃洋的潮量特征

伶仃洋四个口门的多年平均涨潮量为2 843亿 m^3,其中虎门占80.5%,蕉门、洪奇沥、横门分别为11.4%、3.4%、4.7%;多年平均落潮量为4 484亿 m^3,其中虎门占63.0%,蕉门、洪奇沥、横门分

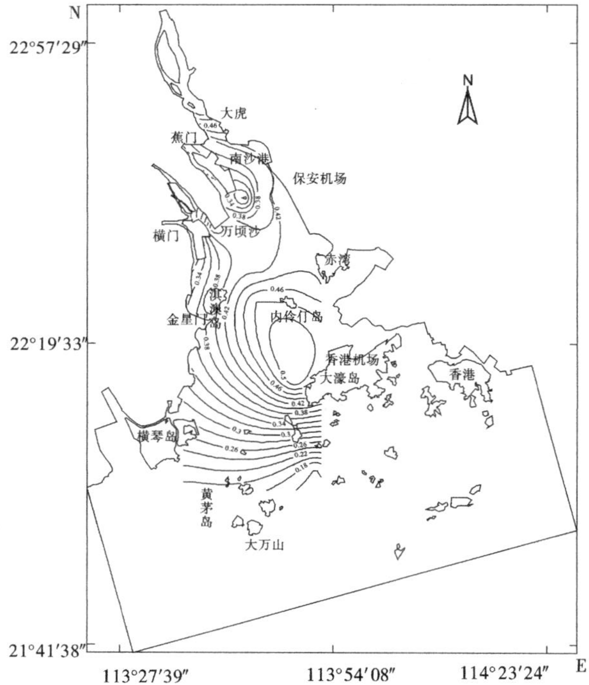

(a)涨潮

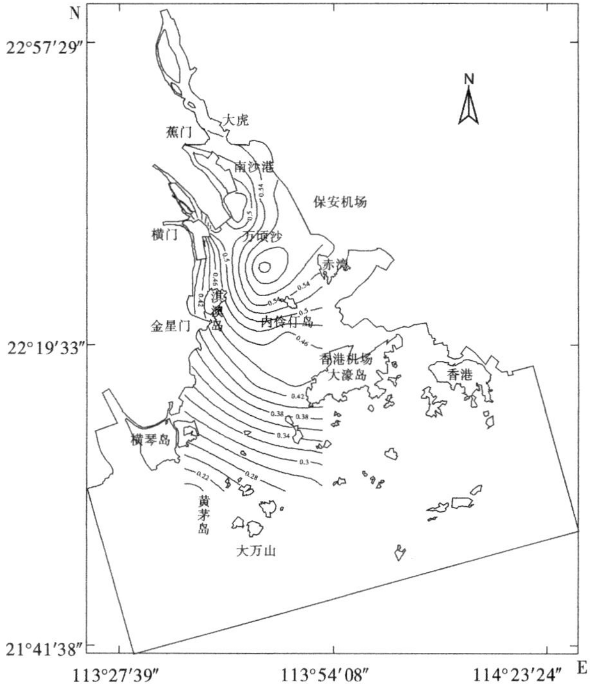

(b)落潮

图1-5　大潮期水域涨落潮流速等值线分布图(2007年8月)

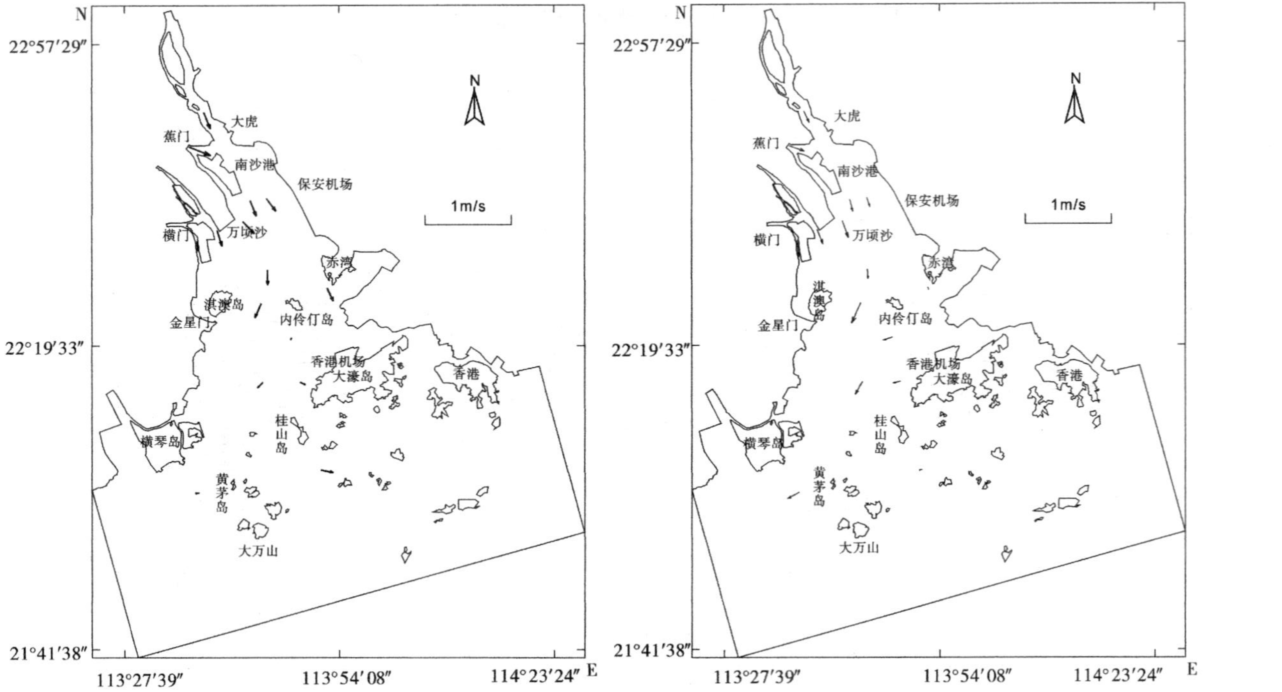

(a)大潮　　(b)中潮

图1-6　2007年8月各测站余流矢量图

表 1-7　两次水文全潮垂线平均余流统计值

站点	2007 年 8 月 13 ~ 14 日大潮		2007 年 8 月 16 ~ 17 日中潮	
	v(m/s)	θ(°)	v(m/s)	θ(°)
虎门	0.21	159	0.15	156
蕉门	0.27	112	0.19	109
洪奇沥	0.19	162	0.18	157
横门	0.11	171	0.19	174
伶仃 1#	0.19	157	0.14	167
伶仃 2#	0.18	179	0.12	177
伶仃 3#	0.03	205	0.11	248
大濠岛	0.07	116	0.09	254
矾石	0.18	143	0.11	160
铜鼓	0.16	155	0.03	162
西滩	0.19	136	0.20	160
抛泥地	0.18	203	0.26	204
珠海	0.09	225	0.17	212
外海 1#	0.14	104	0.03	238
外海 2#	0.04	268	0.15	243

别为 19.4%、6.7%、10.9%；多年平均净泄量为 1 742 亿 m^3，其中虎门、蕉门、洪奇沥、横门分别占 34.6%、32.4%、12.0%、21.0%。各口门及伶仃洋各断面潮量特征见表 1-8。

表 1-8　东四口门及伶仃洋下边界潮量特征值(统计至 1986 年)

项目	东四口门					伶仃洋			
	虎门	蕉门	洪奇沥	横门	总计	赤湾	内伶仃	金星门	总计
多年平均涨潮量(亿 m^3)	2 288	325	97	133	2 843	3 244.3	5 362.6	935.1	9 542
多年平均落潮量(亿 m^3)	2 891	790	306	497	4 484	3 994.5	6 375.5	914	11 284
多年平均净泄量(亿 m^3)	603	565	209	365	1 742	750.2	1 012.9	-21.1	1 742
多年平均净泄量占东四口门总量的百分比(%)	34.6	32.4	12.0	21.0	100	—	—	—	—

伶仃洋下边界多年平均涨潮量为 9 542 亿 m^3，其中赤湾、内伶仃、金星门各断面分别占 34.0%、56.2%、9.8%，以内伶仃断面涨潮量为最大，其次为赤湾断面，说明伶仃洋的涨潮量主要来自中部和东

侧;下边界多年平均落涨量为 11 284 亿 m^3,其中赤湾、内伶仃、金星门各断面分别占 35.4%、56.5%、8.1%,仍以内伶仃断面为最大,其次为赤湾断面,各断面的涨潮量与落潮量所占的比例都甚为接近,说明涨潮与落潮的路径比较一致,且较为稳定;下边界多年平均净泄量为 1 742 亿 m^3,其中赤湾、内伶仃、金星门各断面分别占 43.1%、58.1%、-1.2%,亦以内伶仃断面为最大,其次为赤湾断面,金星门断面无净泄量,其落潮量小于涨潮量,其涨潮量的一部分通过其他两个断面排泄。

1.4.5 伶仃洋河口污染物分布特征

根据林卫强等[31]对伶仃洋海域 COD 浓度实测资料的监测结果表明,珠江河口 COD 的浓度从口门、排污口到外海呈递减分布趋势。东四口门和内伶仃沿海城市直接排放的有机物首先在口门和排放口附近水域形成 COD 高浓度区,随后在潮流的作用下,逐渐由北向南偏西迁移扩散到外伶仃和外海。内伶仃东部沿海城市工业发达,临海排污口众多,排污量大,形成内伶仃东部沿海 COD 的高浓度区,该区域 COD 浓度等值线基本呈南北走向,与岸线平行。西四口门的有机物进入珠江口后,也在口门附近水域形成 COD 高浓度区。受珠江河口终年西南向沿岸流的影响,西四口门的有机物向西南进入南海,被带到伶仃洋的数量很少,COD 浓度等值线呈东北—西南走向。因此,伶仃洋的有机物主要来自于东四口门的淡水径流和临海城市排污。

内伶仃和磨刀门水域表层 COD 的潮均浓度较大,外伶仃较小,外海最小。涨潮时,在潮水的混合稀释作用下,珠江河口 COD 的浓度逐渐降低。涨平时除八大口门和各排污口附近保持高浓度区外,水域 COD 的浓度普遍较小。落潮时八大口门高 COD 含量的淡水强烈下泄,口门附近水域 COD 的含量迅速升高。

杨美兰等[32]于 2002 年春季(5 月)和夏季(8 月)测量了珠江口伶仃洋 COD 分布,根据实测数据作出了伶仃洋 COD 浓度分布图,见图 1-7。结果显示,该水域近期 COD 含量变幅为 0.41 ~2.72 mg/L,

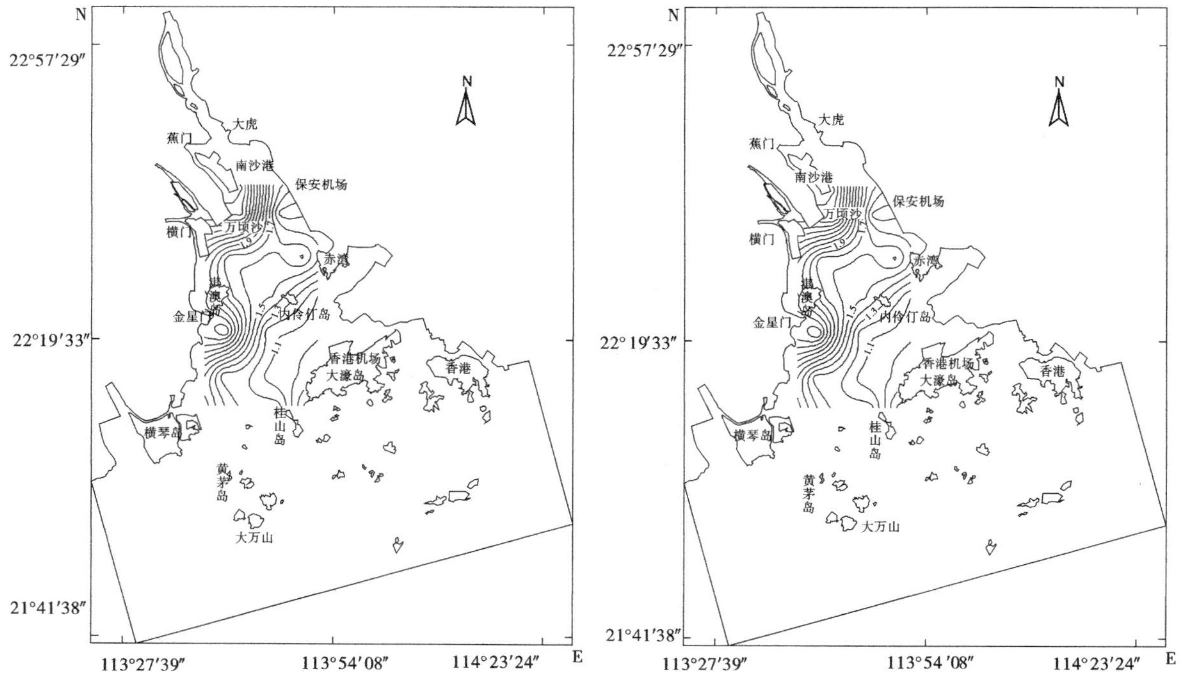

(a)5月　　(b)8月

图1-7　珠江河口伶仃洋2002年5月和8月实测COD含量分布　(单位：mg/L)

平均值为 1.21 mg/L；区域分布呈北部向南部水域逐渐递减以及近岸水域含量大于远岸的变化趋势；并且夏季 COD 的含量高于春季，主要原因是，夏季正处雨季丰水期，径流量大，沿岸的污水和悬浮物质向该水域迁移，这在虎门、蕉门通向珠江河口西北部水域和珠海一带水域尤为突出。

1.5 河口盐水入侵特性及对水环境的影响

1.5.1 国内外研究现状

国外有关盐水异重流活动及水体分层现象对河口水质的影响变化研究相对较多。如 Gillibrand 和 Balls[33] 建立了一维数学模型对 Ythan 河口的水位、盐度和总氧氮（TON）进行了模拟和分析；Milnes 和 Renard[34] 研究了海水入侵导致的蓄水层咸化，进而导致农业灌溉用水水质下降的问题；Tho 等[35] 采用实际观测资料对越南海防港口某一区域的盐度和有机污染物 COD 检测结果分析发现，不管是在旱季还是在雨季，除人口增长导致的污染外，虾塘养殖是造成该区域盐度和有机悬浮物增加的主要原因；McManus[36] 对 Tay 河口的长系列资料进行了分析，研究了一个潮周期中分层盐水的特性及其变化情况；Essink[37] 采用 MOCDENS3D 模型对北部 Nether 岛水生系统的淡水、偏咸水及盐水的分布进行了模拟，研究了三维空间状态下的盐水入侵情况。Anna 等[38] 对西班牙 Ebro 河口盐水楔进行了分析研究，指出在较大的盐度和密度梯度下，有机物的垂直输移速度会放缓。有机物在分层界面上停止的时间要比在其他水体中停滞的时间长。Akihide Kasai 等[39] 利用现场实测资料分析 Yura 河口得出了相似的结论，发现在垂向上，叶绿素浓度最大值发生在中层水体，与盐跃层相吻合；纵向上，上游的营养盐输移至河口与河口积聚的浮游植物进行初级生产，因此盐水入侵造成的咸淡水分层对浮游藻类输运繁殖起着重要作用。Kiriaki[40] 等利用实测资料分析研究 Mediterranean

河口的盐水楔动力机制和盐水楔对水质的影响，发现 DO 含量的最小值出现在盐水楔的前端，同时强调，以往的研究认为在径流增大情况下，盐水楔的上溯将会得到抑制，盐水层厚度会变薄，而在真实的情况中，尤其在河口地区，当咸淡水分界面剪切应力增大时，比如在落潮时，垂直的混合就会发生，反而导致盐水层厚度增加。Marcelo[41]等研究 Rio de la Plata 河口生态环境时发现两种族群的鱼与盐水楔的位置具有很强的相关性，这与盐水楔附近聚集的营养物质有直接关联。

在国内河口的研究中，关于盐水楔的形成、发展、消退等动力机制都有讨论。例如，俞鸣同[42]对闽江河口盐水楔的活动进行了研究，指出在水体锋面上悬移质活跃，生物群落复杂。崔莹等[43]在研究长江河口南港水域 COD 和营养盐分布的时候发现除 NH_4—N 外，其他营养盐与盐度呈现良好的负相关性，COD 的分布呈现口内高、口外低的特征。研究还指出，底层水体受潮汐扰动作用，悬浮颗粒物含量很高，COD 与悬浮颗粒物含量成正相关，导致底层 COD 比表层高。管卫兵等[44]在榆林湾运用 POM 模型模拟污染物的输运过程，计算分析了榆林湾余环流分布，指出榆林湾表层为淡水，中、下层被上溯的咸水占据，在示踪粒子的模拟试验中指出，榆林湾雨季水体交换能力较强，而其他季节水交换能力较弱，水体交换能力的减弱不利于湾内营养物质的排出，容易造成富营养化。

针对珠江河口，Zhou[45]建立了珠江三角洲三维耦合数值模型，研究分析了珠江三角洲的水质状况，计算对比了洪枯季 COD 的分布，显示枯季西北各口门处 COD 浓度要小于洪季。肖莞生和陈子燊[46]对珠江河口枯季咸潮入侵与盐度输运机理进行了分析和探讨，结果显示珠江河口盐度输运以向上游入侵为主，咸潮上溯明显。殷建平等[47]对 2005 年初珠江河口出现特大咸潮期的实测水质资料进行了分析和总结，显示盐度和水动力的变化对珠江河口水质要素产生了显著的影响。Wong 等[48]采用建立珠江河口三维数学模型的方式，根据不同季节盛行季风，对沿岸水体表层和底层排放的污染物对香港水域的影响进行了分析和探讨。柯东胜等[49]、林卫强等[50]及陈炳禄等[51]也指出,珠江河口面临严重的有机污染和富营养化等问题,需要就建立监测体系、加强环境管理以及开发具有后报和预报功能的水动力和水质模块在内的各种措施展开研究。杨莉玲等[52]探讨了波浪对理想河口盐度分布的影响,显示波浪对河口水体表层和底层盐度分布有所影响,海区表层盐度呈现增加、底层盐度呈现减小的趋势。田向平[53]和李春初[54]对河口海域盐水入侵的相关现象进行了分析和论述,指出以往研究分析缺少对口门外海区的调查研究,从而忽略了陆架高盐水入侵对河口各种现象过程的参与作用,需要引起重视。包芸和任杰[27]采用改进后的 Backjaus 三维斜压模式[55]模拟出珠江河口盐度高度分层现象,也指出该高度分层现象对珠江河口伶仃洋水动力及泥沙、污染物输运的影响有待进一步研究。

1.5.2 珠江河口盐水入侵特性

欧素英[56]根据咸潮活动规律将珠江河口口门分为两大类:一类为潮优型,主要为虎门;另一类为径控型,主要为崖门、虎跳门、鸡啼门、磨刀门、横门、洪奇门和蕉门。潮优型水道盐淡水混合类型一般为垂向均匀和部分混合型,而径控型一般出现高度分层及部分混合;并通过观察和分析发现,在枯水季节,高度分层现象一般出现在小潮及涨潮中末期及落潮初期。在伶仃洋水域,来自南海大陆架高盐水体在潮汐作用力下,主要沿伶仃水道南段和暗士顿水道上溯[23],与虎门口下泄径流形成混合和分层现象。应秩甫和陈世光[57]根据实测资料,采用混合指数、分层系数、分层－环流图式和盐度的横向分布等对珠江口伶仃洋咸淡水的混合特征进行了分析,指出东、西航道在洪季出现显著盐水楔和分层现象,在枯季属于缓混合型,有异重流。根据 1999 年夏季水文调查[58],伶仃洋河口湾也发现了盐度高度分层现象,在 10 m 左右水深区域,表层盐度接近 0‰,而底层盐度高达 30‰,分层现象一直延伸至近虎门口,并在 1 m 左右的盐跃层内盐度变化率高达 10.8 psu/m。在磨刀门口,当上游西江梧州来流量小于2 500 m^3/s时，属于以潮为主河口，潮流动力作用加强，咸潮对上游的影响逐步加大。以西蒙斯咸淡水混合判别指标分析，咸淡水混合状态多为弱混合型及缓混合型，属高度分层型，形成明显盐水楔[59]。

1.5.3 珠江河口盐水入侵对水体理化性质的影响

盐水入侵不仅直接影响两岸城市和工农业的取排水和水质，而且会影响水中营养盐和有机物的浓度和分布，间接影响沿线的生态环境。黄小平等[60]和马媛等[61]对珠江河口伶仃洋海域有机物营养盐的分布变化研究表明，各口门径流携带是伶仃洋河口硝酸盐和硅酸盐的主要来源，且近20年来珠江河口伶仃洋海域硝酸盐、亚硝酸盐、磷酸盐和氨氮分别在丰枯水期有明显上升趋势，氮磷比呈下降趋势。邱耀文等[62]指出气体在水中的溶解度与盐度成负相关，在河口地区，海流带来的低温、高盐和低溶解氧的水团与河水混合，使向河口方向水中的溶解氧含量逐渐降低。Chen[63]等在利用卫星遥感研究磨刀门水道盐水入侵时发现，在珠江河口浑浊度和有色可溶性有机物浓度存在线性相关性，研究认为浑浊度大，总悬浮物量大的水体对有机物有强大的吸附力。殷建平等[47]通过对2005年初珠江河口特大咸潮入侵期采样点的盐度和COD等要素分析显示，盐度的升高改变了入海河口段的理化环境，水体中的铵盐硝化作用被抑制并上移，物理稀释作用是下游河段及河口区的COD浓度减小的主要原因，稀释程度则主要受上游径流和盐水分层的相互水动力作用所控制。

1.5.4 珠江河口盐水分层对水环境的影响

珠江河口盐水入侵造成水体高度层化现象，水域表层和中层被淡水所占据，底层深槽被咸水填充。口门射流使淡水舌向外伶仃扩散，密度大的南海高盐水沿海底向陆作补偿运动，导致30‰的盐度线楔入内伶仃岛南面水域。由径流挟带入河口的高浓度COD经过迁移和转化,逐渐形成表高底低的垂向分布[50]。在夏季,在强烈太阳辐射下,口门径流下泄的暖热水与底层温度较低的高盐水体形成温跃层,同时盐水异重流的入侵会形成一盐度梯度较大的盐度跃层,在热带海域,经常发现温度跃层顶端深度大于盐度跃层深度,温跃层和盐度跃层形成海洋障碍层现象,从而阻止上、下层水体温度和物质的交换[64]。

水体层化及障碍层的出现严重影响珠江河口的水生态环境,以伶仃洋为例,在水域表层,尽管 COD 浓度高,有机物分解需要消耗大量 DO,但表层水域 DO 可由径潮流、大气复氧和水生藻类的光合作用得到迅速补充,而底层 DO 主要靠表层向下输送,在水体层化及障碍层存在的情况下,向底层 DO 的输送将被阻断,而底层水体由于底泥和再悬浮有机物的降解需要消耗大量的 DO[65],由此造成珠江河口发生季节性底层海水缺氧现象,并且范围有逐渐扩大趋势[66,67]。Paul 等[68]在研究珠江河口物理生物耦合过程中也指出,珠江河口水体分层现象在洪枯季存在明显差异,在枯季,盐度锋在伶仃洋中轴偏向西岸,水体上、下分层不明显;在洪季,水体呈现明显分层,在距水面 4 ~7 m 处形成一个强大的盐跃层;同时指出在洪季,有机物与营养盐在盐水楔附近聚集,风速较小,水体分层明显时发生赤潮的可能性很大。

第2章　河口水动力及盐度数学模型

2.1　数学模型研究概述

河流、湖泊和近海区域的水流运动实际上是一种三维运动，但由于其水深较浅，与流场水平尺度相比，采用二维潮流数学模型也能有效地模拟其运动流态。随着计算机容量、内存和速度的迅速发展以及对潮流垂直结构的研究需要，20 世纪 70 年代出现了一些三维动力学模型，如英国海洋学家 Heaps[69]、Davies[70]的谱模型和美国 Leedertse 等[71]的河口和海岸三维动力学模型。进入 20 世纪 80 年代后，美国 Princeton 大学的 Blumberg 和 Mellor[72]开发的 ECOM 和 POM 模型、德国 Hamburg 大学 Backhaus 等[73]开发的 HAMSOM 陆架海洋动力模型等也得到了研究人员的广泛应用。三维潮流数学模型中的数值模拟方法也是多种多样的，按数值计算方法分，典型的如有限差分法、有限元法、有限体积法等；按使用的坐标系分，有直角坐标系法和 σ 坐标系法，其中 σ 坐标系法以其在水深方向分层灵活且离散和求解相对其他方法容易而获得了最为广泛的应用。针对这些数学模型和方法，李孟国和曹祖德[74]对海岸河口数值模拟进行了详细的总结和评述。

珠江河口属于典型弱潮型河口，如桂山岛的平均潮差为 1.10 m，大虎为 1.69 m，但进潮量却较大，以伶仃洋为例，其最大进潮量可达 23.13 亿 m^3[57]。弱潮型河口在一定条件下，容易出现海水与河水之间明显的分层现象[22]，海水在表层淡水下方呈楔状沿河底向上游推进，形成盐水楔。可见，研究珠江河口区域盐度入侵现象，需要考虑盐度在水深方向的分层，由此需要研究和开发相应的三维水动力和盐度数学模型。本章将从流体力学最基本的理论开始推导出河口水动力和盐度数学模型。

2.2 河口三维水动力和盐度数学模型

2.2.1 N－S 方程的建立

将流体作为连续介质的前提下，质量守恒定律适用于流体运动。图 2-1 为流动空间中的一个微小六面体，以它作为空间的一个控制体积，由质量守恒定律及不可压缩流体，不可压缩流体的连续性方程为：

$$\frac{\partial u_i}{\partial x_i} = 0 \tag{2-1}$$

在流场中取微小流体六面体作为隔离体进行分析。作用于此六面体的表面力如图 2-2 所示，作用于单位质量流体的质量力为 F，它的三个分量为 X, Y, Z，六面体的质量为 $\rho \mathrm{d}x\mathrm{d}y\mathrm{d}z$ 。按照牛顿运动定律 $f = ma$，可以推导出以应力表示的流体运动方程为：

$$\left.\begin{aligned}
X + \frac{1}{\rho}\left(-\frac{\partial p_{xx}}{\partial x} + \frac{\partial \tau_{yx}}{\partial y} + \frac{\partial \tau_{zx}}{\partial z}\right) = \frac{Du}{Dt} \\
Y + \frac{1}{\rho}\left(+\frac{\partial \tau_{xy}}{\partial x} - \frac{\partial p_{yy}}{\partial y} + \frac{\partial \tau_{zy}}{\partial z}\right) = \frac{Dv}{Dt} \\
Z + \frac{1}{\rho}\left(+\frac{\partial \tau_{xz}}{\partial x} + \frac{\partial \tau_{yz}}{\partial y} - \frac{\partial p_{zz}}{\partial z}\right) = \frac{Dw}{Dt}
\end{aligned}\right\} \tag{2-2}$$

根据本构方程：

$$\left.\begin{aligned}
\tau_{yx} = \tau_{xy} = 2\mu S_{xy} = \mu\left(\frac{\partial v}{\partial x} + \frac{\partial u}{\partial y}\right) \\
\tau_{zy} = \tau_{yz} = 2\mu S_{yz} = \mu\left(\frac{\partial w}{\partial y} + \frac{\partial v}{\partial z}\right) \\
\tau_{xz} = \tau_{zx} = 2\mu S_{zx} = \mu\left(\frac{\partial u}{\partial z} + \frac{\partial w}{\partial x}\right)
\end{aligned}\right\} \tag{2-3}$$

以及斯托克斯假定得到的：

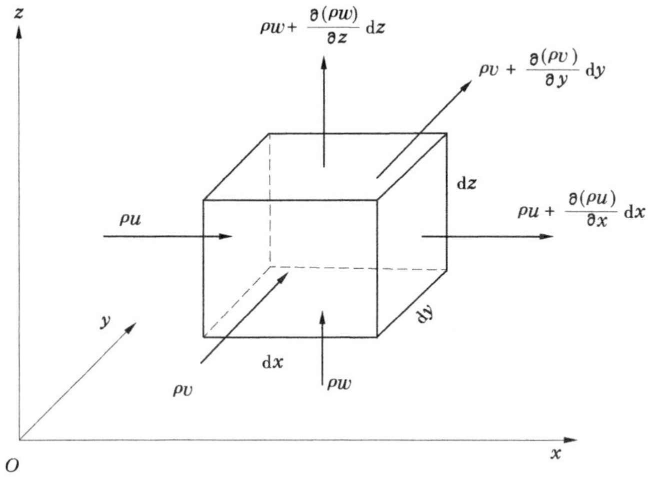

图 2-1　控制体积的入流与出流

$$\left.\begin{aligned} p_{xx} &= p + \frac{2}{3}\mu\nabla \cdot \boldsymbol{v} - 2\mu\frac{\partial u}{\partial x} \\ p_{yy} &= p + \frac{2}{3}\mu\nabla \cdot \boldsymbol{v} - 2\mu\frac{\partial v}{\partial y} \\ p_{zz} &= p + \frac{2}{3}\mu\nabla \cdot \boldsymbol{v} - 2\mu\frac{\partial w}{\partial z} \end{aligned}\right\} \tag{2-4}$$

其中,p 为静压力,且 $p = \frac{1}{3}(p_{xx} + p_{yy} + p_{zz})$,同时考虑不可压缩流体 $\nabla \cdot \boldsymbol{v} = 0$,有:

$$\frac{\partial u_i}{\partial t} + u_j\frac{\partial u_i}{\partial x_j} = f_i - \frac{1}{\rho}\frac{\partial p}{\partial x_j} + \nu\frac{\partial^2 u_i}{\partial x_j \partial x_j} \tag{2-5}$$

式中,$\nu = \frac{\mu}{\rho}$,是流体的运动黏性系数,式(2-5)即 N－S 方程。若在流体中含有异质(可溶性的和非溶性的),如河口水体中挟带的盐分等,则还需要考虑异质的随体输移和自身的扩散,根据质量守恒定

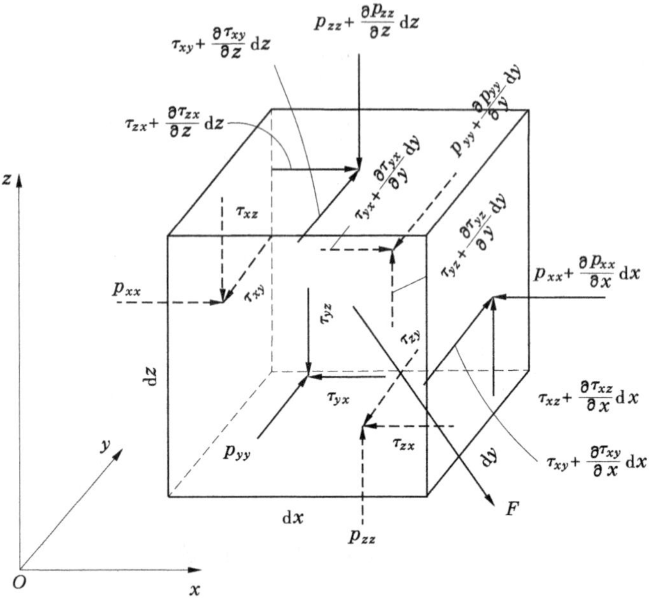

图 2-2　作用于流体微元的各种力

律，得到不可压缩流体传质的扩散方程为：

$$\frac{\partial c}{\partial t}+u_j\frac{\partial c}{\partial x_j}=\frac{\partial}{\partial x_j}\left(D\frac{\partial c}{\partial x_j}\right)+M \tag{2-6}$$

式中，c 为异质浓度；D 为异质（如盐度等）扩散系数；M 为如果流场中存在着异质源或汇，输入或输出的异质通量。

将连续方程和 N－S 方程展开有：

$$\frac{\partial u}{\partial x}+\frac{\partial v}{\partial y}+\frac{\partial w}{\partial z}=0 \tag{2-7}$$

$$\frac{\partial u}{\partial t}+u\frac{\partial u}{\partial x}+v\frac{\partial u}{\partial y}+w\frac{\partial u}{\partial z}=X-\frac{1}{\rho}\frac{\partial p}{\partial x}+\nu\left(\frac{\partial^2 u}{\partial x^2}+\frac{\partial^2 u}{\partial y^2}+\frac{\partial^2 u}{\partial z^2}\right) \tag{2-8}$$

$$\frac{\partial v}{\partial t}+u\frac{\partial v}{\partial x}+v\frac{\partial v}{\partial y}+w\frac{\partial v}{\partial z}=Y-\frac{1}{\rho}\frac{\partial p}{\partial y}+\nu\left(\frac{\partial^2 v}{\partial x^2}+\frac{\partial^2 v}{\partial y^2}+\frac{\partial^2 v}{\partial z^2}\right) \tag{2-9}$$

$$\frac{\partial w}{\partial t} + u\frac{\partial w}{\partial x} + v\frac{\partial w}{\partial y} + w\frac{\partial w}{\partial z} = Z - \frac{1}{\rho}\frac{\partial p}{\partial z} + \nu\left(\frac{\partial^2 w}{\partial x^2} + \frac{\partial^2 w}{\partial y^2} + \frac{\partial^2 w}{\partial z^2}\right) \tag{2-10}$$

$$\frac{\partial c}{\partial t} + u\frac{\partial c}{\partial x} + v\frac{\partial c}{\partial y} + w\frac{\partial c}{\partial z} = \frac{\partial}{\partial x}\left(k_x\frac{\partial c}{\partial x}\right) + \frac{\partial}{\partial y}\left(k_y\frac{\partial c}{\partial y}\right) + \frac{\partial}{\partial z}\left(k_z\frac{\partial c}{\partial z}\right) + M \tag{2-11}$$

式中，u、v、w 分别为 x、y、z 方向上的流速分量；X、Y、Z 分别为 x、y、z 方向的单位质量力；p 为压强；ν 为运动黏性系数；k_x、k_y 和 k_z 分别为异质在 x、y、z 方向上的扩散系数。

2.2.2 河口三维浅水流动基本方程

采用 N－S 方程求解浅水流动问题时，由于水深尺度远小于计算区域的平面尺度，因此可根据浅水理论做以下假定：

(1)流动中压强服从静水压强分布。

(2)垂直方向的流速对时间和空间的微分可以忽略不计。

(3)黏性切应力在水平方向的变化率较垂直方向的变化率小很多，因此可忽略不计。

浅水流动中，质量力有科里奥利力和重力，质量力可写为：

$$X = fv \tag{2-12}$$

$$Y = -fu \tag{2-13}$$

$$Z = -g \tag{2-14}$$

根据以上假定，式(2-10)可以简化为：

$$\frac{1}{\rho}\frac{\partial p}{\partial z} + g = 0 \tag{2-15}$$

对上式积分有：

$$p = \rho g(\zeta - z) + p_a \tag{2-16}$$

式中，ζ 为以坐标平面为基准的自由水面的高程；p_a 为自由水面的大气压强。

对式(2-16)沿 x、y 方向取偏导，有：

$$\frac{1}{\rho}\frac{\partial p}{\partial x} = g\frac{\partial \zeta}{\partial x} + \frac{1}{\rho}\frac{\partial p_{\mathrm{a}}}{\partial x} \tag{2-17}$$

$$\frac{1}{\rho}\frac{\partial p}{\partial y} = g\frac{\partial \zeta}{\partial y} + \frac{1}{\rho}\frac{\partial p_{\mathrm{a}}}{\partial y} \tag{2-18}$$

因此,式(2-8)和式(2-9)可以写为:

$$\frac{\partial u}{\partial t} + u\frac{\partial u}{\partial x} + v\frac{\partial u}{\partial y} + w\frac{\partial u}{\partial z} = fv - g\frac{\partial \zeta}{\partial x} - \frac{1}{\rho}\frac{\partial p_{\mathrm{a}}}{\partial x} + \nu\left(\frac{\partial^2 u}{\partial x^2} + \frac{\partial^2 u}{\partial y^2} + \frac{\partial^2 u}{\partial z^2}\right) \tag{2-19}$$

$$\frac{\partial v}{\partial t} + u\frac{\partial v}{\partial x} + v\frac{\partial v}{\partial y} + w\frac{\partial v}{\partial z} = -fu - g\frac{\partial \zeta}{\partial y} - \frac{1}{\rho}\frac{\partial p_{\mathrm{a}}}{\partial y} + \nu\left(\frac{\partial^2 v}{\partial x^2} + \frac{\partial^2 v}{\partial y^2} + \frac{\partial^2 v}{\partial z^2}\right) \tag{2-20}$$

式(2-19)和式(2-20)即为三维浅水流动的控制方程。

2.2.3 σ 坐标系下的河口三维浅水流动方程

上节推导出了直角坐标系下的三维浅水流动方程,其中水面方程为 $z = \zeta(x,y,t)$,水下地形方程为 $z = -h(x,y)$ 。引入新的坐标系 (x',y',σ) ,与直角坐标系 (x,y,z,t) 的关系为:

$$x = x' \tag{2-21}$$

$$y = y' \tag{2-22}$$

$$z = \varphi(x',y',\sigma,t') = \sigma H + \zeta \tag{2-23}$$

$$t = t' \tag{2-24}$$

式中,H 为当地水深, $H = h + \zeta$,h 为当地静止水深。因此可得到,当 $\sigma = 0$ 时, $z = \zeta$ 为水面;当 $\sigma = -1$ 时, $z = -h$ 表示水下地形。引入 σ 坐标系后,直角坐标系下的垂向区域 $(-h,\zeta)$ 变换为 σ 坐标系下的垂向区域 $(-1,0)$ 。因此,尽管流动过程中直角坐标系下的 H 在不断变化,σ 始终在 $-1 \sim 0$ 之间变化,从而避免计算过程中由于水位变化而不断变化网格。

定义: $\varphi_{x'} = \dfrac{\partial \varphi}{\partial x'}$, $\varphi_{y'} = \dfrac{\partial \varphi}{\partial y'}$, $\varphi_{\sigma} = \dfrac{\partial \varphi}{\partial \sigma}$, $\varphi_{t'} = \dfrac{\partial \varphi}{\partial t'}$ 。

由式(2-23)可得：$\frac{\mathrm{d}\varphi}{\mathrm{d}x}=\frac{\mathrm{d}z}{\mathrm{d}x}=0$，即

$$\frac{\mathrm{d}\varphi}{\mathrm{d}x}=\frac{\partial\varphi}{\partial x'}\frac{\partial x'}{\partial x}+\frac{\partial\varphi}{\partial y'}\frac{\partial y'}{\partial x}+\frac{\partial\varphi}{\partial\sigma}\frac{\partial\sigma}{\partial x}+\frac{\partial\varphi}{\partial t'}\frac{\partial t'}{\partial x}=0$$

将式(2-21)、式(2-22)、式(2-24)代入上式有：

$$\frac{\partial\varphi}{\partial x'}+\frac{\partial\varphi}{\partial\sigma}\frac{\partial\sigma}{\partial x}=0$$

即
$$\frac{\partial\sigma}{\partial x}=-\frac{\varphi_{x'}}{\varphi_\sigma} \tag{2-25}$$

同理有：
$$\frac{\partial\sigma}{\partial y}=-\frac{\varphi_{y'}}{\varphi_\sigma},\ \frac{\partial\sigma}{\partial t}=-\frac{\varphi_{t'}}{\varphi_\sigma}$$

以任一变量$f(x,y,z,t)=f(x',y',\sigma,t')$为例，对$x$求偏导：

$$\frac{\partial f}{\partial x}=\frac{\partial f}{\partial x'}\frac{\partial x'}{\partial x}+\frac{\partial f}{\partial y'}\frac{\partial y'}{\partial x}+\frac{\partial f}{\partial\sigma}\frac{\partial\sigma}{\partial x}+\frac{\partial f}{\partial t'}\frac{\partial t'}{\partial x}$$

将式(2-21)、式(2-22)、式(2-24)代入上式有：

$$\frac{\partial f}{\partial x}=\frac{\partial f}{\partial x'}+\frac{\partial f}{\partial\sigma}\frac{\partial\sigma}{\partial x}$$

将式(2-25)代入上式有：

$$\frac{\partial f}{\partial x}=\frac{\partial f}{\partial x'}-\frac{\partial f}{\partial\sigma}\frac{\varphi_{x'}}{\varphi_\sigma} \tag{2-26}$$

同理有：
$$\frac{\partial f}{\partial y}=\frac{\partial f}{\partial y'}-\frac{\partial f}{\partial\sigma}\frac{\varphi_{y'}}{\varphi_\sigma} \tag{2-27}$$

$$\frac{\partial f}{\partial z}=\frac{\partial f}{\partial\sigma}\frac{1}{\varphi_\sigma} \tag{2-28}$$

$$\frac{\partial f}{\partial t}=\frac{\partial f}{\partial t'}-\frac{\partial f}{\partial\sigma}\frac{\varphi_{t'}}{\varphi_\sigma} \tag{2-29}$$

相应f的二阶偏微分项变换为：

$$\frac{\partial^2 f}{\partial x^2}=\frac{\partial}{\partial x'}\left(\frac{\partial f}{\partial x}\right)-\frac{\varphi_{x'}}{\varphi_\sigma}\frac{\partial}{\partial\sigma}\left(\frac{\partial f}{\partial x}\right) \tag{2-30}$$

$$\frac{\partial^2 f}{\partial y^2}=\frac{\partial}{\partial y'}\left(\frac{\partial f}{\partial y}\right)-\frac{\varphi_{y'}}{\varphi_\sigma}\frac{\partial}{\partial\sigma}\left(\frac{\partial f}{\partial y}\right) \tag{2-31}$$

$$\frac{\partial^2 f}{\partial z^2} = \frac{1}{\varphi_\sigma}\frac{\partial}{\partial \sigma}\left(\frac{\partial f}{\partial \sigma}\right) \tag{2-32}$$

将式(2-30)～式(2-32)展开并略去二阶小量，得到 σ 坐标系下物理量的二阶偏微分项的变换表达式：

$$\frac{\partial^2 f}{\partial x^2} = \frac{\partial^2 f}{\partial x'^2} + \frac{\varphi_{x'}^2}{\varphi_\sigma^2}\frac{\partial^2 f}{\partial \sigma^2} - 2\frac{\partial}{\partial x'}\left(\frac{\varphi_{x'}}{\varphi_\sigma}\frac{\partial f}{\partial \sigma}\right) \tag{2-33}$$

$$\frac{\partial^2 f}{\partial y^2} = \frac{\partial^2 f}{\partial y'^2} + \frac{\varphi_{y'}^2}{\varphi_\sigma^2}\frac{\partial^2 f}{\partial \sigma^2} - 2\frac{\partial}{\partial y'}\left(\frac{\varphi_{y'}}{\varphi_\sigma}\frac{\partial f}{\partial \sigma}\right) \tag{2-34}$$

$$\frac{\partial^2 f}{\partial z^2} = \frac{1}{\varphi_\sigma^2}\frac{\partial^2 f}{\partial \sigma^2} \tag{2-35}$$

将以上关系式代入直角坐标系下的三维浅水连续方程和运动方程，得到 σ 坐标系下的方程为（此处略去上标）：

$$\frac{\partial \varphi_\sigma}{\partial t} + \frac{\partial(u\varphi_\sigma)}{\partial x} + \frac{\partial(v\varphi_\sigma)}{\partial y} + \frac{\partial(\omega\varphi_\sigma)}{\partial \sigma} = 0 \tag{2-36}$$

$$\frac{\partial u}{\partial t} + u\frac{\partial u}{\partial x} + v\frac{\partial u}{\partial y} + \frac{\omega}{\varphi_\sigma}\frac{\partial u}{\partial \sigma}$$

$$= fv - g\frac{\partial \zeta}{\partial x} - \frac{1}{\rho}\frac{\partial p_a}{\partial x} + \nu\left(\frac{\partial^2 u}{\partial x^2} + \frac{\partial^2 u}{\partial y^2} + \frac{1}{\varphi_\sigma^2}\frac{\partial^2 u}{\partial \sigma^2}\right) + S_x \tag{2-37}$$

$$\frac{\partial v}{\partial t} + u\frac{\partial v}{\partial x} + v\frac{\partial v}{\partial y} + \frac{\omega}{\varphi_\sigma}\frac{\partial v}{\partial \sigma}$$

$$= -fu - g\frac{\partial \zeta}{\partial y} - \frac{1}{\rho}\frac{\partial p_a}{\partial y} + \nu\left(\frac{\partial^2 v}{\partial x^2} + \frac{\partial^2 v}{\partial y^2} + \frac{1}{\varphi_\sigma^2}\frac{\partial^2 v}{\partial \sigma^2}\right) + S_y \tag{2-38}$$

其中：

$$S_x = \nu\left[\frac{1}{\varphi_\sigma^2}(\varphi_x^2 + \varphi_y^2)\frac{\partial^2 u}{\partial \sigma^2} - 2\frac{\partial}{\partial x}\left(\frac{\varphi_x}{\varphi_\sigma}\frac{\partial u}{\partial \sigma}\right) - 2\frac{\partial}{\partial y}\left(\frac{\varphi_y}{\varphi_\sigma}\frac{\partial u}{\partial \sigma}\right)\right]$$

$$S_y = \nu\left[\frac{1}{\varphi_\sigma^2}(\varphi_x^2 + \varphi_y^2)\frac{\partial^2 v}{\partial \sigma^2} - 2\frac{\partial}{\partial x}\left(\frac{\varphi_x}{\varphi_\sigma}\frac{\partial v}{\partial \sigma}\right) - 2\frac{\partial}{\partial y}\left(\frac{\varphi_y}{\varphi_\sigma}\frac{\partial v}{\partial \sigma}\right)\right]$$

ω 是 σ 方向的速度协变量，表达式为：

$$\omega = \frac{1}{\varphi_\sigma}(w - \varphi_t - u\varphi_x - v\varphi_y)$$

对连续方程式(2-36)沿水深方向积分,得到:

$$\frac{\partial \varphi_\sigma}{\partial t} + \frac{\partial(\bar{u}\varphi_\sigma)}{\partial x} + \frac{\partial(\bar{v}\varphi_\sigma)}{\partial y} = 0 \tag{2-39}$$

其中:$\bar{u} = \int_{-1}^{0} u\mathrm{d}\sigma = \frac{1}{H}\int_{-h}^{\zeta} u\mathrm{d}z$,$\bar{v} = \int_{-1}^{0} v\mathrm{d}\sigma = \frac{1}{H}\int_{-h}^{\zeta} v\mathrm{d}z$。

同理得到 σ 坐标系下的异质扩散方程如下:

$$\frac{\partial c}{\partial t} + u\frac{\partial c}{\partial x} + v\frac{\partial c}{\partial y} + \frac{\omega}{\varphi_\sigma}\frac{\partial c}{\partial \sigma}$$

$$= \frac{\partial}{\partial x}\left(k_x\frac{\partial c}{\partial x}\right) + \frac{\partial}{\partial y}\left(k_y\frac{\partial c}{\partial y}\right) + \frac{1}{\varphi_\sigma}\frac{\partial}{\partial \sigma}\left(\frac{k_z}{\varphi_\sigma}\frac{\partial c}{\partial \sigma}\right) + S_c \tag{2-40}$$

其中:$S_c = \frac{1}{\varphi_\sigma^2}(k_x\varphi_x^2 + k_y\varphi_y^2)\frac{\partial^2 c}{\partial \sigma^2} - 2\frac{\partial}{\partial x}\left(\frac{\varphi_x}{\varphi_\sigma}\frac{\partial c}{\partial \sigma}\right) - 2\frac{\partial}{\partial y}\left(\frac{\varphi_y}{\varphi_\sigma}\frac{\partial c}{\partial \sigma}\right)$

因此,式(2-36)~式(2-40)构成 σ 坐标系下的三维浅水流动基本方程和异质扩散方程。在工程实际应用中,以上方程做了一定程度的简化,略去了 σ 坐标变换后方程中的小量 S_x、S_y 和 S_c,并考虑运动方程中的紊动黏性系数在 x、y、σ 方向上的不同,得到如下 σ 坐标系下的三维浅水流动基本方程和异质扩散方程:

$$\frac{\partial u}{\partial t} + u\frac{\partial u}{\partial x} + v\frac{\partial u}{\partial y} + \frac{\omega}{\varphi_\sigma}\frac{\partial u}{\partial \sigma}$$

$$= fv - g\frac{\partial \zeta}{\partial x} - \frac{1}{\rho}\frac{\partial p_\mathrm{a}}{\partial x} + \frac{\partial}{\partial x}\left(\nu_x\frac{\partial u}{\partial x}\right) + \frac{\partial}{\partial y}\left(\nu_y\frac{\partial u}{\partial y}\right) + \frac{1}{\varphi_\sigma}\frac{\partial}{\partial \sigma}\left(\frac{\nu_z}{\varphi_\sigma}\frac{\partial u}{\partial \sigma}\right) \tag{2-41}$$

$$\frac{\partial v}{\partial t} + u\frac{\partial v}{\partial x} + v\frac{\partial v}{\partial y} + \frac{\omega}{\varphi_\sigma}\frac{\partial v}{\partial \sigma}$$

$$= -fu - g\frac{\partial \zeta}{\partial y} - \frac{1}{\rho}\frac{\partial p_\mathrm{a}}{\partial y} + \frac{\partial}{\partial x}\left(\nu_x\frac{\partial v}{\partial x}\right) + \frac{\partial}{\partial y}\left(\nu_y\frac{\partial v}{\partial y}\right) + \frac{1}{\varphi_\sigma}\frac{\partial}{\partial \sigma}\left(\frac{\nu_z}{\varphi_\sigma}\frac{\partial v}{\partial \sigma}\right) \tag{2-42}$$

$$\frac{\partial c}{\partial t} + u\frac{\partial c}{\partial x} + v\frac{\partial c}{\partial y} + \frac{\omega}{\varphi_\sigma}\frac{\partial c}{\partial \sigma} = \frac{\partial}{\partial x}\left(k_x\frac{\partial c}{\partial x}\right) + \frac{\partial}{\partial y}\left(k_y\frac{\partial c}{\partial y}\right) + \frac{1}{\varphi_\sigma}\frac{\partial}{\partial \sigma}\left(\frac{k_z}{\varphi_\sigma}\frac{\partial c}{\partial \sigma}\right) + M \tag{2-43}$$

式中，ν_x、ν_y、ν_z 分别为 x、y、z 方向上的黏性系数。

2.2.4 直角坐标系下考虑密度变化的河口三维浅水流动方程推导

在以上河口三维浅水流动方程的推导中，没有考虑水体密度变化对水体质点运动的影响，而在河口水域，往往由于咸淡水交汇，水体表底层盐度差别较大，导致水体密度变化较大，进而影响到整个河口地区水体的循环运动。因此，要正确模拟河口地区水体运动变化，需要考虑水体密度变化的影响。

采用 Boussinesq 假设，即密度的变化并不显著改变流体的性质（如黏滞性等），在动量守恒方程中，密度的变化对惯性力项、压力梯度项和黏性力项的影响可忽略不计，而仅对质量项有影响。因此，根据该假设以及浅水流动假设，式(2-10)可以简化为：

$$\frac{\partial p}{\partial z} = -\rho g \tag{2-44}$$

将以上方程从某一水深位置 z 积分到水面 ζ，有：

$$\int_z^\zeta \frac{\partial p}{\partial z}\mathrm{d}z = -g\int_z^\zeta \rho\mathrm{d}z$$

则

$$p_\mathrm{a} - p = -g\int_z^\zeta \rho\mathrm{d}z$$

$$p = p_\mathrm{a} + g\int_z^\zeta \rho\mathrm{d}z$$

将上式对 x、y 方向求偏导有：

$$\frac{\partial p}{\partial x} = \frac{\partial p_\mathrm{a}}{\partial x} + g\frac{\partial}{\partial x}\int_z^\zeta \rho\mathrm{d}z, \quad \frac{\partial p}{\partial y} = \frac{\partial p_\mathrm{a}}{\partial y} + g\frac{\partial}{\partial y}\int_z^\zeta \rho\mathrm{d}z$$

采用莱布尼兹公式展开有：

$$\frac{\partial p}{\partial x} = \frac{\partial p_\mathrm{a}}{\partial x} + g\left(\int_z^\zeta \frac{\partial \rho}{\partial x}\mathrm{d}z + \rho\big|_\zeta \frac{\partial \zeta}{\partial x} - \rho\big|_x \frac{\partial z}{\partial x}\right)$$

$$\frac{\partial p}{\partial y} = \frac{\partial p_\mathrm{a}}{\partial y} + g\left(\int_z^\zeta \frac{\partial \rho}{\partial y}\mathrm{d}z + \rho\big|_\zeta \frac{\partial \zeta}{\partial y} - \rho\big|_y \frac{\partial z}{\partial y}\right)$$

由此得到：

$$\frac{1}{\rho}\frac{\partial p}{\partial x}=\frac{1}{\rho}\frac{\partial p_{\mathrm{a}}}{\partial x}+g\frac{\partial \zeta}{\partial x}+\frac{g}{\rho}\int_{z}^{\zeta}\frac{\partial \rho}{\partial x}\mathrm{d}z \tag{2-45}$$

$$\frac{1}{\rho}\frac{\partial p}{\partial y}=\frac{1}{\rho}\frac{\partial p_{\mathrm{a}}}{\partial y}+g\frac{\partial \zeta}{\partial y}+\frac{g}{\rho}\int_{z}^{\zeta}\frac{\partial \rho}{\partial y}\mathrm{d}z \tag{2-46}$$

与式(2-17)、式(2-18)比较可见，考虑水体密度变化时，仅仅是在原直角坐标系下的三维浅水动量式(2-45)、式(2-46)等号右边添加了一项密度沿 x 和 y 方向的微分在水深方向的积分项，因此考虑河口地区由盐度引起的密度变化对水体运动的影响时，需采用以下数学模型：

$$\begin{aligned}&\frac{\partial u}{\partial t}+u\frac{\partial u}{\partial x}+v\frac{\partial u}{\partial y}+w\frac{\partial u}{\partial z}\\&=fv-g\frac{\partial \zeta}{\partial x}-\frac{1}{\rho}\frac{\partial p_{\mathrm{a}}}{\partial x}-\frac{g}{\rho}\int_{z}^{\zeta}\frac{\partial \rho}{\partial x}\mathrm{d}z+\nu\left(\frac{\partial^{2}u}{\partial x^{2}}+\frac{\partial^{2}u}{\partial y^{2}}+\frac{\partial^{2}u}{\partial z^{2}}\right)\end{aligned} \tag{2-47}$$

$$\begin{aligned}&\frac{\partial v}{\partial t}+u\frac{\partial v}{\partial x}+v\frac{\partial v}{\partial y}+w\frac{\partial v}{\partial z}\\&=-fu-g\frac{\partial \zeta}{\partial y}-\frac{1}{\rho}\frac{\partial p_{\mathrm{a}}}{\partial y}-\frac{g}{\rho}\int_{z}^{\zeta}\frac{\partial \rho}{\partial y}\mathrm{d}z+\nu\left(\frac{\partial^{2}v}{\partial x^{2}}+\frac{\partial^{2}v}{\partial y^{2}}+\frac{\partial^{2}v}{\partial z^{2}}\right)\end{aligned} \tag{2-48}$$

2.2.5 σ 坐标系下的河口三维浅水流动方程推导

显然，将动量方程式(2-47)和式(2-48)转换到 σ 坐标系中时，相对于先前的动量方程式(2-19)、式(2-20)，只需要多转换一项密度变化项，然后添加到方程式(2-37)和式(2-38)中即可，因此对方程式(2-47)和式(2-48)中的密度变化项的转换如下：

$$\frac{g}{\rho}\int_{z}^{\zeta}\frac{\partial \rho}{\partial x}\mathrm{d}z=\frac{g}{\rho}\varphi_{\sigma}\int_{\sigma}^{0}\left(\frac{\partial \rho}{\partial x}-\frac{\varphi_{x}}{\varphi_{\sigma}}\frac{\partial \rho}{\partial \sigma'}\right)\mathrm{d}\sigma' \tag{2-49}$$

$$\frac{g}{\rho}\int_{z}^{\zeta}\frac{\partial \rho}{\partial y}\mathrm{d}z=\frac{g}{\rho}\varphi_{\sigma}\int_{\sigma}^{0}\left(\frac{\partial \rho}{\partial y}-\frac{\varphi_{y}}{\varphi_{\sigma}}\frac{\partial \rho}{\partial \sigma'}\right)\mathrm{d}\sigma' \tag{2-50}$$

因此得到 σ 坐标系下考虑盐度密度变化的三维浅水方程如下：

$$\frac{\partial u}{\partial t}+u\frac{\partial u}{\partial x}+v\frac{\partial u}{\partial y}+\frac{\omega}{\varphi_\sigma}\frac{\partial u}{\partial \sigma}$$
$$=fv-g\frac{\partial \zeta}{\partial x}-\frac{1}{\rho}\frac{\partial p_{\mathrm{a}}}{\partial x}-\frac{g}{\rho}\varphi_\sigma\int_\sigma^0\left(\frac{\partial \rho}{\partial x}-\frac{\varphi_x}{\varphi_\sigma}\frac{\partial \rho}{\partial \sigma'}\right)\mathrm{d}\sigma'+$$
$$\frac{\partial}{\partial x}\left(\nu_x\frac{\partial u}{\partial x}\right)+\frac{\partial}{\partial y}\left(\nu_y\frac{\partial u}{\partial y}\right)+\frac{1}{\varphi_\sigma}\frac{\partial}{\partial \sigma}\left(\frac{\nu_z}{\varphi_\sigma}\frac{\partial u}{\partial \sigma}\right) \tag{2-51}$$

$$\frac{\partial v}{\partial t}+u\frac{\partial v}{\partial x}+v\frac{\partial v}{\partial y}+\frac{\omega}{\varphi_\sigma}\frac{\partial v}{\partial \sigma}$$
$$=-fu-g\frac{\partial \zeta}{\partial y}-\frac{1}{\rho}\frac{\partial p_{\mathrm{a}}}{\partial y}-\frac{g}{\rho}\varphi_\sigma\int_\sigma^0\left(\frac{\partial \rho}{\partial y}-\frac{\varphi_y}{\varphi_\sigma}\frac{\partial \rho}{\partial \sigma'}\right)\mathrm{d}\sigma'+$$
$$\frac{\partial}{\partial x}\left(\nu_x\frac{\partial v}{\partial x}\right)+\frac{\partial}{\partial y}\left(\nu_y\frac{\partial v}{\partial y}\right)+\frac{1}{\varphi_\sigma}\frac{\partial}{\partial \sigma}\left(\frac{\nu_z}{\varphi_\sigma}\frac{\partial v}{\partial \sigma}\right) \tag{2-52}$$

$$\frac{\partial S}{\partial t}+u\frac{\partial S}{\partial x}+v\frac{\partial S}{\partial y}+\frac{\omega}{\varphi_\sigma}\frac{\partial S}{\partial \sigma}=\frac{\partial}{\partial x}\left(k_x\frac{\partial S}{\partial x}\right)+\frac{\partial}{\partial y}\left(k_y\frac{\partial S}{\partial y}\right)+\frac{1}{\varphi_\sigma}\frac{\partial}{\partial \sigma}\left(\frac{k_z}{\varphi_\sigma}\frac{\partial S}{\partial \sigma}\right)+M_s \tag{2-53}$$

式中，$\frac{\partial \rho}{\partial x}$、$\frac{\partial \rho}{\partial y}$ 为考虑盐度密度变化在 x 和 y 方向的正压项；$\frac{\varphi_x}{\varphi_\sigma}\frac{\partial \rho}{\partial \sigma'}$ 和 $\frac{\varphi_y}{\varphi_\sigma}\frac{\partial \rho}{\partial \sigma'}$ 为考虑密度垂向变化的斜压项；S 为盐度。

水体密度随温度和盐度的变化可以采用国际通用海水密度计算公式（UNESCO）：

$$A=8.244\,93\times10^{-1}-4.089\,9\times10^{-3}t+7.643\,8\times10^{-5}t^2-8.246\,7\times10^{-7}t^3+5.387\,5\times10^{-9}t^4$$

$$B=-5.724\,66\times10^{-3}+1.022\,7\times10^{-4}t-1.654\,6\times10^{-6}t^2$$

$$C=4.831\,4\times10^{-4}$$

$$\rho_0=999.842\,594+6.793\,952\times10^{-2}t-9.095\,290\times10^{-3}t^2+1.001\,685\times10^{-4}t^3-1.120\,083\times10^{-6}t^4+6.536\,332\times10^{-9}t^5$$

$$\rho = \rho_0 + AS + BS^{3/2} + CS^2$$

式中,t 为水温;S 为盐度。

公式应用范围为:$0 < t < 40$ ℃;0.5 psu $< S <$ 43 psu。

2.2.6 正交曲线 σ 坐标系下的河口三维潮流和盐度方程推导

工程实际中,河口地区岸线曲折复杂,采用直角坐标系无法准确模拟岸线边界的变化,需要采用曲线贴体坐标。前面已经推导得到了 σ 坐标系下考虑盐度正压和斜压影响的三维浅水流动方程,可以看到,该数学模型仅是在水深方向进行了变换,在平面 x 和 y 方向,仍然沿用了笛卡尔直角坐标系,因此此处仅需在平面方向进行曲线贴体坐标变换即可。

一般来说,水流和传质扩散方程可以表示为以下统一形式:

$$\frac{\partial(\rho\varphi)}{\partial t} + \frac{\partial(\rho u_j \varphi)}{\partial x_j} = \frac{\partial}{\partial x_j}\left(\Gamma_\varphi \frac{\partial \varphi}{\partial x_j}\right) + R_\varphi \tag{2-54}$$

式中,φ 为流场中不同物理量的通用变量,对不同方程,余下的项用源项 $R_\varphi(x_i)$ 表示。

控制方程式(2-54)中的对流项 $\frac{\partial(\rho u_j \varphi)}{\partial x_j}$ 为方程中的一次导数形式,根据链导法和 $\frac{\partial}{\partial x_j}\left(\frac{\partial \xi_k}{\partial \xi_k}\right) = 0$,可得到贴体坐标系下的对流项:

$$\begin{aligned}\frac{\partial(\rho u_j \varphi)}{\partial x_j} &= \frac{\partial(\rho u_j \varphi)}{\partial \xi_k}\frac{\partial \xi_k}{\partial x_j} = \frac{\partial}{\partial \xi_k}\left(\rho u_j \varphi \frac{\partial \xi_k}{\partial x_j}\right) - \rho u_j \varphi \frac{\partial}{\partial \xi_k}\left(\frac{\partial \xi_k}{\partial x_j}\right) \\ &= \frac{\partial}{\partial \xi_k}\left(\rho u_j \varphi \frac{\partial \xi_k}{\partial x_j}\right) - \rho u_j \varphi \frac{\partial}{\partial \xi_j}\left(\frac{\partial \xi_k}{\partial x_k}\right) = \frac{\partial}{\partial \xi_k}\left(\rho u_j \varphi \frac{\partial \xi_k}{\partial x_j}\right)\end{aligned}$$

引入贴体坐标下的协变量 $U_k = u_j \frac{\partial \xi_k}{\partial x_j}$,有:

$$\frac{\partial(\rho u_j \varphi)}{\partial x_j} = \frac{\partial(\rho U_k \varphi)}{\partial \xi_k}$$

上式中，逆变速度 U_k 分量即为计算区域 ξ 、η 方向上的速度分量，U 的具体展开式为：$U = u_j \dfrac{\partial \xi}{\partial x_j} = u\xi_x + v\xi_y$，以此类推到 η 方向的速度分量 V 表达式为：$V = u_j \dfrac{\partial \eta}{\partial x_j} = u\eta_x + v\eta_y$ 。

对流动控制方程中的扩散项，同样采用链导法则有：

$$
\begin{aligned}
\frac{\partial}{\partial x_j}\left(\Gamma_\varphi \frac{\partial \varphi}{\partial x_j}\right) &= \frac{\partial}{\partial \xi_k}\left(\Gamma_\varphi \frac{\partial \varphi}{\partial \xi_m} \frac{\partial \xi_m}{\partial x_j}\right)\frac{\partial \xi_k}{\partial x_j} \\
&= \frac{\partial}{\partial \xi_k}\left(\Gamma_\varphi \frac{\partial \varphi}{\partial \xi_m} \frac{\partial \xi_m}{\partial x_j} \frac{\partial \xi_k}{\partial x_j}\right) - \Gamma_\varphi \frac{\partial \varphi}{\partial \xi_m} \frac{\partial \xi_m}{\partial x_j} \frac{\partial}{\partial \xi_k}\left(\frac{\partial \xi_k}{\partial x_j}\right) \\
&= \frac{\partial}{\partial \xi_k}\left(\Gamma_\varphi \frac{\partial \varphi}{\partial \xi_m} \frac{\partial \xi_m}{\partial x_j} \frac{\partial \xi_k}{\partial x_j}\right) - \Gamma_\varphi \frac{\partial \varphi}{\partial \xi_m} \frac{\partial \xi_m}{\partial x_j} \frac{\partial}{\partial \xi_j}\left(\frac{\partial \xi_k}{\partial x_k}\right) \\
&= \frac{\partial}{\partial \xi_k}\left(\Gamma_\varphi \frac{\partial \varphi}{\partial \xi_m} \frac{\partial \xi_m}{\partial x_j} \frac{\partial \xi_k}{\partial x_j}\right)
\end{aligned}
$$

令 $g_{mk} = \dfrac{\partial \xi_m}{\partial x_j} \dfrac{\partial \xi_k}{\partial x_j}$，有：

$$
\frac{\partial}{\partial x_j}\left(\Gamma_\varphi \frac{\partial \varphi}{\partial x_j}\right) = \frac{\partial}{\partial \xi_k}\left(\Gamma_\varphi g_{mk} \frac{\partial \varphi}{\partial \xi_m}\right)
$$

式中 g_{mk} 的具体表达式为：

$$
g_{11} = \frac{\partial \xi}{\partial x_j} \frac{\partial \xi}{\partial x_j} = \xi_x \xi_x + \xi_y \xi_y \tag{2-55}
$$

$$
g_{12} = \frac{\partial \xi}{\partial x_j} \frac{\partial \eta}{\partial x_j} = \xi_x \eta_x + \xi_y \eta_y \tag{2-56}
$$

$$
g_{21} = \frac{\partial \eta}{\partial x_j} \frac{\partial \xi}{\partial x_j} = \eta_x \xi_x + \eta_y \xi_y = g_{12} \tag{2-57}
$$

$$
g_{22} = \frac{\partial \eta}{\partial x_j} \frac{\partial \eta}{\partial x_j} = \eta_x \eta_x + \eta_y \eta_y \tag{2-58}
$$

对控制方程中的源项 $R_\varphi(x_i)$，不同控制方程对应源项形式和内容差别较大，但转换方法和以上相同，因此不再推导。将源项转换到贴体坐标下的形式为：

$$R_\varphi(x_i) = R_\varphi[x(\xi,\eta),y(\xi,\eta),\sigma] = S_\varphi(\xi,\eta,\sigma) \quad (2\text{-}59)$$

根据以上变换方式，对方程式(2-36)、式(2-51)～式(2-53)变换到曲线坐标系中，并略去变换中的微小量，得到如下方程形式：

$$\frac{\partial\zeta}{\partial t} + \frac{1}{\sqrt{G_{\xi\xi}}\sqrt{G_{\eta\eta}}}\frac{\partial(Hu\sqrt{G_{\eta\eta}})}{\partial\xi} + \frac{1}{\sqrt{G_{\xi\xi}}\sqrt{G_{\eta\eta}}}\frac{\partial(Hv\sqrt{G_{\xi\xi}})}{\partial\eta} + \frac{\partial\omega}{\partial\sigma} = HQ_s \quad (2\text{-}60)$$

$$\frac{\partial u}{\partial t} + \frac{u}{\sqrt{G_{\xi\xi}}}\frac{\partial u}{\partial\xi} + \frac{v}{\sqrt{G_{\eta\eta}}}\frac{\partial u}{\partial\eta} + \frac{\omega}{H}\frac{\partial u}{\partial\sigma} = \frac{1}{\sqrt{G_{\xi\xi}}\sqrt{G_{\xi\xi}}}\frac{\partial}{\partial\xi}\left(\nu_\xi\frac{\partial u}{\partial\xi}\right) + \frac{1}{\sqrt{G_{\eta\eta}}\sqrt{G_{\eta\eta}}}\frac{\partial}{\partial\eta}\left(\nu_\eta\frac{\partial u}{\partial\eta}\right) + \frac{1}{H}\frac{\partial}{\partial\sigma}\left(\frac{\nu_\sigma}{H}\frac{\partial u}{\partial\sigma}\right) + fv - \frac{1}{\rho\sqrt{G_{\xi\xi}}}\frac{\partial p_a}{\partial\xi} - \frac{g}{\sqrt{G_{\xi\xi}}}\frac{\partial\zeta}{\partial\xi} - \frac{g}{\rho\sqrt{G_{\xi\xi}}}\left(H\int_\sigma^0\frac{\partial\rho}{\partial\xi}\mathrm{d}\sigma' - \frac{\partial H}{\partial\xi}\int_\sigma^0\sigma'\frac{\partial\rho}{\partial\sigma'}\mathrm{d}\sigma'\right) + \frac{v^2}{\sqrt{G_{\xi\xi}}\sqrt{G_{\eta\eta}}}\frac{\partial\sqrt{G_{\eta\eta}}}{\partial\xi} - \frac{uv}{\sqrt{G_{\xi\xi}}\sqrt{G_{\eta\eta}}}\frac{\partial\sqrt{G_{\xi\xi}}}{\partial\eta} + M_\xi \quad (2\text{-}61)$$

$$\frac{\partial v}{\partial t} + \frac{u}{\sqrt{G_{\xi\xi}}}\frac{\partial v}{\partial\xi} + \frac{v}{\sqrt{G_{\eta\eta}}}\frac{\partial v}{\partial\eta} + \frac{\omega}{H}\frac{\partial v}{\partial\sigma} = \frac{1}{\sqrt{G_{\xi\xi}}\sqrt{G_{\xi\xi}}}\frac{\partial}{\partial\xi}\left(\nu_\xi\frac{\partial v}{\partial\xi}\right) + \frac{1}{\sqrt{G_{\eta\eta}}\sqrt{G_{\eta\eta}}}\frac{\partial}{\partial\eta}\left(\nu_\eta\frac{\partial v}{\partial\eta}\right) + \frac{1}{H}\frac{\partial}{\partial\sigma}\left(\frac{\nu_\sigma}{H}\frac{\partial v}{\partial\sigma}\right) - fu - \frac{1}{\rho\sqrt{G_{\eta\eta}}}\frac{\partial p_a}{\partial\eta} - \frac{g}{\sqrt{G_{\eta\eta}}}\frac{\partial\zeta}{\partial\eta} - \frac{g}{\rho\sqrt{G_{\eta\eta}}}\left(H\int_\sigma^0\frac{\partial\rho}{\partial\eta}\mathrm{d}\sigma' - \frac{\partial H}{\partial\eta}\int_\sigma^0\sigma'\frac{\partial\rho}{\partial\sigma'}\mathrm{d}\sigma'\right) + \frac{u^2}{\sqrt{G_{\xi\xi}}\sqrt{G_{\eta\eta}}}\frac{\partial\sqrt{G_{\xi\xi}}}{\partial\eta} - \frac{uv}{\sqrt{G_{\xi\xi}}\sqrt{G_{\eta\eta}}}\frac{\partial\sqrt{G_{\eta\eta}}}{\partial\xi} + M_\eta \quad (2\text{-}62)$$

$$\frac{\partial\zeta}{\partial t} + \frac{1}{\sqrt{G_{\xi\xi}}\sqrt{G_{\eta\eta}}}\frac{\partial(HU\sqrt{G_{\eta\eta}})}{\partial\xi} + \frac{1}{\sqrt{G_{\xi\xi}}\sqrt{G_{\eta\eta}}}\frac{\partial(HV\sqrt{G_{\xi\xi}})}{\partial\eta} = \frac{Q_H}{\sqrt{G_{\xi\xi}}\sqrt{G_{\eta\eta}}} \quad (2\text{-}63)$$

$$\frac{\partial HS}{\partial t} + \frac{1}{\sqrt{G_{\xi\xi}}\sqrt{G_{\eta\eta}}}\left[\frac{\partial(\sqrt{G_{\eta\eta}}HuS)}{\partial\xi} + \frac{\partial(\sqrt{G_{\xi\xi}}HvS)}{\partial\eta}\right] + \frac{\partial(\omega S)}{\partial\sigma}$$

$$= \frac{H}{\sqrt{G_{\xi\xi}}\ \sqrt{G_{\eta\eta}}}\left[\frac{\partial}{\partial\xi}\left(\frac{\nu_{s\xi}}{P_{rt}}\frac{\sqrt{G_{\eta\eta}}}{\sqrt{G_{\xi\xi}}}\frac{\partial S}{\partial\xi}\right)+\frac{\partial}{\partial\eta}\left(\frac{\nu_{s\eta}}{P_{rt}}\frac{\sqrt{G_{\xi\xi}}}{\sqrt{G_{\eta\eta}}}\frac{\partial S}{\partial\eta}\right)\right]+$$

(2-64)

$$\frac{1}{H}\frac{\partial}{\partial\sigma}\left(\frac{\nu_{s\sigma}}{P_{rt}}\frac{\partial S}{\partial\sigma}\right)-\lambda_d HS+HQ_sS_s$$

其中式(2-64)可以展开并简化为

$$\frac{\partial S}{\partial t}+A\frac{\partial S}{\partial\xi}+B\frac{\partial S}{\partial\eta}+\frac{1}{H}\left(\omega-\frac{1}{HP_{rt}}\frac{\partial\nu_{s\sigma}}{\partial\sigma}\right)\frac{\partial S}{\partial\sigma}=\frac{\nu_{s\xi}}{P_{rt}\ \sqrt{G_{\xi\xi}}\ \sqrt{G_{\xi\xi}}}\frac{\partial^2 S}{\partial\xi^2}+$$

$$\frac{\nu_{s\eta}}{P_{rt}\ \sqrt{G_{\eta\eta}}\ \sqrt{G_{\eta\eta}}}\frac{\partial^2 S}{\partial\eta^2}+\frac{\nu_{s\sigma}}{P_{rt}H^2}\frac{\partial^2 S}{\partial\sigma^2}-\lambda_d S+Q_s(S_s-S) \quad (2\text{-}65)$$

$$A=\frac{1}{\sqrt{G_{\xi\xi}}}\left[u-\frac{1}{P_{rt}\ \sqrt{G_{\xi\xi}}}\left(\frac{\partial\nu_{s\xi}}{\partial\xi}+\frac{\nu_{s\xi}}{\sqrt{G_{\eta\eta}}}\frac{\partial\sqrt{G_{\eta\eta}}}{\partial\xi}-\frac{\nu_{s\xi}}{\sqrt{G_{\xi\xi}}}\frac{\partial\sqrt{G_{\xi\xi}}}{\partial\xi}\right)\right]$$

$$B=\frac{1}{\sqrt{G_{\eta\eta}}}\left[v-\frac{1}{P_{rt}\ \sqrt{G_{\eta\eta}}}\left(\frac{\partial\nu_{s\eta}}{\partial\eta}+\frac{\nu_{s\eta}}{\sqrt{G_{\xi\xi}}}\frac{\partial\sqrt{G_{\xi\xi}}}{\partial\eta}-\frac{\nu_{s\eta}}{\sqrt{G_{\eta\eta}}}\frac{\partial\sqrt{G_{\eta\eta}}}{\partial\eta}\right)\right]$$

式中，Q_s、Q_H 分别为单位体积和单位面积内的流量；M_ξ、M_η 分别为 ξ 和 η 方向的源或汇，$M_\xi = Q_s(\bar{u}-u)$，$M_\eta = Q_s(\bar{v}-v)$，$\bar{u}$ 和 $\bar{v}$ 分别为 ξ 和 η 方向的源或汇的流速；$\nu_{s\xi}$、$\nu_{s\eta}$、$\nu_{s\sigma}$ 分别为 ξ、η、σ 方向的扩散系数；λ_d 为盐度的一次幂衰减系数；S_s 为源汇项盐度值。

U 和 V 分别为 ξ 和 η 方向沿水深的平均流速，$U=\int_{-1}^{0}u\mathrm{d}\sigma=\frac{1}{H}\int_{-h}^{\zeta}u\mathrm{d}z$，$V=\int_{-1}^{0}v\mathrm{d}\sigma=\frac{1}{H}\int_{-h}^{\zeta}v\mathrm{d}z$；$\omega$ 是 σ 方向的流速，用来最后计算 z 方向的真实流速 w，表示式如下：

$$z=\varphi(x',y',\sigma,t')=\sigma H+\zeta$$

$$\omega=w-\varphi_t-u\varphi_x-v\varphi_y$$

$$w=\omega+\frac{1}{\sqrt{G_{\xi\xi}}\ \sqrt{G_{\eta\eta}}}\left[u\ \sqrt{G_{\eta\eta}}\left(\sigma\frac{\partial H}{\partial\xi}+\frac{\partial\zeta}{\partial\xi}\right)+v\ \sqrt{G_{\xi\xi}}\left(\sigma\frac{\partial H}{\partial\eta}+\frac{\partial\zeta}{\partial\eta}\right)\right]+$$

$$\sigma\frac{\partial H}{\partial t}+\frac{\partial\zeta}{\partial t} \quad (2\text{-}66)$$

方程式(2-60)～式(2-65)即为正交曲线 σ 坐标系下考虑盐度密度正压项和斜压项的数学模型。此处开发的河口三维软件也以此为基础。

2.2.7 正交曲线 σ 坐标系下的边界条件

任一层 σ 方向的流速 ω 求解方法为，用方程式(2-63)减去方程式(2-60)有：

$$\frac{\partial\omega}{\partial\sigma}=\frac{1}{\sqrt{G_{\xi\xi}}\sqrt{G_{\eta\eta}}}\frac{\partial}{\partial\xi}\left[H\sqrt{G_{\eta\eta}}(U-u)\right]+\frac{1}{\sqrt{G_{\xi\xi}}\sqrt{G_{\eta\eta}}}\frac{\partial}{\partial\eta}\left[H\sqrt{G_{\xi\xi}}(V-v)\right]$$

将上式方程左右在($-1,\sigma$)内积分有：

$$\begin{aligned}\omega&=\frac{1}{\sqrt{G_{\xi\xi}}\sqrt{G_{\eta\eta}}}\int_{-1}^{\sigma}\frac{\partial}{\partial\xi}\left[H\sqrt{G_{\eta\eta}}(U-u)\right]\mathrm{d}\sigma+\\&\quad\frac{1}{\sqrt{G_{\xi\xi}}\sqrt{G_{\eta\eta}}}\int_{-1}^{\sigma}\frac{\partial}{\partial\eta}\left[H\sqrt{G_{\xi\xi}}(V-v)\right]\mathrm{d}\sigma\\&=\frac{1}{\sqrt{G_{\xi\xi}}\sqrt{G_{\eta\eta}}}\frac{\partial}{\partial\xi}\int_{-1}^{\sigma}\left[H\sqrt{G_{\eta\eta}}(U-u)\right]\mathrm{d}\sigma+\\&\quad\frac{1}{\sqrt{G_{\xi\xi}}\sqrt{G_{\eta\eta}}}\frac{\partial}{\partial\eta}\int_{-1}^{\sigma}\left[H\sqrt{G_{\xi\xi}}(V-v)\right]\mathrm{d}\sigma\\&=\frac{1}{\sqrt{G_{\xi\xi}}\sqrt{G_{\eta\eta}}}\frac{\partial}{\partial\xi}\left\{H\sqrt{G_{\eta\eta}}\left[U(\sigma+1)-\int_{-1}^{\sigma}u\mathrm{d}\sigma\right]\right\}+\\&\quad\frac{1}{\sqrt{G_{\xi\xi}}\sqrt{G_{\eta\eta}}}\frac{\partial}{\partial\eta}\left\{H\sqrt{G_{\xi\xi}}\left[V(\sigma+1)-\int_{-1}^{\sigma}v\mathrm{d}\sigma\right]\right\}\\&=\frac{1}{\sqrt{G_{\xi\xi}}}\frac{\partial}{\partial\xi}\left\{H\left[U(\sigma+1)-\int_{-1}^{\sigma}u\mathrm{d}\sigma\right]\right\}+\\&\quad\frac{1}{\sqrt{G_{\eta\eta}}}\frac{\partial}{\partial\eta}\left\{H\left[V(\sigma+1)-\int_{-1}^{\sigma}v\mathrm{d}\sigma\right]\right\}\end{aligned}$$

其中：

$$\begin{aligned}&\frac{\partial}{\partial\xi}\left\{H\left[U(\sigma+1)-\int_{-1}^{\sigma}u\mathrm{d}\sigma\right]\right\}\\&=\left[U(\sigma+1)-\int_{-1}^{\sigma}u\mathrm{d}\sigma\right]\frac{\partial H}{\partial\xi}+H\left[\frac{\partial U}{\partial\xi}(\sigma+1)-\frac{\partial}{\partial\xi}\int_{-1}^{\sigma}u\mathrm{d}\sigma\right]\end{aligned}$$

$$\frac{\partial}{\partial \eta}\left\{H\left[V(\sigma+1)-\int_{-1}^{\sigma} v \mathrm{d}\sigma\right]\right\}$$

$$=\left[V(\sigma+1)-\int_{-1}^{\sigma} v \mathrm{d}\sigma\right]\frac{\partial H}{\partial \eta}+H\left[\frac{\partial V}{\partial \eta}(\sigma+1)-\frac{\partial}{\partial \eta}\int_{-1}^{\sigma} v \mathrm{d}\sigma\right]$$

水面和水底垂向流速边界条件：σ 坐标系下，水面位置坐标 $\sigma=0$，对应直角坐标系 $z=\varphi=\sigma H+\zeta=\zeta$。

由于水面处 σ 方向流速 $\omega=0$，则 $w-\varphi_t-u\varphi_x-v\varphi_y=0$，由此得到水面处 z 方向的垂向流速为：

$$w=\frac{\partial \varphi}{\partial t}+u\frac{\partial \varphi}{\partial x}+v\frac{\partial \varphi}{\partial y}=\frac{\partial \zeta}{\partial t}+u\frac{\partial \zeta}{\partial x}+v\frac{\partial \zeta}{\partial y}$$

另外：$$-\rho A_z\left(\frac{\partial u}{\partial z},\frac{\partial v}{\partial z}\right)=(\tau_x^a,\tau_y^a)=C_D^a\rho_a\sqrt{v_x^2+v_y^2}(v_x,v_y)$$

式中，τ_x^a、τ_y^a 分别为 x、y 方向的风应力，N/m^2；v_x、v_y 分别为 x、y 方向的风速，m/s；ρ_a 为空气密度，kg/m^3；C_D^a 为风拖拽系数。

同样，在水底处，$\sigma=-1$，则 $z=\varphi=\zeta-H=-h$，h 为静水面时的水深，表示海底地形，水底处 σ 方向流速 $\omega=0$，则同样得到水底处的垂向流速表达式为：

$$\begin{aligned} w &= \frac{\partial \varphi}{\partial t}+u\frac{\partial \varphi}{\partial x}+v\frac{\partial \varphi}{\partial y} \\ &= -\frac{\partial h}{\partial t}-u\frac{\partial h}{\partial x}-v\frac{\partial h}{\partial y}-\rho A_z\left(\frac{\partial u}{\partial z},\frac{\partial v}{\partial z}\right)=(\tau_x^b,\tau_y^b) \\ &= C_D^b\rho_w\sqrt{u^2+v^2}(u,v) \end{aligned}$$

式中，τ_x^b、τ_y^b 分别为底摩擦在 x、y 方向的分量，N/m^2；u、v 分别为 x、y 方向的流速，m/s；ρ_w 为底层水体密度，kg/m^3；C_D^b 为摩擦系数。

2.3 三维正交曲线 σ 坐标系下的数学模型验证

根据建立的考虑盐度正压和斜压下三维正交曲线 σ 坐标系的数学模型和计算方法，采用 FORTRAN 语言编写了相应的计算求解软件平台，为验证该数学模型和计算方法在河口和近海地区模拟各种自然影响因素的准确性和可靠性，分别选取风驱动回流、密度差驱动回流、港池振荡波及斜坡盐度扩散问题进行模拟计算，对模型数值解与分析解进行比较和分析。

2.3.1 风驱动回流的模拟验证

在湖泊和近海海域，由水体表面风应力作用造成的水位和流速的变化经常不容忽视，因此是否能对存在表面风应力的水体流态进行准确的预报和模拟关系到所采用的数学模型和计算方法的可靠性和有效性。此处选取长 62 km、宽 5 km、水深为 2 m 的封闭水域，平面网格步长为 1 km × 1 km，垂直方向分别对 5、10、20 层三种情况进行模拟计算，时间步长为 60 s。垂直扩散系数 $N_z = 0.005\ \mathrm{m^2/s}$，表面风应力采用恒定值 $\tau_w = 0.1\ \mathrm{N/m^2}$ 且始终为 x 方向，水的密度 $\rho = 1\,000\ \mathrm{kg/m^3}$。在封闭水域中，底部和侧面采用无滑移边界条件，忽略对流和科里奥利力水平扩散作用，其分析解为：

$$u = \frac{g}{2N_z}\frac{\partial \zeta}{\partial x}(z^2 - h^2) + \frac{\tau_w}{\rho N_z}(h + z) \tag{2-67}$$

$$\frac{\partial \zeta}{\partial x} = \frac{3}{2}\frac{\tau_w}{\rho g h} \tag{2-68}$$

图 2-3 给出了数值模拟试验得到的垂向流速 u 和水位 ζ 的分布，并同时给出了分析解，可见数值模拟计算结果与理论分析解吻合良好。分层大小对数值模拟计算结果趋于真实值存在一定的影响，结果显示分层越多，数值模拟得到的流速和水位也越趋于分析解。图 2-4 给出了模拟计算区域的水位分布图和中剖面上的流场分布图，可见计算区域形成了环流，区域上层水体流向与风向一致，下层水体流向与风向相反，水槽两端分别形成最大水位和最小水位。

2.3.2 密度差驱动回流的模拟验证

在河流与湖泊或近海交汇的河口区域，由于淡水与海水间较大

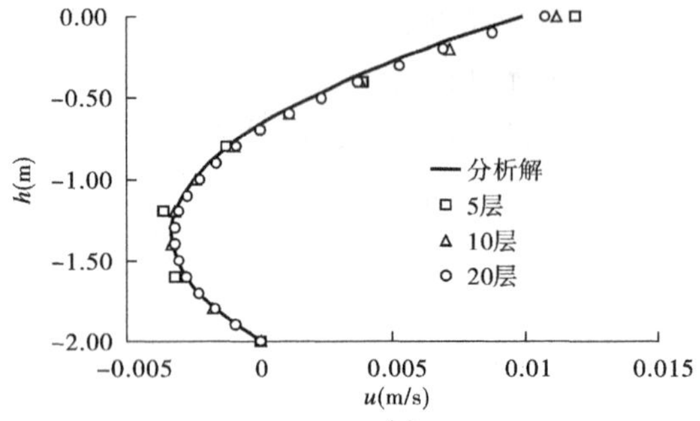

(a)

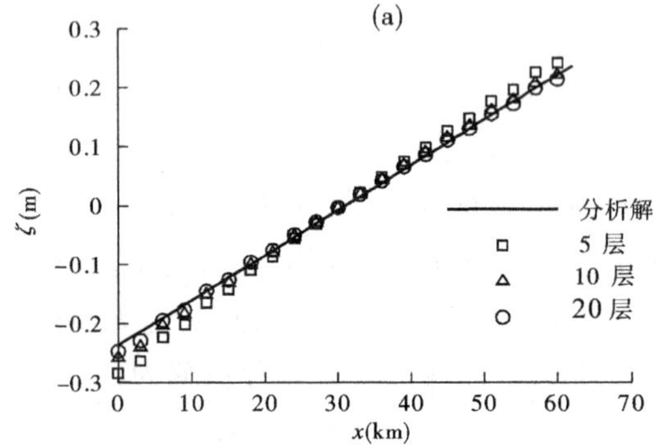

(b)

图 2-3　风驱动回流下的水位和垂向流速比较

的密度差而形成回流,对该回流的准确预报与模拟可以为评估海水入侵以及其他实际应用工程提供重要的依据。在忽略对流和局部加速以及底部和侧面摩擦,认为动量方程中密度梯度、表面抬升和动量垂向扩散间保持平衡的前提下,其垂向速度分布的解析式为:

$$u = \frac{1}{24}\frac{g\lambda h^3}{\rho N_z}\left[1 - 6\left(\frac{z}{h}\right)^2 - 4\left(\frac{z}{h}\right)^3\right] \tag{2-69}$$

此处选取的计算区域为长 15 km、宽 5 km、水深 h 为 20 m 的封闭水体,水平网格间距为 500 m,垂向层数分别选为 40 层和 80 层,其中垂向黏性系数 $N_z = 0.005\ m^2/s$,水体平均密度 $\rho = 1\ 025\ kg/m^3$,密度变化梯度为 $\lambda = 0.000\ 3\ kg/(m^3 \cdot m)$。计算时间步长为 60 s。

图 2-5 给出了数值模拟试验得到的水平流速 u 沿垂向的分布及

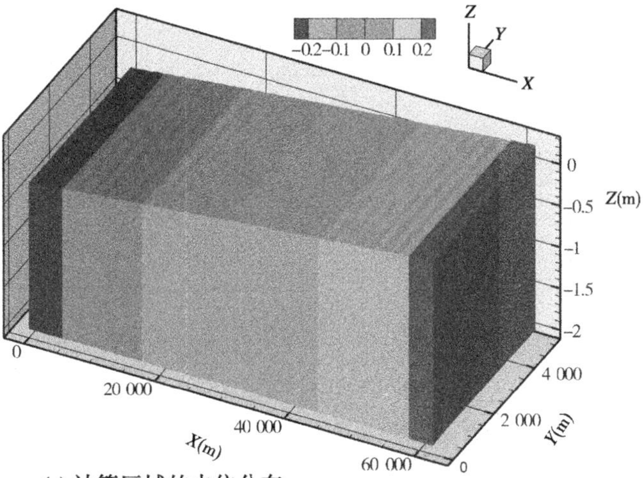

(a) 计算区域的水位分布

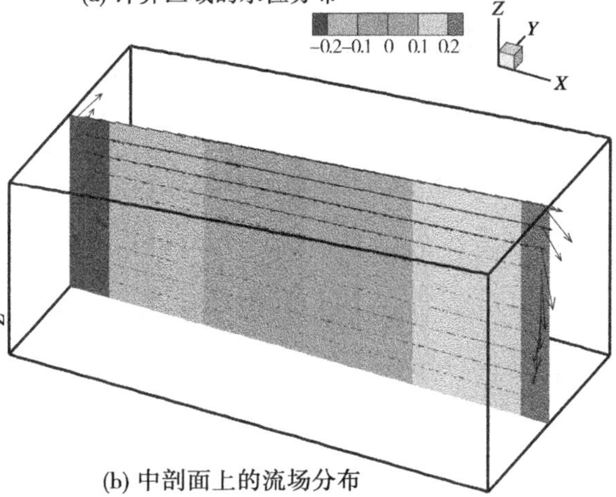

(b) 中剖面上的流场分布

图 2-4　风驱动回流下的水槽水位分布图和流场分布图

其分析解，可以看到两者吻合很好，同样垂向分层数愈大，数值解愈趋向分析解。与前面 2 m 深的水域比较起来，显然水深愈大，所要求的垂向分层也越多。图 2-6 给出了中间剖面上的流场分布，可见计算区域形成了显著的回流。

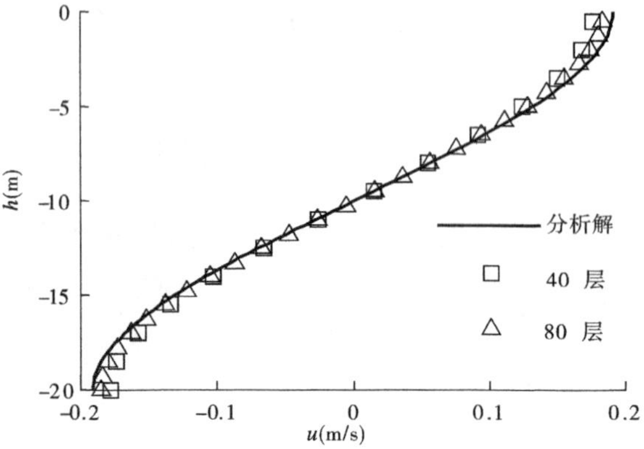

图 2-5　密度差引起的水平流速垂向分布

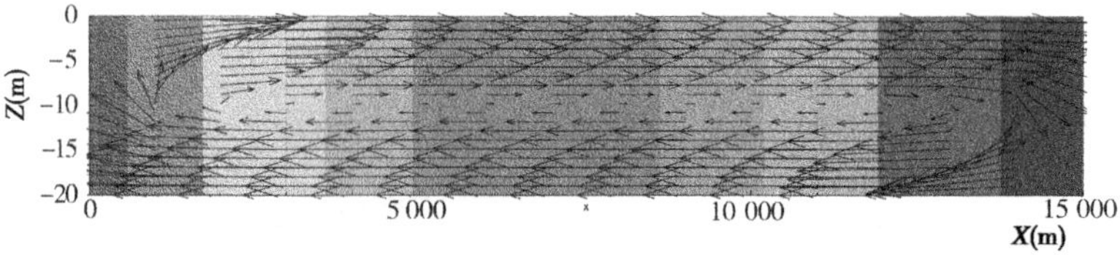

图 2-6　横断面流场图

2.3.3　振荡潮波的数值模拟验证

在湖泊或半封闭的港口和海湾中,由于岸壁对水波的反射作用形成驻波。忽略垂向和水平扩散、底部和侧面摩擦、对流项以及科里奥利项,认为局部加速项和压强项保持平衡,水位和纵向流速分布解析式:

$$\eta = a\cos(\hat{\omega}t)\cos(kx) \tag{2-70}$$

$$u = \frac{gak}{\hat{\omega}}\sin(\hat{\omega}t)\sin(kx) \tag{2-71}$$

式中,a 为波幅;$\hat{\omega}$ 为波动频率;k 为波数。

此处数值模拟的计算区域为长 62 km、宽 14 km、水深 5 m 的封闭水域,水平网格步长为 500 m,垂向分为 10 层。所模拟的波动参数为:$a = 0.15$,$k = 5.067 \times 10^{-5}$/m ,$\hat{\omega} = 3.548\,8 \times 10^{-4}$ /s,相应的周期为 $T = 4.92$ h ,为保证每 $T/8$ 个周期输出一次结果,选取的

计算时间步长为 18 s。计算的初始流速和水位分布采用式(2-70)和式(2-71),令 $t=0$ 得到。

图 2-7 给出了不同时刻水位和流速的沿程分布的数值模拟结果和分析解,可见两者吻合较好,由此证实了所用数学模型和计算方法的有效性。图中 $L_0=62$ km, $u_0=\frac{gak}{\widehat{\omega}}$。

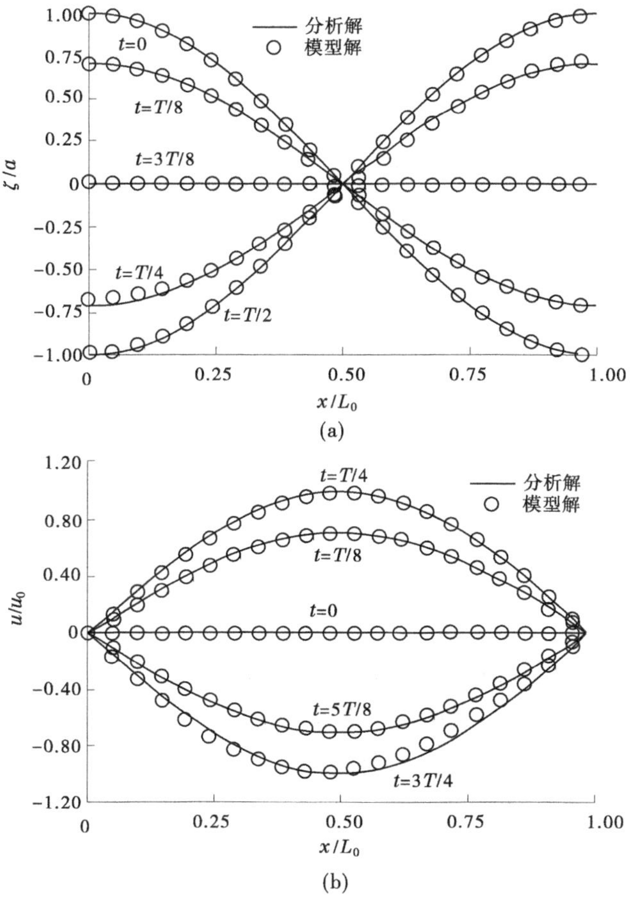

图 2-7　不同时刻的水位和流速的沿程分布比较

2.4 河口二维水动力数学模型

2.4.1 直角坐标系下的二维浅水方程

有关二维浅水动力方程的详细推导可参见相关资料[75],此处主要给出其具体形式。

2.4.1.1 连续方程

$$\frac{\partial H}{\partial t}+\frac{\partial(HU)}{\partial x}+\frac{\partial(HV)}{\partial y}=Q \tag{2-72}$$

式中:U、V 分别为 x 和 y 方向的平均流速;H 为平均水深;Q 为单位面积上的流量,网格单元上的源或汇。

2.4.1.2 动量方程

$$\frac{\partial(HU)}{\partial t}+\frac{\partial(HUU)}{\partial x}+\frac{\partial(HUV)}{\partial y}=\frac{\partial}{\partial x}\left[\nu_t\frac{\partial(HU)}{\partial x}\right]+\frac{\partial}{\partial y}\left[\nu_t\frac{\partial(HU)}{\partial y}\right]+$$

$$fV-gH\frac{\partial\zeta}{\partial x}-g\frac{n^2U\sqrt{U^2+V^2}}{H^{\frac{1}{3}}}+C_{\mathrm{w}}\frac{\rho_{\mathrm{a}}}{\rho_{\mathrm{w}}}\omega^2\cos\beta \tag{2-73}$$

$$\frac{\partial(HV)}{\partial t}+\frac{\partial(HUV)}{\partial x}+\frac{\partial(HVV)}{\partial y}=\frac{\partial}{\partial x}\left[\nu_t\frac{\partial(HV)}{\partial x}\right]+\frac{\partial}{\partial y}\left[\nu_t\frac{\partial(HV)}{\partial y}\right]-$$

$$fU-gH\frac{\partial\zeta}{\partial y}-g\frac{n^2V\sqrt{U^2+V^2}}{H^{\frac{1}{3}}}+C_{\mathrm{w}}\frac{\rho_{\mathrm{a}}}{\rho_{\mathrm{w}}}\omega^2\sin\beta \tag{2-74}$$

式中:方程中 f 为考虑地球自转的哥氏力系数,$f=2\widehat{\omega}\sin\psi$,$\widehat{\omega}$ 为地球自转角速度,rad/s,ψ 为所处纬度;C_{w} 为风应力的拖曳系数,采用计算公式 $C_{\mathrm{w}}=(1.1+0.0536\omega)\times10^{-3}$,$\omega$ 为水面 10 m 高度位置处的风速,m/s;β 为风向与 x 轴的夹角;ρ_{a} 和 ρ_{w} 分别为空气和水体的平均密度。

2.4.1.3 $k-\varepsilon$ 方程

$$\frac{\partial(Hk)}{\partial t}+\frac{\partial(HUk)}{\partial x}+\frac{\partial(HVk)}{\partial y}$$

$$=\frac{\partial}{\partial x}\left[\frac{\nu_t}{\sigma_k}\frac{\partial(Hk)}{\partial x}\right]+\frac{\partial}{\partial y}\left[\frac{\nu_t}{\sigma_k}\frac{\partial(Hk)}{\partial y}\right]+(G+P_k-\varepsilon)H \quad (2\text{-}75)$$

$$\frac{\partial(H\varepsilon)}{\partial t}+\frac{\partial(HU\varepsilon)}{\partial x}+\frac{\partial(HV\varepsilon)}{\partial y}$$

$$=\frac{\partial}{\partial x}\left[\frac{\nu_t}{\sigma_k}\frac{\partial(H\varepsilon)}{\partial x}\right]+\frac{\partial}{\partial y}\left[\frac{\nu_t}{\sigma_k}\frac{\partial(H\varepsilon)}{\partial y}\right]+\left(C_{\varepsilon1}\frac{\varepsilon}{k}G+P_\varepsilon-C_{\varepsilon2}\frac{\varepsilon^2}{k}\right)H \quad (2\text{-}76)$$

式中,G 为紊动应力与平均流速梯度相互作用所产生的紊动能量,$G=\nu_t\left[2\left(\frac{\partial U}{\partial x}\right)^2+2\left(\frac{\partial V}{\partial y}\right)^2+\left(\frac{\partial U}{\partial y}+\frac{\partial V}{\partial x}\right)^2\right]$;$P_k$、$P_\varepsilon$ 为床底切应力所引起的紊动效应,与摩阻流速 U_* 的关系为:$P_k=\frac{U_*^3}{\sqrt{C_f}H}$,$P_\varepsilon=\frac{C_\varepsilon U_*^4}{H^2}$,$C_\varepsilon=3.6C_{\varepsilon2}\frac{\sqrt{C_\mu}}{C_f^{3/4}}$,$C_f=\frac{n^2g}{H^{1/3}}$,$U_*=\sqrt{C_f(U^2+V^2)}$。

2.4.1.4 温度方程

$$\frac{\partial(HT)}{\partial t}+\frac{\partial(HUT)}{\partial x}+\frac{\partial(HVT)}{\partial y}$$

$$=\frac{\partial}{\partial x}\left[\frac{\nu_t}{P_{rt}}\frac{\partial(HT)}{\partial x}\right]+\frac{\partial}{\partial y}\left[\frac{\nu_t}{P_{rt}}\frac{\partial(HT)}{\partial y}\right]-\frac{k_s(T_s-T)}{\rho_w C_p}+Q\Delta T \quad (2\text{-}77)$$

式中,k_s 为水体表面散热系数,采用 Gunneberg 公式计算:

$$k_s=2.27\times10^{-7}(T_s+273.15)^3+(1.5+1.12U_2)\times10^{-3}\times\left[(2\,501.7-2.366T_s)\frac{25\,509}{(T_s+239.7)^2}\times10^{\frac{7.56T_s}{T_s+239.7}}+1\,621\right]$$

其中,T_s 为水面温度;U_2 为水面以上 2 m 处的风速;ΔT 是源项的出口温度与环境温度之差。

2.4.1.5 泥沙输运方程

$$\frac{\partial(HS)}{\partial t}+\frac{\partial(HUS)}{\partial x}+\frac{\partial(HVS)}{\partial y}$$

$$=\frac{\partial}{\partial x}\left[\nu_{sx}\frac{\partial(HS)}{\partial x}\right]+\frac{\partial}{\partial y}\left[\nu_{sy}\frac{\partial(HS)}{\partial y}\right]+\alpha\omega_s(S_*-S)$$

2.4.1.6 河床变形方程

悬移质河床变形方程：$\rho_s\frac{\partial z_{bs}}{\partial t}=\alpha\omega_s(S-S_*)$

推移质河床变形方程：$\rho_s'\frac{\partial z_{bg}}{\partial t}+\frac{\partial g_{bx}}{\partial x}+\frac{\partial g_{by}}{\partial y}=-\alpha\omega_s(S_*-S)$

式中，α 为回复饱和系数，取值为 0～1；z_{bs} 和 z_{bg} 分别为悬移质和推移质引起的河床冲淤厚度。

2.4.1.7 推移质输沙公式

$$g_{bx}=g_b\frac{U}{\sqrt{U^2+V^2}}$$

$$g_{by}=g_b\frac{V}{\sqrt{U^2+V^2}}$$

$$g_b=\frac{k_1}{C^2}\frac{\rho_s'\rho_s}{\rho_s'-\rho_s}(u_T-u_s)\frac{u_T^3}{g\omega_s}$$

式中，C 为谢才系数，$C=\frac{H^{1/6}}{n}$；k_1 为经验系数，采用川江及长江实测资料率定，取值为 0.01；ρ_s' 和 ρ_s 分别为实测河床泥沙的干容重和容重；u_T 为合速度大小值，$u_T=\sqrt{U^2+V^2}$；ω_s 为对应中值粒径泥沙颗粒的沉降速度；u_s 为河床推移质起动速度；g_{bx} 和 g_{by} 分别为 x、y 方向单宽推移质输沙率。

2.4.1.8 水流挟沙力公式

$$S_*=K\left(0.1+90\frac{\omega_s}{u_T}\right)\frac{u_T^3}{gH\omega_s}$$

式中，K 为经验系数，取值为 0～1。

2.4.2 曲线坐标与直角坐标的变换关系

根据图 2-8，采用 C 型交错网格，曲线坐标系下任一以水位网格点为中心的控制单元在 ξ 和 η 方向的步长分别为 $\sqrt{G_{\xi\xi}}$ 和 $\sqrt{G_{\eta\eta}}$，若已生成网格点坐标，则任一控制单元网格的步长大小和网格点坐标都已知。

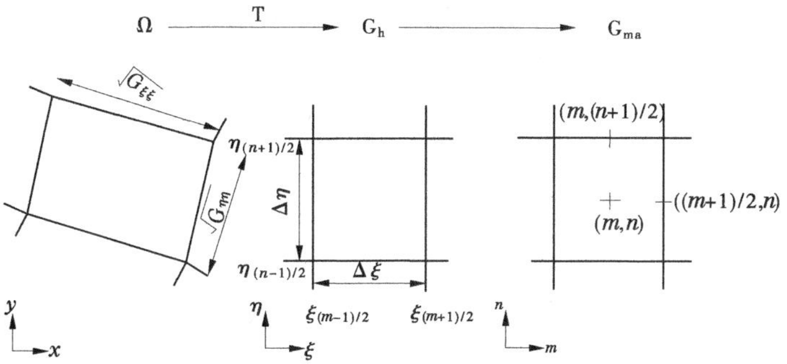

图 2-8　坐标变换示意图

直角坐标系 $x \sim y$ 动量方程中的矢量力 $\boldsymbol{F} = F_1 i + F_2 j$ 在应用到 $\xi \sim \eta$ 坐标系中时，需要将合力投影到 ξ 和 η 方向，由此需要进行变换。曲线坐标系下任一水位网格点位置处等 η 线和等 ξ 线在直角坐标系下的切向单位矢量为：

$$t^{\eta} = \frac{x_{\xi} i + y_{\xi} j}{\sqrt{\gamma}}, t^{\xi} = \frac{x_{\eta} i + y_{\eta} j}{\sqrt{\alpha}}$$

其中

$$\gamma = x_{\xi}^2 + y_{\xi}^2, \alpha = x_{\eta}^2 + y_{\eta}^2$$

因此某一网格点位置处的矢量力 $\boldsymbol{F} = F_1 i + F_2 j$ 在 ξ 和 η 方向的投影力大小为：

$$F_{\xi} = \boldsymbol{F} \cdot t^{\eta} = (F_1 i + F_2 j) \cdot \frac{x_{\xi} i + y_{\xi} j}{\sqrt{\gamma}} = - \frac{x_{\xi} F_1 + y_{\xi} F_2}{\sqrt{\gamma}}$$

$$F_{\eta} = \boldsymbol{F} \cdot t^{\xi} = (F_1 i + F_2 j) \cdot \frac{x_{\eta} i + y_{\eta} j}{\sqrt{\alpha}} = - \frac{x_{\eta} F_1 + y_{\eta} F_2}{\sqrt{\alpha}}$$

针对哥氏力,由于其特殊性,在 ξ 和 η 方向的分力为: $F_{\xi} = fV$, $F_{\eta} = \boldsymbol{F} \cdot t^{\xi} = -fU$,其中 U、V 为 ξ 和 η 方向流速。

风应力的变换为:直角坐标系下的风应力 $\boldsymbol{F} = C_{\mathrm{w}} \frac{\rho_{\mathrm{a}}}{\rho_{\mathrm{w}}} \omega^2 \cos\beta i + C_{\mathrm{w}} \frac{\rho_{\mathrm{a}}}{\rho_{\mathrm{w}}} \omega^2 \sin\beta j = C_{\mathrm{w}} \frac{\rho_{\mathrm{a}}}{\rho_{\mathrm{w}}} \omega^2 (\cos\beta i + \sin\beta j)$,在 ξ 和 η 方向的分力为:

$$F_{\xi} = \boldsymbol{F} \cdot t^{\eta} = C_{\mathrm{w}} \frac{\rho_{\mathrm{a}}}{\rho_{\mathrm{w}}} \omega^2 (\cos\beta i + \sin\beta j) \cdot \frac{x_{\xi} i + y_{\xi} j}{\sqrt{\gamma}}$$

$$= -C_{\mathrm{w}} \frac{\rho_{\mathrm{a}}}{\rho_{\mathrm{w}}} \omega^2 \frac{1}{\sqrt{\gamma}} (x_{\xi} \cos\beta + y_{\xi} \sin\beta)$$

$$F_{\eta} = \boldsymbol{F} \cdot t^{\xi} = C_{\mathrm{w}} \frac{\rho_{\mathrm{a}}}{\rho_{\mathrm{w}}} \omega^2 (\cos\beta i + \sin\beta j) \cdot \frac{x_{\eta} i + y_{\eta} j}{\sqrt{\alpha}}$$

$$= -C_{\mathrm{w}} \frac{\rho_{\mathrm{a}}}{\rho_{\mathrm{w}}} \omega^2 \frac{1}{\sqrt{\alpha}} (x_{\eta} \cos\beta + y_{\eta} \sin\beta)$$

2.4.3 曲线坐标系下的二维浅水模型

2.4.3.1 连续方程

$$\frac{\partial H}{\partial t} + \frac{1}{\sqrt{G_{\xi\xi}} \sqrt{G\eta\eta}} \frac{\partial (HU \sqrt{G\eta\eta})}{\partial \xi} + \frac{1}{\sqrt{G_{\xi\xi}} \sqrt{G\eta\eta}} \frac{\partial (HV \sqrt{G_{\xi\xi}})}{\partial y} = \frac{Q}{\sqrt{G_{\xi\xi}} \sqrt{G\eta\eta}} \tag{2-78}$$

2.4.3.2 动量方程

$$\frac{\partial U}{\partial t} + \frac{U}{\sqrt{G_{\xi\xi}}} \frac{\partial U}{\partial \xi} + \frac{V}{\sqrt{G_{\eta\eta}}} \frac{\partial U}{\partial \eta}$$

$$= \nu_t \left(\frac{1}{\sqrt{G_{\xi\xi}} \sqrt{G_{\xi\xi}}} \frac{\partial^2 U}{\partial \xi^2} + \frac{1}{\sqrt{G_{\eta\eta}} \sqrt{G_{\eta\eta}}} \frac{\partial^2 U}{\partial \eta^2} \right) - \frac{g}{\sqrt{G_{\xi\xi}}} \frac{\partial \zeta}{\partial \xi} -$$

$$\frac{gU \sqrt{U^2 + V^2}}{C^2 H} - \frac{UV}{\sqrt{G_{\xi\xi}} \sqrt{G_{\eta\eta}}} \frac{\partial \sqrt{G_{\xi\xi}}}{\partial \eta} +$$

$$\frac{V^2}{\sqrt{G_{\xi\xi}}\sqrt{G_{\eta\eta}}}\frac{\partial\sqrt{G_{\eta\eta}}}{\partial\xi}+fV-C_w\frac{\rho_a}{\rho_w}\omega^2\frac{1}{H\sqrt{\gamma}}(x_\xi\cos\beta+y_\xi\sin\beta)$$

(2-79)

$$\frac{\partial V}{\partial t}+\frac{U}{\sqrt{G_{\xi\xi}}}\frac{\partial V}{\partial\xi}+\frac{V}{\sqrt{G_{\eta\eta}}}\frac{\partial V}{\partial\eta}$$

$$=\nu_t\left(\frac{1}{\sqrt{G_{\xi\xi}}\sqrt{G_{\xi\xi}}}\frac{\partial^2 V}{\partial\xi^2}+\frac{1}{\sqrt{G_{\eta\eta}}\sqrt{G_{\eta\eta}}}\frac{\partial^2 V}{\partial\eta^2}\right)-\frac{g}{\sqrt{G_{\eta\eta}}}\frac{\partial\zeta}{\partial\eta}-$$

$$\frac{gV\sqrt{U^2+V^2}}{C^2H}-\frac{UV}{\sqrt{G_{\xi\xi}}\sqrt{G_{\eta\eta}}}\frac{\partial\sqrt{G_{\eta\eta}}}{\partial\xi}+$$

$$\frac{V^2}{\sqrt{G_{\xi\xi}}\sqrt{G_{\eta\eta}}}\frac{\partial\sqrt{G_{\xi\xi}}}{\partial\eta}-fU-C_w\frac{\rho_a}{\rho_w}\omega^2\frac{1}{H\sqrt{\alpha}}(x_\eta\cos\beta+y_\eta\sin\beta)$$

(2-80)

2.4.3.3 $k-\varepsilon$ 方程

$$\frac{\partial k}{\partial t}+\left(u-\frac{1}{\sigma_k\sqrt{G_{\xi\xi}}}\frac{\partial\nu_t}{\partial\xi}\right)\frac{1}{\sqrt{G_{\xi\xi}}}\frac{\partial k}{\partial\xi}+\left(v-\frac{1}{\sigma_k\sqrt{G_{\eta\eta}}}\frac{\partial\nu_t}{\partial\eta}\right)\frac{1}{\sqrt{G_{\eta\eta}}}\frac{\partial k}{\partial\eta}$$

$$=\frac{\nu_t}{\sigma_k}\left(\frac{1}{\sqrt{G_{\xi\xi}}\sqrt{G_{\xi\xi}}}\frac{\partial^2 k}{\partial\xi^2}+\frac{1}{\sqrt{G_{\eta\eta}}\sqrt{G_{\eta\eta}}}\frac{\partial^2 k}{\partial\eta^2}\right)+G+P_k-\varepsilon$$

(2-81)

$$\frac{\partial\varepsilon}{\partial t}+\left(u-\frac{1}{\sigma_\varepsilon\sqrt{G_{\xi\xi}}}\frac{\partial\nu_t}{\partial\xi}\right)\frac{1}{\sqrt{G_{\xi\xi}}}\frac{\partial\varepsilon}{\partial\xi}+\left(v-\frac{1}{\sigma_\varepsilon\sqrt{G_{\eta\eta}}}\frac{\partial\nu_t}{\partial\eta}\right)\frac{1}{\sqrt{G_{\eta\eta}}}\frac{\partial\varepsilon}{\partial\eta}$$

$$=\frac{\nu_t}{\sigma_\varepsilon}\left(\frac{1}{\sqrt{G_{\xi\xi}}\sqrt{G_{\xi\xi}}}\frac{\partial^2\varepsilon}{\partial\xi^2}+\frac{1}{\sqrt{G_{\eta\eta}}\sqrt{G_{\eta\eta}}}\frac{\partial^2\varepsilon}{\partial\eta^2}\right)+C_{\varepsilon1}\frac{\varepsilon}{k}G+P_\varepsilon-C_{\varepsilon2}\frac{\varepsilon^2}{k}$$

(2-82)

$$G=\nu_t\left[\frac{2}{\sqrt{G_{\xi\xi}}\sqrt{G_{\xi\xi}}}\left(\frac{\partial U}{\partial\xi}\right)^2+\frac{2}{\sqrt{G_{\eta\eta}}\sqrt{G_{\eta\eta}}}\left(\frac{\partial V}{\partial\eta}\right)^2+\left(\frac{1}{\sqrt{G_{\eta\eta}}}\frac{\partial U}{\partial\eta}+\frac{1}{\sqrt{G_{\xi\xi}}}\frac{\partial V}{\partial\xi}\right)^2\right]$$

2.4.3.4　温度方程

$$\frac{\partial T}{\partial t}+\left(u-\frac{1}{P_{rt}\sqrt{G_{\xi\xi}}}\frac{\partial \nu_t}{\partial \xi}\right)\frac{1}{\sqrt{G_{\xi\xi}}}\frac{\partial T}{\partial \xi}+\left(v-\frac{1}{P_{rt}\sqrt{G_{\eta\eta}}}\frac{\partial \nu_t}{\partial \eta}\right)\frac{1}{\sqrt{G_{\eta\eta}}}\frac{\partial T}{\partial \eta}$$

$$=\frac{\nu_t}{P_{rt}}\left(\frac{1}{\sqrt{G_{\xi\xi}}\sqrt{G_{\xi\xi}}}\frac{\partial^2 T}{\partial \xi^2}+\frac{1}{\sqrt{G_{\eta\eta}}\sqrt{G_{\eta\eta}}}\frac{\partial^2 T}{\partial \eta^2}\right)-\frac{k_s(T_s-T)}{\rho_w c_p H}+\frac{Q\Delta T}{H}$$

（2-83）

2.4.3.5　泥沙输运方程

$$\frac{\partial S}{\partial t}+\left(u-\frac{1}{\sqrt{G_{\xi\xi}}}\frac{\partial \nu_{s\xi}}{\partial \xi}\right)\frac{1}{\sqrt{G_{\xi\xi}}}\frac{\partial S}{\partial \xi}+\left(v-\frac{1}{\sqrt{G_{\eta\eta}}}\frac{\partial \nu_{s\eta}}{\partial \eta}\right)\frac{1}{\sqrt{G_{\eta\eta}}}\frac{\partial S}{\partial \eta}$$

$$=\frac{\nu_{s\xi}}{\sqrt{G_{\xi\xi}}\sqrt{G_{\xi\xi}}}\frac{\partial^2 S}{\partial \xi^2}+\frac{\nu_{s\eta}}{\sqrt{G_{\eta\eta}}\sqrt{G_{\eta\eta}}}\frac{\partial^2 S}{\partial \eta^2}+\frac{\alpha\omega_s}{H}(S_*-S)$$

（2-84）

2.4.3.6　河床变形方程

悬移质河床变形方程：

$$\rho_s\frac{\partial z_{bs}}{\partial t}=\alpha\omega_s(S-S_*)$$

推移质河床变形方程：

$$\rho_s'\frac{\partial z_b}{\partial t}+\frac{1}{\sqrt{G_{\xi\xi}}}\frac{\partial g_{b\xi}}{\partial \xi}+\frac{1}{\sqrt{G_{\eta\eta}}}\frac{\partial g_{b\eta}}{\partial \eta}=-\alpha\omega_s(S_*-S)$$

2.4.3.7　推移质输沙公式

$$g_{bx}=g_b\frac{U}{\sqrt{U^2+V^2}}$$

$$g_{by}=g_b\frac{V}{\sqrt{U^2+V^2}}$$

$$g_b=\frac{k_1}{C^2}\frac{\rho_s'\rho_s}{\rho_s'-\rho_s}(u_T-u_s)\frac{u_T^3}{g\omega_s}$$

2.4.3.8　**水流挟沙力公式**

$$S_* = K\left(0.1 + 90\frac{\omega_s}{u_T}\right)\frac{u_T^3}{gH\omega_s}$$

2.5　混合有限分析法简介

2.5.1　计算网格

混合有限分析法(Hybrid Finite Analytic Method)是由李炜[76]于20世纪90年代初提出的一种纯隐格式的数值计算方法,该方法是在陈景仁[77]提出的有限分析法(FAM)思想的基础上,将精确差分格式与非定常项的差分处理结合起来,建立一种混合有限分析格式。该数值方法保持了有限分析法的优点,同时避免了有限分析法中无穷级数带来的不便,其计算结果精度高、准确和有效,在大量的理论和应用研究领域中已被槐文信等[78,79]、方神光等[80]所证实。该方法在一套曲线计算网格上离散二维浅水方程。计算网格要求是正交,基本方程中引入的坐标变换系数 $\sqrt{G_{\xi\xi}}$ 、$\sqrt{G_{\eta\eta}}$ 也要在计算网格内离散。为了离散二维浅水方程,将水位点(压力点)定义在网格的中心,流速分量垂直于该分量所在的网格面,即为交错C网格(Staggered grid),如图2-9所示,以避免水位值的空间震荡。

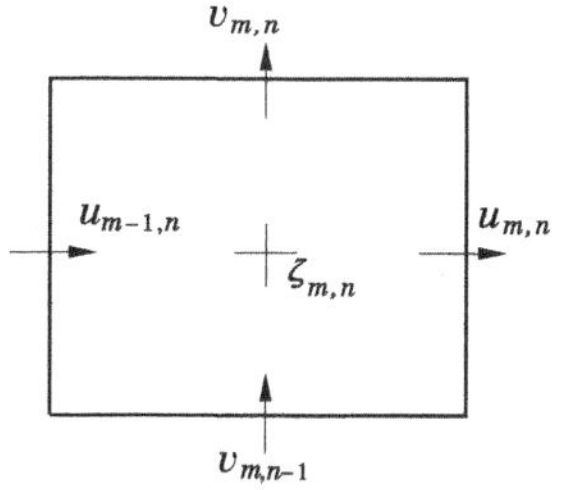

图2-9　交错网格示意图

2.5.2　混合有限分析离散方法

此处以如下一维拟线性对流扩散方程为例对混合有限分析法进行介绍。

$$\frac{\partial u}{\partial t} + u\frac{\partial u}{\partial x} = \nu\frac{\partial^2 u}{\partial x^2},(0 < x < b,0 < t < T) \qquad (2\text{-}85)$$

初始条件:$u(x,0) = \tilde{u}(x),(0 \leqslant x \leqslant b)$

边界条件：$u(0,t) = \alpha(t), u(b,t) = \beta(t), (0 \leqslant t \leqslant T)$

方程式(2-82)取隐格式离散：

$$\frac{u_i^{n+1} - u_i^n}{\Delta t} + u_i^n \frac{\partial u^{n+1}(x)}{\partial x} = \nu \frac{\partial^2 u^{n+1}(x)}{\partial x^2} \tag{2-86}$$

式中，Δt 为时间步长。为简便，在$(i, n+1)$点略去角标，记 $u_i^n = \bar{u}$，$f = -\frac{1}{\nu \Delta t}(u_i^{n+1} - u_i^n)$，则式(2-86)可以写成$(n+1)$时层的常系数微分方程：

$$\frac{\mathrm{d}^2 u}{\mathrm{d}x^2} - \frac{\bar{u}}{\nu}\frac{\mathrm{d}u}{\mathrm{d}x} = -f \tag{2-87}$$

当 $\bar{u} \neq 0$ 时，该方程在$(n+1)$时层的通解为：

$$u(x) = c_1 + c_2 \mathrm{e}^{\frac{\bar{u}}{\nu}x} + \frac{vf}{\bar{u}}x \tag{2-88}$$

利用 x_{i-1}、x_{i+1} 点函数值为 u_{i-1}、u_{i+1}，解出 c_1 和 c_2，代入上式并取 $x = x_i$，整理得如下格式：

$$-u_i^n \mathrm{e}^{\frac{u_i^n \Delta x}{2\nu}} u_{i-1}^{n+1} + 2\left[u_i^n \mathrm{ch}\left(\frac{u_i^n \Delta x}{2\nu}\right) + \frac{\Delta x}{\Delta t}\mathrm{sh}\left(\frac{u_i^n \Delta x}{2\nu}\right)\right] u_i^{n+1} -$$

$$u_i^n \mathrm{e}^{-\frac{u_i^n \Delta x}{2\nu}} u_{i+1}^{n+1} = \frac{2\Delta x}{\Delta t}\mathrm{sh}\left(\frac{u_i^n \Delta x}{2\nu}\right) u_i^n$$

式中，Δx 为距离步长，将各点的离散方程列出即可形成一三对角矩阵，采用追赶法即可求解。

二维潮流数学模型中的偏微分方程可以写为如下统一形式：

$$M\frac{\partial \varphi^{n+1}}{\partial t} + 2A\frac{\partial \varphi^{n+1}}{\partial x} + 2B\frac{\partial \varphi^{n+1}}{\partial y} = \frac{\partial^2 \varphi^{n+1}}{\partial x^2} + \frac{\partial^2 \varphi^{n+1}}{\partial y^2} + S \tag{2-89}$$

采用混合有限分析法，其离散后的形式为：

$$\varphi_p = c_w \varphi_w + c_e \varphi_e + c_n \varphi_n + c_s \varphi_s + c_p(S - M\varphi_t)$$

$$\varphi_p = \sum_1^4 c_i \varphi_i + c_p\left(S - M\frac{\varphi_p - \bar{\varphi}_p}{\Delta t}\right)$$

$$\varphi_p = \frac{1}{1 + \frac{Mc_p}{\Delta t}}\left(\sum_1^4 c_i \varphi_i + c_p S + \frac{Mc_p}{\Delta t}\bar{\varphi}_p\right)$$

其中 $\bar{\varphi}_p$ 是上一时间步的值，c_i 是混合有限分析系数，依次为：

$$c_w = \frac{E_A}{E}\exp(\bar{A}),c_E = \frac{E_A}{E}\exp(-\bar{A}),$$

$$c_s = \frac{E_B}{E}\exp(\bar{B}),c_N = \frac{E_B}{E}\exp(-\bar{B}),c_p = \frac{1}{E}$$

$$E_A = \frac{\bar{A}}{\bar{h}_i^2\,\mathrm{sh}\bar{A}},E_B = \frac{\bar{B}}{\bar{k}_j^2\,\mathrm{sh}\bar{B}},E = \frac{2\bar{A}}{\bar{h}_i^2}\mathrm{cth}\bar{A} + \frac{2\bar{B}}{\bar{k}_j^2}\mathrm{cth}\bar{B}$$

$$\bar{A} = \frac{1}{2}\left(2A\bar{h}_i + \frac{h_{i+1} - h_i}{\bar{h}_i}\right),\bar{h}_i = \frac{1}{2}(h_i + h_{i+1})$$

$$\bar{B} = \frac{1}{2}\left(2B\bar{h}_i + \frac{k_{j+1} - k_j}{\bar{k}_j}\right),\bar{k}_j = \frac{1}{2}(k_j + k_{j+1})$$

同理得到一三对角矩阵并可进行求解。二、三维数学模型的混合有限分析离散详细步骤可以参见相关文献[80]，同时此处采用 C 型网格结合 SIMPLER 算法用于速度和水位的耦合求解。

2.5.3 定解条件

(1)边界条件如下：

①计算域与其他水域相通的开边界 Γ_1 上有：

$$h(x,y,t)\big|_{\Gamma_1} = h_{\Gamma_1}(t) \tag{2-90}$$

或

$$\left.\begin{aligned} u(x,y,t)\big|_{\Gamma_1} &= u_{\Gamma_1}(t) \\ v(x,y,t)\big|_{\Gamma_1} &= v_{\Gamma_1}(t) \end{aligned}\right\} \tag{2-91}$$

$$C(x,y,t)\big|_{\Gamma_1} = C(x,y,t)\ (\text{当水流流入计算域时}) \tag{2-92}$$

$$\frac{\partial(HC)}{\partial t} + \frac{\partial(HCu)}{\partial x} + \frac{\partial(HCv)}{\partial y} = 0\ (\text{当水流流出计算域时}) \tag{2-93}$$

②计算水域与陆地交界的闭边界 Γ_2 上有：

$$\boldsymbol{U}\cdot\boldsymbol{n} = 0 \tag{2-94}$$

$$\frac{\partial \boldsymbol{U}}{\partial \boldsymbol{n}} = 0 \tag{2-95}$$

$$\frac{\partial \boldsymbol{C}}{\partial \boldsymbol{n}} = 0 \tag{2-96}$$

其中,$\boldsymbol{n}$ 为边界的法向分量,式(2-94)~式(2-96)表示边界不透水,且流速的法向梯度为零。

(2)初始条件如下:

$$\left.\begin{aligned} \zeta(x,y,t) &= \zeta_0(x,y) \\ u(x,y,t) &= u_0(x,y) \\ v(x,y,t) &= v_0(x,y) \\ C(x,y,t)\big|_{t=t_0} &= C_0(x,y,t_0) \end{aligned}\right\} \tag{2-97}$$

2.5.4 复杂边界及露滩处理

由于采用结构网格,计算是沿行或列进行,因此计算前首先需要对计算区域的复杂边界进行识别,其主要方法是将不参与计算的区域的地形数据设为一很大值(如 10 m 或 100 m),通过编写边界识别程序,将每一计算行或列的水陆边界识别出来并存入一边界数组中,计算时通过读取边界数组中的边界数据用来确定每一计算行或列参与计算的范围即可。计算区域存在浅滩,由于浅滩在涨潮时淹没,退潮时露出,对浅滩的处理方式影响到计算的稳定、收敛以及计算结果的精度。此处将 Leendertse 等[81]在推出 ADI 数值模式的同时给出的干湿网格判别准则与河道水流数值模拟中常用的冻结法结合起来,准确有效地处理计算区域的浅滩。其基本原理如下:

(1)某瞬时任一行(或列)计算完毕,发现某网格点处总水深 H 小于设定的最小水深 $H_{\min}$,则认为干出,将该处糙率设为极大值(如 10^8),即将该干节点处的流速冻结,同时该点水位为该点底部高程加上最小水深 $H_{\min}$。

(2)在任一时层计算前,根据干网格节点周围网格节点水位与该干网格节点水位比较来确定该干网格节点是否被淹没,若被淹没,则将其糙率恢复为正常值。

2.5.5 珠江河口二维水动力模型验证

选取 2007 年 8 月 13 日 21 时至 14 日 22 时的大潮过程和 2007 年 8 月 16 日 14 时至 17 日 15 时的中潮过程对模型进行了验证:对计算域内 12 个站位的潮位进行了验证,即大万山站、黄茅岛站、桂山岛站、金星门站、内伶仃岛站、赤湾站、宝安机场站、南沙港站、万顷沙站、横门站、蕉门站和大虎站;计算域内有水位站 21 个,用于流速流向验证的站位有 14 个,即虎门站、洪奇沥站、横门站、伶仃 1 站、伶仃 2 站、伶仃 3 站、大濠岛站、矾石站、铜鼓航道站、西滩站、抛泥地站、珠海站、外海 1 站、外海 2 站。站点分布如图 1-2 所示。

图 2-10 为大潮潮位验证曲线,图 2-11 为中潮潮位验证曲线,图 2-12为大潮流速验证图,图 2-13 为大潮流向验证图,图 2-14 为中潮流速验证图,图 2-15 为中潮流向验证图。

从模型的验证过程来看,无论是计算的量值还是位相,均与实测值基本吻合,涨落潮流态与海区地形轮廓相符。因此,可以认为模型的验证是成功的,可以应用本模型对计算海区内的各种工程方案前后的潮流场进行数值模拟的计算分析。

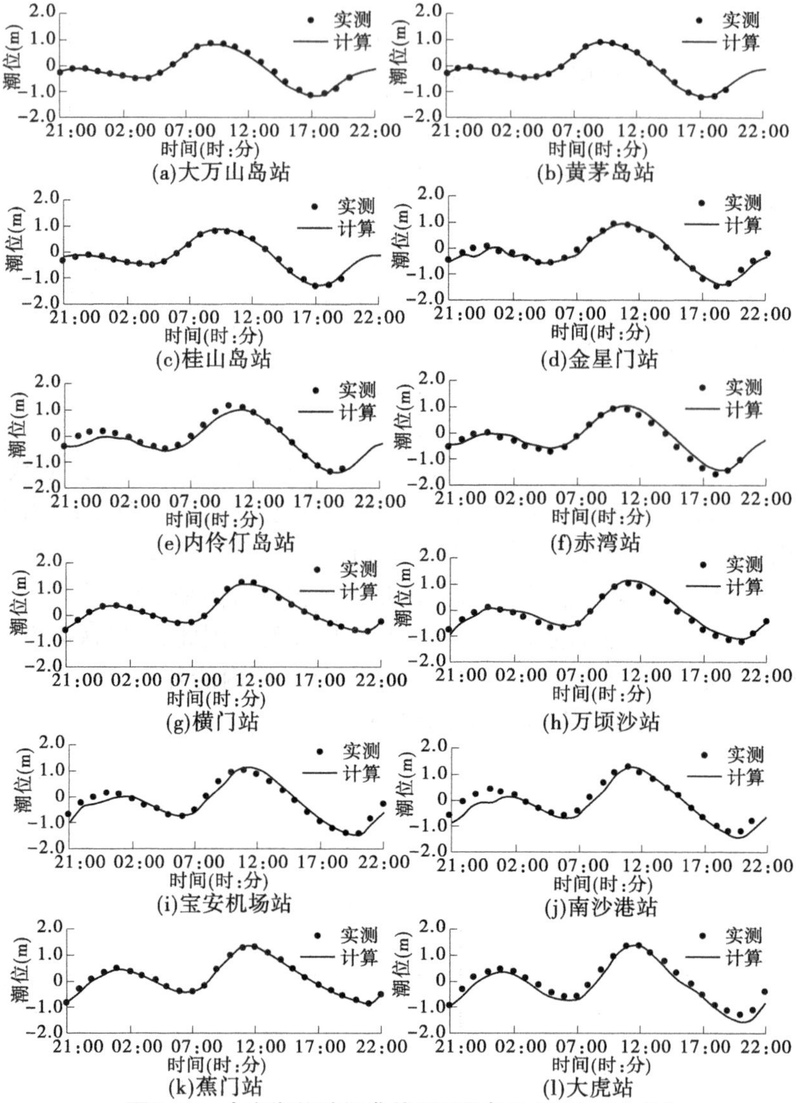

图 2-10　大潮潮位验证曲线(2007 年 7 月 13 ~ 14 日)

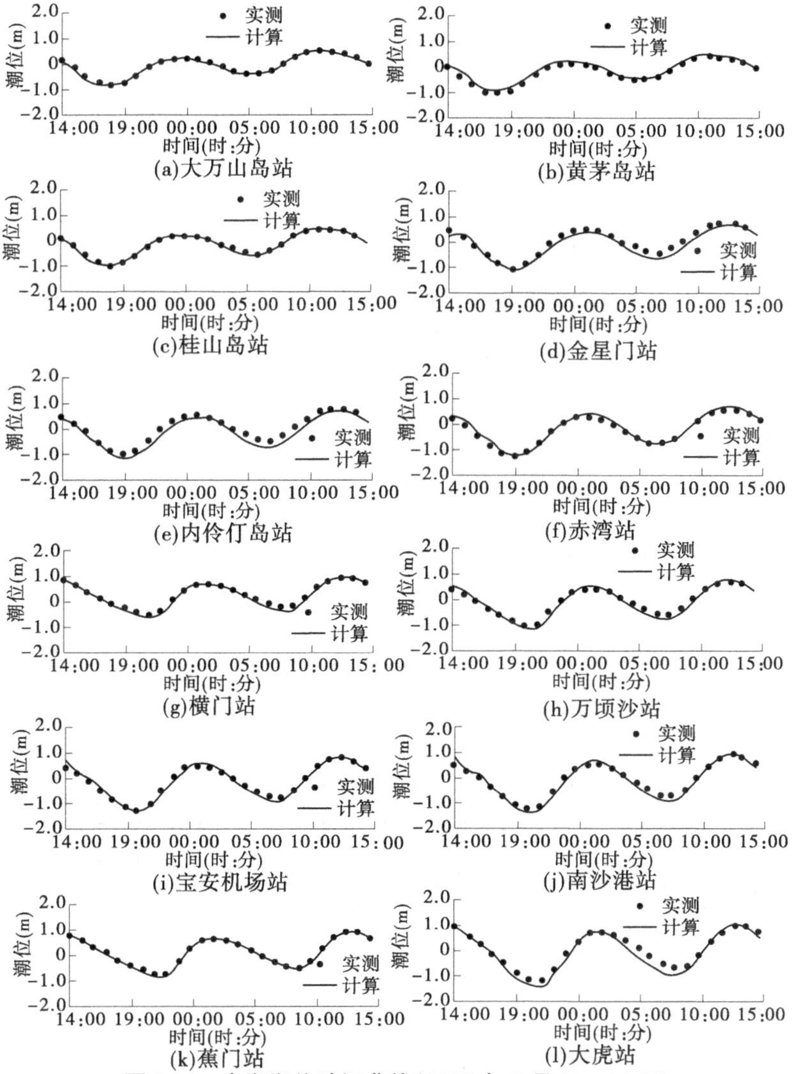

图 2-11　中潮潮位验证曲线(2007 年 7 月 13 ~ 14 日)

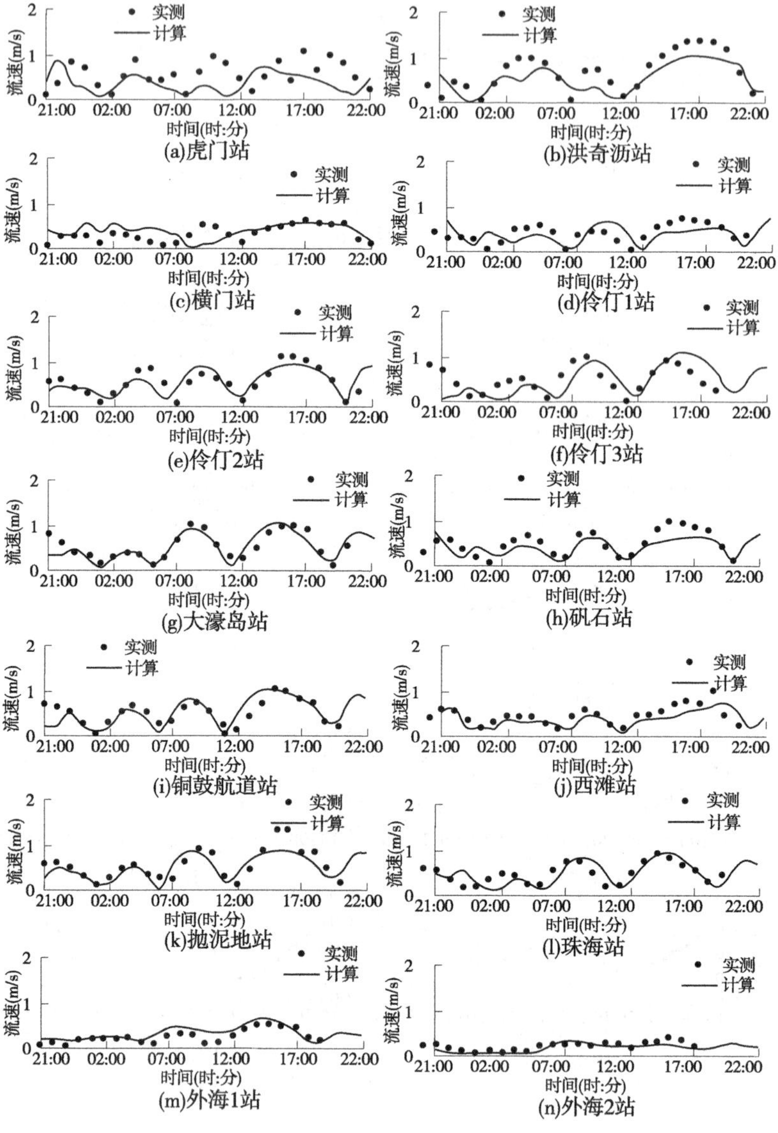

图 2-12　大潮流速验证图

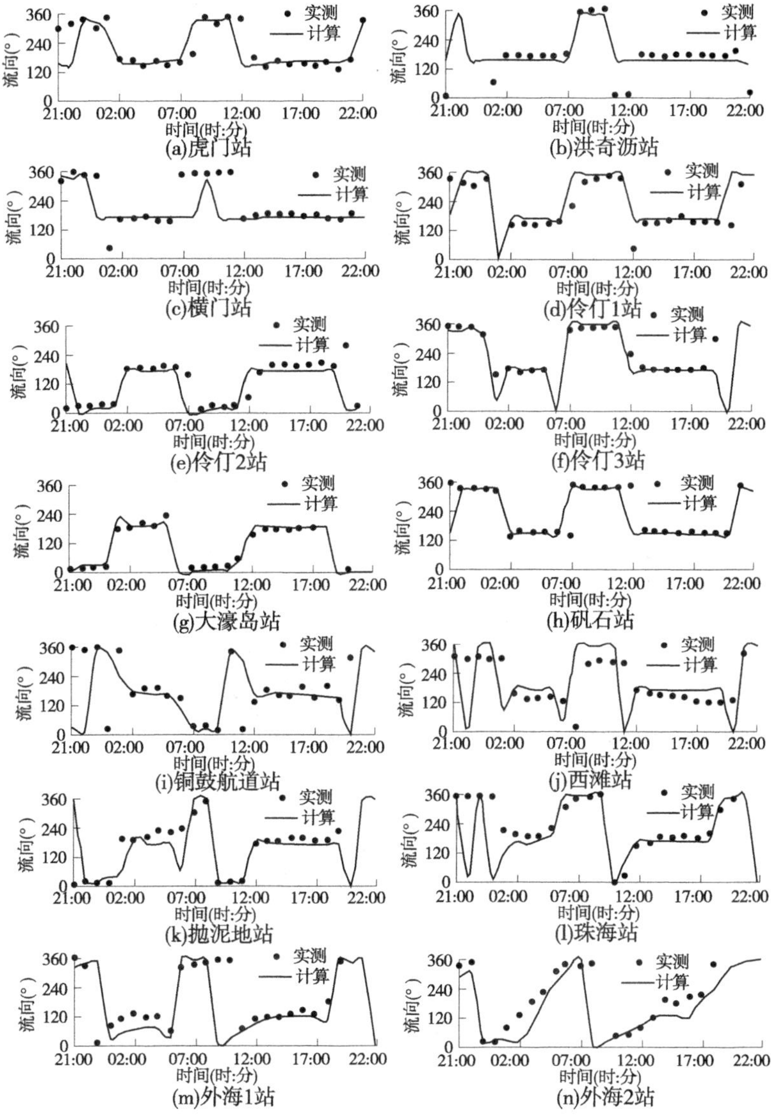

图 2-13　**大潮流向验证图**

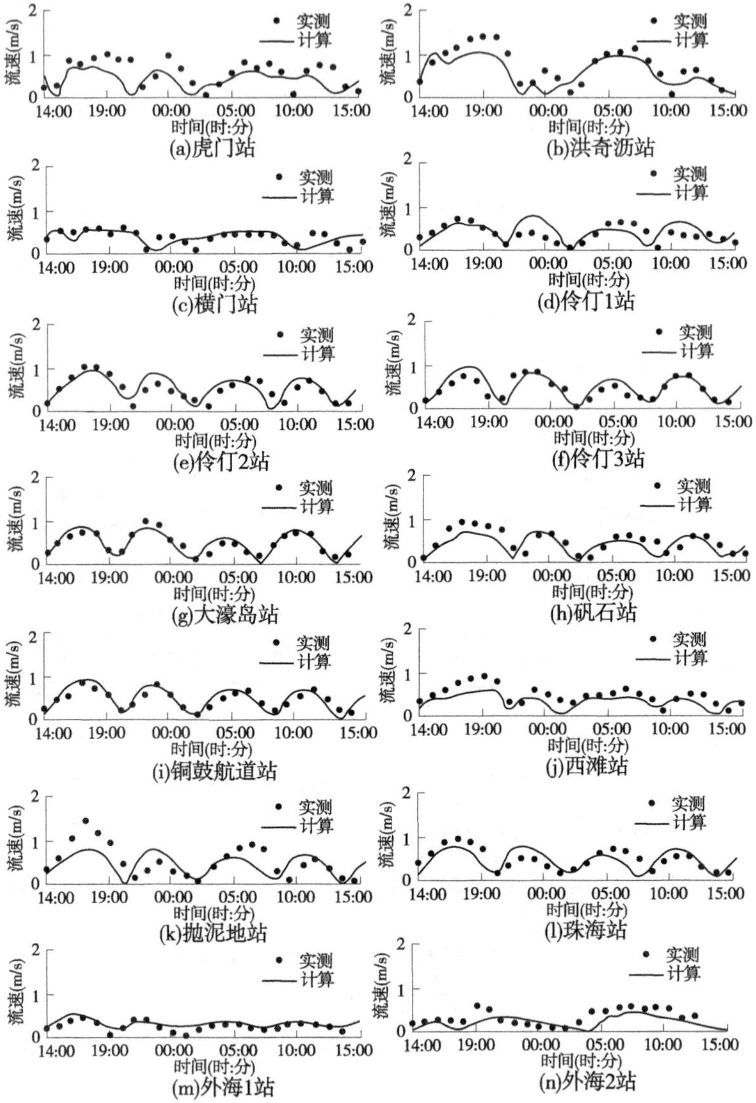

图 2-14　中潮流速验证图

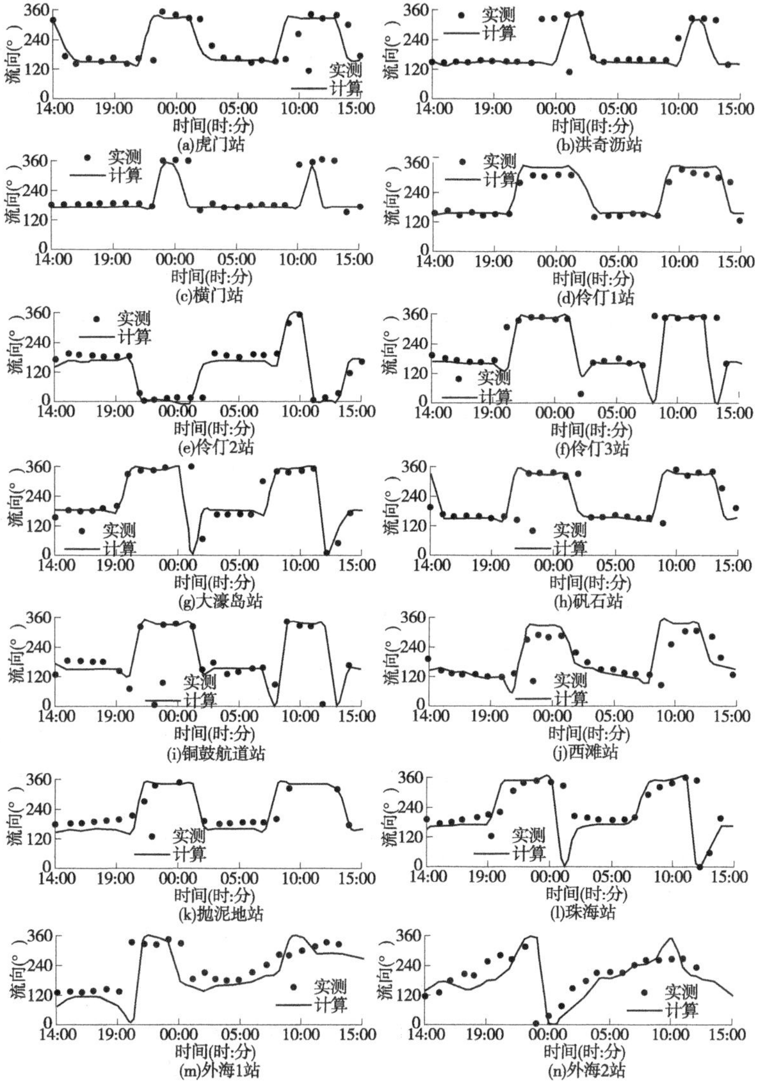

图 2-15　中潮流向验证图

第 3 章　珠江河口伶仃洋水域纳潮特性

3.1　纳潮量计算方法

一个海湾可以接纳潮水的体积就是该海湾的纳潮量。纳潮量是海湾水动力环境评价的重要指标,纳潮量的大小反应了海湾的自净能力,决定海湾与外海的交换强度,对海湾环境、生态及冲淤等方面意义重大[82]。对伶仃洋这样三面陆地,湾顶水域污染严重,湾口潮流又受到包括众多岛屿在内的自然地形阻碍影响,研究港珠澳大桥兴建前后该海域纳潮量的大小及变化就更为必要。

通常情况下,纳潮量是指平均潮差条件下某一海湾可能接纳的海水量(体积),其计算公式为:

$$P = \Delta HS \tag{3-1}$$

式中,P 为平均潮差条件下的纳潮量; ΔH 为平均潮差;S 为平均水域面积。

平均水域面积为平均高潮位面积与平均低潮位面积之均值。平均高潮位和平均低潮位之差值,可根据验潮站的多年实测资料求得,该计算方法简单,计算结果趋于一致。然而,S 的计算较为复杂。地形图上一般只标出 0 m 线(理论最低潮位)和岸线(相当于最大高潮线),位于两者之间的平均高潮线和平均低潮线需经推算方能得到。

考虑到伶仃洋海域浅滩较多,为能更精确地计算伶仃洋海域的纳潮量,此处主要基于建立的伶仃洋和狮子洋水域数学模型以及典型测站实测潮位资料,采用以下两种方法统计珠江河口的纳潮量:

(1)采用公式(3-1)计算珠江河口的纳潮量,其主要步骤是:选取珠江河口典型测站实测潮位值,计算其平均潮差并将其作为该海域的典型潮差;水域面积的计算则采用建立的珠江河口数学模型,计算该海域在大小潮位下的水域面积,以此计算其平均水域面积;根据以上结果即可计算该海域的纳潮量。

(2)依据建立的珠江河口数学模型,在典型位置设置特征断面,在计算过程中统计各特征断面在不同时刻的进出潮量,以此确定该海域的纳潮量。

3.2 伶仃洋水域纳潮量的历史演变分析

根据水域纳潮量计算公式可知,某一水域纳潮量的大小主要取决于纳潮水域面积和平均潮差的取值。其中,纳潮水域面积的历史演变与该水域泥沙冲淤导致的水深地形变化和水域岸线演变密切相关,岸线的变化可以直接导致水域面积的变化,而水深地形变化则主要体现在低潮位时出露浅滩的变化,从而影响到纳潮水域面积。此处将根据已有研究资料,就伶仃洋水域滩槽面积的变化及岸线变化展开分析和研究,以此探讨伶仃洋水域纳潮量的变化。

3.2.1 伶仃洋水域面积演变分析

近100年来,内伶仃洋水下地形基本维持三滩两槽的格局,海区冲淤演变具有西滩外延、中滩扩展、东滩稳定和东西两槽日渐缩窄的特点[83]。从时间上看,伶仃洋滩槽发育由于径流、潮流的相互作用而表现为时间上的变化。其冲淤特性与各口门来水来沙条件有密切关系。大水年,河流来水来沙多,河流动力占优势,其冲淤规律表现为河流型(在伶仃洋内,洪淤枯冲);小水年,河流来水来沙少,潮流起控制作用,而表现为潮控型河口区冲淤特点(洪冲枯淤[84])。

刘岳峰等[85]对珠江三角洲1966~1996年间的地形资料和遥感影像资料分析显示,自1966年以来的30年间,整个珠江河口区围垦成陆面积为344 km^2，平均每年成陆面积11 km^2，大多分布于伶仃洋西岸区、磨刀门区和黄茅海沿岸。陈水森等[86]采用GIS软件对珠江河口近20年来(1974～1997年)的海图与卫星遥感影像图综合分析显示(见表3-1)：

表3-1　1974～1997年珠江河口伶仃洋滩槽面积变化

项目	1974年	1989年	1997年
滩涂(km^2)	736.0	557.5	624.0
深槽(km^2)	185.0	336.5	161.0

(1)内伶仃洋的滩涂面积(－5 m以上水域)23年来缩小了112.0 km^2；

(2)伶仃洋深槽水域面积(－5 m以下水域)总体呈萎缩趋势，但由于人工疏浚维护，23年来仅减少了24.0 km^2；

(3)从对伶仃洋水域面积的演变来看，水域面积缩小的趋势十分明显，23年来水域缩小了136 km^2，年均递减5.9 km^2，尤其是1989～1997年的8年间缩小了109 km^2，年均递减达13.6 km^2。

徐峰俊等[23]也曾对伶仃洋的滩槽演变进行了详细的研究和分析，并给出了历年来的滩槽面积演变数据，如表3-2所示。从该表分析可见：

表3-2　伶仃洋滩槽面积不同时期变化比较　(单位：km^2)

时间	0 m以上	－2～0 m	－5～－2 m	－10～－5 m	－10 m以下
1953～1964年	52.05	－44.81	46.56	－49.12	－4.68
1964～1974年	10.72	43.54	－43.66	－8.81	－1.79
1974～1989年	15.40	－17.48	15.65	－12.73	－0.84
1989～1998年	97.17	－75.37	－15.74	－12.67	6.63
总变化量	175.34	－94.12	2.81	－83.33	－0.68

(1)1953～1998年间，伶仃洋0 m(理论深度基面)以上的面积增加了约175.34 km^2，其中1974～1998年间增加了112.57 km^2，占总面积的64.2%，表明伶仃洋不断淤浅和围垦成陆，滩涂水域面积

不断缩小,特别是20世纪90年代以来最为突出。

(2) -5 m以下深槽面积则呈现不断减小趋势,其中1974~1998年间共减少19.61 km^2,深槽不同程度向窄深方向变化,提高了深槽的输水输沙能力。

(3)从黄埔港至虎门口段,由于港口码头建设和近岸岸滩的围垦,1998年0 m高程的面积为95.92 km^2,比1977年减少9.2%。

比较陈水森等[86]和徐峰俊等[23]关于伶仃洋河口滩槽演变的数据,1974~1998年,两学者得到的伶仃洋滩涂(-5 m以上)面积分别减少112.0 km^2和92.94 km^2,结果基本一致;得到的伶仃洋深槽(-5 m以下)水域面积分别减少24.0 km^2和19.61 km^2,陈水森等[86]得到的深槽水域面积比徐峰俊等[23](2004)大4.39 km^2。考虑到各学者采用的研究资料和方法不同,因此得到的结果有所差异。

3.2.2 伶仃洋水域岸线演变分析

珠江三角洲的发展可以归纳为泥沙持续在口门外堆积,海岸线不断向海推移,出海河道不断延伸,口门相应外移,河口湾逐渐淤积的过程。100多年来,人工促淤围垦、联围筑闸,加快了三角洲的淤长和海岸线演变的速度。刘岳峰[85]对珠江三角洲1966~1996年间的地形资料和遥感影像资料进行了分析,分析结果如下:

(1)伶仃洋东岸大部分岸段向海推进了700~1 450 m不等,总的平均推进量为1 330 m,年均推进44 m。深圳机场(1989年修建,1991建成)是在围垦的滩涂上通过人工填土建成。但从卫星影象上看,自建成以来,那里的岸线无明显淤长。

(2)在伶仃洋西岸,蕉门、洪奇沥、横门所在的西、北江三角洲的岸线淤长速度则相当快。如果以陆地增长面积(在本区即围垦面积)与三角洲前沿宽度的比值作为岸线向海迁移量,则30年间,伶仃洋西岸的西、北江三角洲平均向海推移了4.7 km(围垦面积88.9 km^2除以蕉门至横门的距离约19 km),年均156 m。

徐峰俊等[23]对1978~1999年间内伶仃海域岸线的变化进行了

分析显示，近 20 年来，内伶仃洋东、西两岸出现岸线全面向海区推进的趋势，其主要原因是西岸蕉门、洪奇门、横门整治以及东岸赤湾、大铲湾填海和交椅湾围垦造成，尤以西岸变化最为明显，并给出了 1978 ~ 1999 年间特征年份的水域面积变化，如表 3-3 所示，显示 21 年来由于岸线的推移造成水域面积减少约 201.46 km^2，年均减少 9.59 km^2。

根据沈汉堃等[87]的研究资料，在 20 世纪 80 年代以前，伶仃洋的河势发展是以口门自然延伸为主的过程，而 80 年代以后，则是围垦工程活动为主引起的口门快速延伸，20 年左右内伶仃洋水域面积已减少了约 22%，但伶仃洋三滩两槽的大格局基本不变。从 80 年代以来，人类滩涂资源开发工程活动较为剧烈。近 20 年来，蕉门口围垦总面积约为 35 km^2，蕉门形成一主一支的格局，蕉门延伸段长约 12 km，凫洲水道长约 5 km。万顷沙共围垦面积约 52 km^2，蕉门延伸段的右岸线向东南延伸约 17 km，洪奇沥水道左岸线向东南延伸约 8 km。横门岛以东及以南共围垦约 29 km^2，横门南槽西侧浅滩共围垦面积约 47 km^2，淇澳岛周边围垦面积约 10 km^2。伶仃洋东滩交椅湾和大铲湾开发成陆的面积共 44.3 km^2，岸线向外平移约 2 km，两湾之间的岸滩成陆面积为 14 km^2，占 23%，岸线向外伸长平移约 0.9 km。

表 3-3　内伶仃洋水域面积变化统计

年份	水域面积(km^2)	与 1978 年对比减少面积(km^2)	减少率(%)
1978	1 133.41	—	—
1988	1 043.80	89.61	7.91
1992	987.84	145.57	12.84
1995	960.75	172.66	15.23
1999	931.95	201.46	17.77

珠江水利科学研究院遥感研究所根据历年遥感影像资料作出了 1978 ~ 2007 年最近 29 年伶仃洋海域岸线变化，如图 3-1 所示，此处根据该图计算出了各年份间岸线变化导致的伶仃洋水域面积的变化

值,如表 3-4 所示。分析表中数据可知:

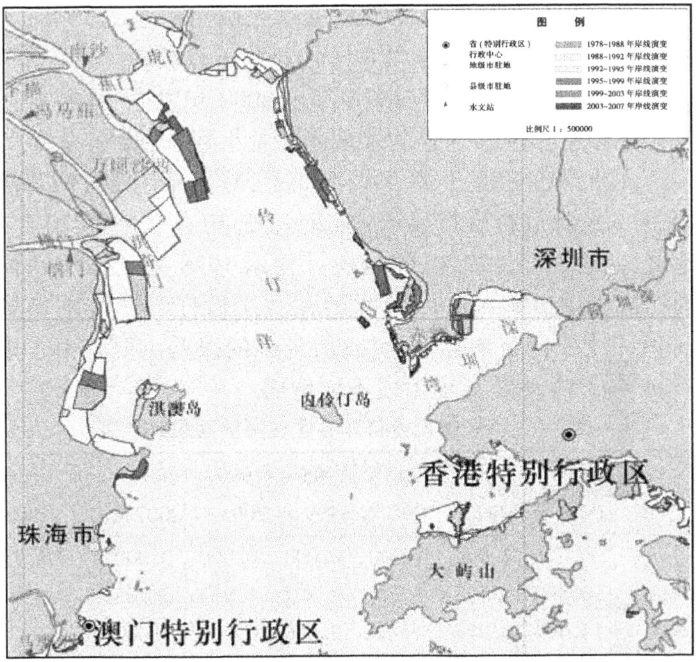

图 3-1 近 30 年来伶仃洋水域岸线演变图

(1)1978 ~2007 年 29 年间,由于围垦及填海(香港机场等)工程,整个伶仃洋水域面积(包含内伶仃洋和外伶仃洋)共减少约 253.831 km^2,年平均减少速率为 8.75 km^2/a。

(2)伶仃洋围垦速度最快的时期出现在 1988 ~ 1995 年,7 年间的围垦总面积约 127.220 km^2,占 29 年间围垦总面积的 50.1%,水域面积年平均减少速率达到 18.17 km^2/a;从 1995 年后,伶仃洋围垦面积逐年减少,1995 ~2007 年 12 年间的围垦总面积约 71.475 km^2,水域面积年平均减少速率仅为 5.96 km^2/a。

(3)1978 ~2007 年 29 年间,靠近伶仃洋西岸的围垦区,包括蕉门口、万顷沙、横门口、伶仃洋西岸、淇澳岛的围垦总面积约 165.704 km^2,占伶仃洋总围垦水域面积的 65.3%;靠近伶仃洋东岸的围垦区，包括交椅湾、伶仃洋东岸、大铲湾、赤湾和深圳湾的围垦水域面积约 71.799 km²，占伶仃洋总围垦水域面积的 28.3%；可见近 29 年间伶仃洋的主要围垦区域位于西岸附近水域。

(4)大致选取同时期，从 1978 年至 2000 年左右，比较各研究人员关于伶仃洋岸线围垦导致的水域面积减小数据，徐峰俊等[23]得到的内伶仃洋水域面积减少约 201.46 km²，减少率为 17.7%；沈汉堃等[87]采用的统计分析资料显示，自 20 世纪 80 年代后的 20 年间，伶仃洋水域面积减少约 22%；此处统计显示 1978 ~ 1999 年间伶仃洋水域面积减少约 206.3 km²，可见各家关于伶仃洋岸线围垦导致的水域面积统计分析结果都较为接近，其中的误差主要是由于采用的研究资料、统计方法及计算手段不同造成。

表 3-4　不同时期伶仃洋各区域围垦面积统计表（单位：km²）

位置	1978 ~ 1988 年	1988 ~ 1992 年	1992 ~ 1995 年	1995 ~ 1999 年	1999 ~ 2003 年	2003 ~ 2007 年	围垦水域面积总计
虎门口	1.579	2.960	0.000	0.000	0.000	0.000	4.539
蕉门口	10.400	5.178	9.320	8.704	1.973	5.763	41.338
万顷沙	18.404	6.977	12.822	0.000	0.000	0.000	38.203
横门口	4.509	13.720	5.706	2.419	7.589	0.000	33.943
伶仃洋西岸	5.574	19.822	8.200	3.763	7.355	2.300	47.014
淇澳岛	2.059	1.112	0.935	0.313	0.787	0.000	5.206
交椅湾	1.338	4.110	4.239	0.000	1.885	0.000	11.572
伶仃洋东岸	2.966	2.390	3.543	2.584	1.727	4.347	17.557
大铲湾	6.311	3.210	2.012	3.431	3.133	5.450	23.547
赤湾	0.580	0.190	0.389	0.268	0.000	0.000	1.427
深圳湾	1.416	1.420	7.520	2.072	4.530	0.738	17.696
香港机场等	0.000	0.000	11.445	0.344	0.000	0.000	11.789
伶仃洋围垦水域面积总计	55.136	61.089	66.131	23.898	28.979	18.598	253.831

总结以上分析，伶仃洋水域岸线变化主要集中在西岸，由于口门泥沙的淤积及人类围垦活动的频繁，近30年间，伶仃洋水域面积缩小了约253.831 km^2；伶仃洋水域的围垦高峰期出现在1988～1995年7年间，围垦的水域面积达到近30年总围垦面积的一半左右，主要的围垦区域集中在伶仃洋西岸附近水域；从1995年后，伶仃洋水域的围垦面积逐年迅速下降。

3.2.3 伶仃洋水域纳潮量演变分析

水域纳潮量变化除考虑纳潮水域面积的变化外，还需要考虑海域潮量动力即平均潮差的变化。显然，伶仃洋滩槽面积的变化、岸线的变化、口门围垦整治、航道的疏浚、港口码头的修建、桥梁的建设，以及人为的无序挖沙等人类活动，都会对伶仃洋的水动力条件产生影响。如上游网河区纳潮面积的减少及各种涉水工程制约河道的纳潮泄洪，下部鸡抱沙垦区的东北角违规抛石筑堤，缩窄了沙角电厂过流断面，制约海区的涨潮动力，而伶仃航道整治疏浚增深后，增强了伶仃洋的涨潮上溯动力。

因此，徐峰俊等[23]通过对虎门口在1978～1979年及1999～2001年实测潮差和涨潮量的关系进行比较分析显示，在中小潮时，通过虎门的潮量有较明显的减少；但当涨潮流量达到15 000 m^3/s时，两者变化不大，说明维持潮道稳定的动力条件变化不大。通过虎门口的潮量变化分析主要说明了虎门口以上狮子洋及部分河网区纳潮的变化。从整个伶仃洋海域地形特征可见，尽管伶仃洋海域的周边水域围垦较多，岸线变化较大，但伶仃洋海域地形仍基本维持原有格局，在珠江水利委员会划定伶仃洋的治导线后，围垦区域主要集中在伶仃洋西岸的浅滩区和治导线以内，伶仃洋的主要潮汐通道西槽和东槽在近30年来受到的影响相对较小，且由于航道疏浚等，伶仃洋西航道的潮动力得到了维持。综合以上原因，可以认为，近30年来整个伶仃洋海域的平均涨落潮差变化不大。

根据纳潮量计算公式(3-1)，在平均潮差变化不大时，纳潮量的变化将主要体现在水域纳潮面积的变化上。根据建立的伶仃洋海域数学模型,统计到当前包含狮子洋在内的伶仃洋水域面积约为1900 km^2,从表3-4统计显示,伶仃洋水域面积1978~2007年总共减少253.831 km^2,因此可以近似认为,1978年时伶仃洋水域面积约为2 153.83 km^2,据此可以计算出各时期伶仃洋纳潮量相对1978年时的减少比例,如表3-5所示,可见从1978年以来的近30年间,伶仃洋水域的纳潮量减少了约11.79%,年平均减少约0.41%。

表3-5　伶仃洋纳潮量演变统计表

项目	1978~1988年	1988~1992年	1992~1995年	1995~1999年	1999~2003年	2003~2007年	总计
水域缩小面积(km^2)	55.136	61.089	66.131	23.898	28.979	18.598	253.83
纳潮量减少比例(%)	2.56	2.84	3.07	1.11	1.35	0.86	11.79

3.3　伶仃洋水域纳潮量现状分析

3.3.1　实测资料分析到的伶仃洋纳潮量

根据2007年8月各站点实测潮位资料,得到大潮和中潮涨落潮期间的平均潮差,如表1-2所示。采用公式来计算伶仃洋纳潮量时,选取处于伶仃洋中的内伶仃岛站、赤湾站和金星门站或淇澳站的实测潮位资料。统计显示包括浅滩在内的珠江口门以内的伶仃洋和狮子洋的总水域面积约为1 900 km^2,由于存在浅滩,潮位不同时,浅滩所占面积不同,导致纳潮水域面积也不一样。

表3-6列出了2007年8月实测资料得到的内伶仃岛站、赤湾站和金星门站的实测高低潮位和潮差,同时给出了2001年2月小潮期淇澳岛站和赤湾站实测潮位数据和2003年7月内伶仃岛站和赤湾

站的潮位数据，根据建立的数学模型计算了不同高低潮位对应的水域面积和平均纳潮水域面积，由此得到采用三个不同站点的潮差计算到的大潮、中潮和小潮的纳潮量。

表 3-6 实测资料的纳潮量计算

潮型	潮位站点	平均高潮位（m）	平均低潮位（m）	高潮水域面积（km^2）	低潮水域面积（km^2）	平均水域面积（km^2）	平均潮差（m）	纳潮量（亿 m^3）	平均纳潮量（亿 m^3）
2007 年 8 月 13～14 日（大潮）	内伶仃岛	0.66	-0.95	1 886.46	1 803.35	1 844.91	1.61	29.70	29.04
	金星门	0.50	-1.02	1 885.19	1 794.94	1 840.07	1.52	27.97	
	赤湾	0.45	-1.16	1 885.06	1 775.07	1 830.07	1.61	29.46	
2007 年 8 月 16～17 日（中潮）	内伶仃岛	0.62	-0.75	1 886.19	1 821.19	1 853.69	1.37	25.40	25.27
	金星门	0.54	-0.77	1 885.39	1 820.08	1 852.74	1.31	24.27	
	赤湾	0.42	-1.00	1 884.92	1 797.74	1 841.33	1.42	26.15	
2001 年 2 月 14～15 日（小潮）	淇澳岛	0.48	-0.51	1 885.12	1 843.02	1 864.07	0.99	18.45	19.24
	赤湾	0.35	-0.73	1 884.10	1 822.50	1 853.30	1.08	20.02	
2003 年 7 月 29～30 日（大潮）	内伶仃岛	0.60	-0.91	1 885.84	1 807.15	1 846.50	1.51	27.88	28.25
	赤湾	0.46	-1.10	1 885.10	1 782.62	1 833.86	1.56	28.61	

根据 2007 年 8 月实测结果计算分析显示，大潮时，采用内伶仃岛站、金星门站和赤湾站的潮差计算到的总纳潮量分别为 29.70 亿 m^3、27.97 亿 m^3、29.46 亿 m^3，平均后大潮期的纳潮量为 29.04 亿 m^3；中潮时，采用内伶仃岛站、金星门站和赤湾站的潮差计算到的纳潮量分别为 25.40 亿 m^3、24.27 亿 m^3、26.15 亿 m^3，平

均后中潮的纳潮量为25.27亿m^3；在2003年7月大潮时，采用内伶仃岛站和赤湾站的潮位资料，计算到纳潮量分别为27.88亿和28.61亿m^3，平均后大潮纳潮量为28.25亿m^3；在2001年2月小潮时，采用淇澳岛站和赤湾站计算到的纳潮量分别为18.45亿和20.02亿m^3，平均后小潮的纳潮量为19.24亿m^3；显示大潮纳潮量比中潮纳潮量多13%，中潮纳潮量比小潮纳潮量多23.9%。计算显示伶仃洋平均纳潮水域面积是小潮最大，中潮次之，大潮最小，主要是大潮的低潮位太低，导致浅滩出露面积大，相应平均纳潮水域面积减小幅度也大的缘故。

3.3.2 伶仃洋、狮子洋和三角洲河网区纳潮比例分析

数学模型中暂未考虑东四口门和狮子洋以上河网区的纳潮，但根据已有研究资料可以初步分析出伶仃洋、狮子洋和东四口门以上河网区的纳潮比例。图3-2给出了珠江三角洲地区大旱年（红线）和平水年（蓝线）时咸潮的最大上溯边界。为估算东四口门以上河网区的纳潮比例，近似以该咸潮上溯的最大边界线与河口间的封闭区域作为河网区的纳潮水域面积。计算显示，不包括狮子洋在内，伶仃洋东四口门以上三角洲河网的水域（以岸线为边界）纳潮面积约为316.2 km^2，该面积占到伶仃洋和狮子洋水域面积的16.6%。若以各口门涨潮量来估算河网区所占纳潮量比例，根据统计显示东四口门多年平均涨潮量是2 843亿m^3，珠江口门的多年平均涨潮量是9 542亿m^3，可见东四口门以上河网区纳潮量约占总纳潮量的30%。

进一步分析狮子洋和三角洲河网的纳潮分配比例，根据公式（3-1）对狮子洋的纳潮量进行了计算，并根据建立的数学模型统计狮子洋的平均水域面积约98.3 km^2，纳潮量计算结果如表3-7所示。可见，本次1天时间内的大、中和小潮下狮子洋的纳潮量分别为1.87亿m^3、1.77亿m^3和1.12亿m^3，平均1.59亿m^3；则狮子洋的年平均纳潮量约为580.4亿m^3，占东四口门以上水域纳潮量的20.4%。

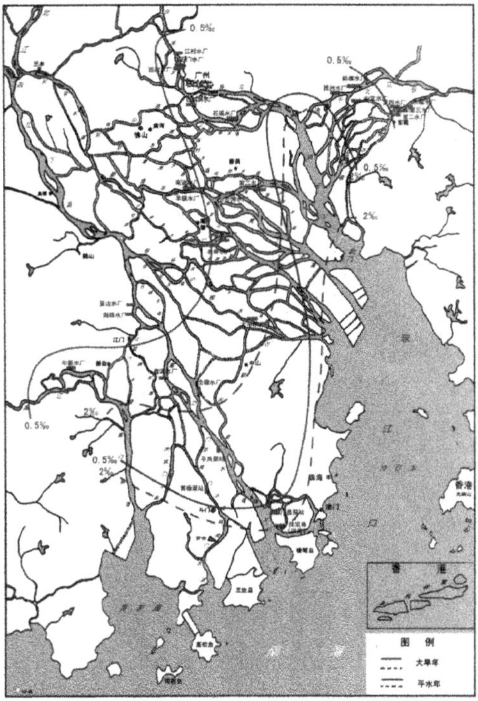

图 3-2　咸潮边界图

表 3-7　狮子洋水域纳潮统计表

潮型	平均高潮位（m）	平均低潮位（m）	平均水域面积（km²）	平均潮差（m）	纳潮量（亿 m³）
2007 年 8 月 13 ~ 14 日（大潮）	0.92	-0.98	98.3	1.90	1.87
2007 年 8 月 16 ~ 17 日（中潮）	0.88	-0.92	98.3	1.80	1.77
2001 年 2 月 14 ~ 15 日（小潮）	0.45	-0.69	98.3	1.14	1.12

因此，以上分析和计算显示，将珠江口门以上水域分为伶仃洋水域、狮子洋水域和三角洲河网水域，各水域的纳潮比例分配大致为伶仃洋水域纳潮量约占总进潮量的 70.0%、狮子洋水域纳潮量约占总进潮量的 6.1%，三角洲河网纳潮量占总进潮量的 23.9%。

另外，采用珠江水利科学研究院河网与河口一、二维数学模型联解计算“01·2”枯水期东四口门涨落潮量，计算结果如表 3-8 所示。可见，由虎门进出的平均潮量占东四口门总纳潮量的 73.1%，为河网区的主要潮汐通道。狮子洋占河网区纳潮量的比例约为23.0%，与以上通过纳潮水域面积分析得到的占比 20.4% 基本相近。

表 3-8 “01·2”枯水期东四口门进出潮量及狮子洋纳潮统计表

口门	涨潮量（亿 m^3）	落潮量（亿 m^3）	平均潮量（亿 m^3）	比例（%）
虎门	7.48	6.45	6.97	73.1
南沙	1.53	1.09	1.31	13.7
冯马庙	0.65	0.56	0.61	6.4
横门	0.66	0.64	0.65	6.8
狮子洋	1.90	2.00	2.00	23.0

3.3.3 各特征断面模拟计算纳潮量分析

前面采用实测资料结合建立的数学模型提供潮位对应的水域面积，根据公式(3-1)计算了伶仃洋和狮子洋的纳潮量；同时该海域的纳潮量还可以根据建立的河口水动力数学模型来进行更为精确的统计，即在珠江河口设置特征观测断面，根据建立的数学模型，统计特征断面上不同时刻的进出潮量，以此得到该水域在一个潮周期内的纳潮量。

为此，在河口海域分别设置了 11 个特征潮量观测断面，分别为伶仃洋口门断面、暗士顿水道断面、金星门断面、内伶仃断面、赤湾断面、深圳湾断面、虎门断面、青州断面、九州断面、西航道断面和铜鼓断面，如图 3-3 所示。这些特征断面的设置主要考虑两方面的因素：

一方面要保证从数值模拟试验结果中准确无误地提取和统计该断面潮量，为此断面的设置都与所在位置网格线重合，由于采用的是正交曲线网格，该网格线上某一节点断面通过的潮量就可以直接采用垂直于该节点网格线的流速与该节点水深和节点线宽的乘积得到，某一时刻将该网格线上的所有节点潮量相加就得到该断面上通过的总潮量；另一方面，根据特征观测断面通过的潮量，能掌握伶仃洋海域当前的纳潮量及其特性。因此，通过伶仃洋口门观测断面和暗士顿口门断面的潮量统计可以掌握整个伶仃洋的纳潮量；设置金星门断面、内伶仃岛断面、赤湾断面和深圳湾断面可以了解伶仃洋海域内各位置的潮量分布特性。

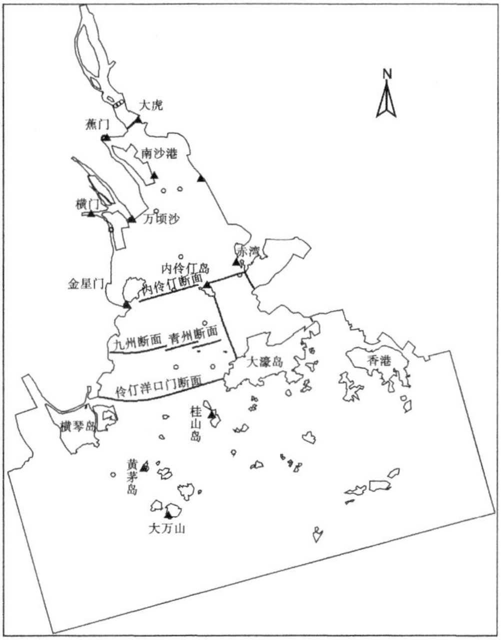

图 3-3　伶仃洋纳潮统计断面图

根据建立的珠江河口数学模型对 2007 年 8 月大潮和中潮及 2001 年 2 月小潮的数值模拟试验结果，分别统计了以上 11 个特征

观测断面在不同时刻的进出潮量及一个潮周期内的总纳潮量,结果如图3-4～图3-6和表3-9～表3-15所示。分析可见:

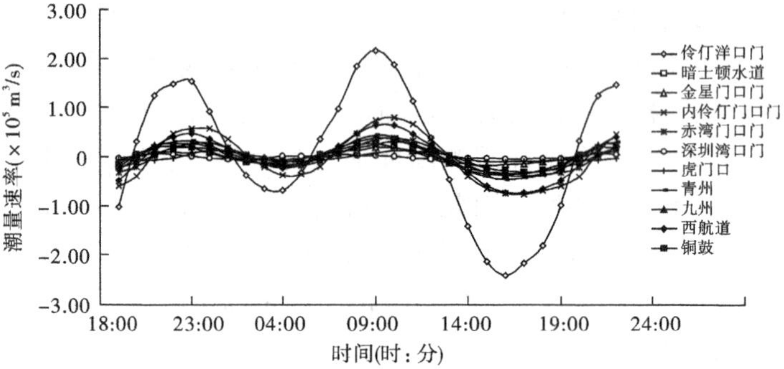

图3-4　大潮期各断面进出潮量速率变化曲线

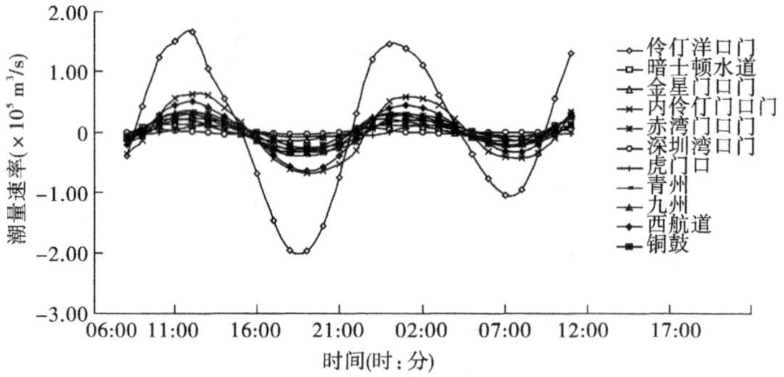

图3-5　中潮期各断面进出潮量速率变化曲线

(1)根据数值模拟计算结果统计显示(见表3-12和表3-13),一个潮周期内,伶仃洋海域在本次大潮、中潮和小潮通过口门(伶仃洋口门和暗士顿水道的平均进出潮量之和)的平均潮量分别是27.88亿m^3、24.71亿m^3和19.53亿m^3,与采用公式(3-1)计算的纳潮量分别相差-0.77亿m^3、-0.56亿m^3和0.29亿m^3,两者误差基本在5%以内,这一方面验证了采用数学模型和设置特征观测断面计算海域纳潮量的准确性和有效性,另一方面体现了采用实测资料和公式计算海域纳潮量在平均意义上的有效性。

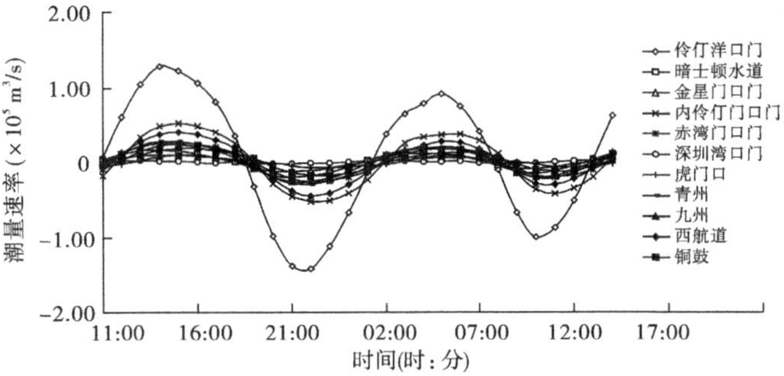

图 3-6　小潮期各断面进出潮量速率变化曲线

(2)伶仃洋海域的进出潮量口门主要为伶仃洋口门断面和暗士顿水道断面，根据表 3-12 可见，在大、中、小潮期，通过伶仃洋口门断面和暗士顿水道断面的平均纳潮量分别占总该海域总潮量的87.7%和 12.3%；可见，伶仃洋海域的主要纳潮口门为伶仃洋口门，通过暗士顿水道的潮量仅占伶仃洋海域总纳潮量的较小部分。

(3)根据图 3-4 ~ 图 3-6 和表 3-12，由于伶仃洋海域为典型不规则半日潮，从伶仃洋口门和暗士顿水道在涨落潮期间的进出潮量也可以明显观察到其影响。如大潮期，通过伶仃洋口门断面的潮量中，第一次涨潮量(19.83 亿 m^3)大于第一次落潮量(6.82 亿 m^3)，第二次涨潮量(30.91 亿 m^3)则明显小于第二次落潮量(40.21 亿 m^3)；在中潮和小潮期间也呈现同样的变化规律；且潮型越大，该现象越明显。

(4)以淇澳岛—内伶仃岛—赤湾连线作为分界线，分界线以北水域为内伶仃海域，以南为外伶仃海域，根据此处设置的金星门断面、内伶仃断面和赤湾断面进出潮量计算可以确定内伶仃海域的纳潮量，如表 3-15 所示。根据大、中、小潮统计的各断面纳潮量可见，由淇澳岛—内伶仃岛间的内伶仃断面是内伶仃海域的主要纳潮断面，由该断面进出的平均潮量约占内伶仃海域总纳潮量的 59.1%，其次是赤湾断面(内伶仃岛—赤湾)，约占总纳潮量的 28.8%，金星门断面最小，约占总纳潮量的 12.1%。大、中、小潮时，内伶仃海域纳潮占整个伶仃洋海域总纳潮量的比例分别是 58.2%、60.3%、

62.4%,内伶仃海域纳潮量的比例随潮差减小呈增加趋势,平均约为60.3%,则外伶仃海域纳潮量所占的纳潮比例约39.7%,内伶仃洋海域纳潮量要大于外伶仃海域。

(5)根据表3-14,在本次大、中、小潮型中,模拟计算显示,通过虎门口门的纳潮量占整个伶仃洋纳潮量的平均比例为5.3%,且纳潮比例随潮差减小略呈增加趋势,说明此处模拟计算狮子洋的纳潮占总纳潮量的比例为5.3%,这与上节采用多年平均统计结果得到的6.1%较为接近。

表3-9 大潮期间(2007年8月13~14日)各断面涨落潮量

(单位:亿 m^3)

断面	第一次涨潮量	第一次落潮量	第二次涨潮量	第二次落潮量	平均涨潮量	平均落潮量	平均潮量
伶仃洋口门	19.83	6.82	30.91	40.21	25.37	23.52	24.44
暗士顿水道	2.66	1.26	3.71	6.14	3.19	3.70	3.44
金星门	1.53	0.62	2.94	2.97	2.24	1.80	2.02
内伶仃	7.58	3.80	11.67	15.00	9.63	9.40	9.51
赤湾	3.73	1.78	5.74	7.54	4.74	4.66	4.70
深圳湾	0.60	0.33	0.66	0.69	0.63	0.51	0.57
虎门	1.66	1.94	1.36	0.81	1.51	1.38	1.44
青州	4.24	1.72	6.38	8.20	5.31	4.96	5.14
九州	3.79	1.65	5.70	6.83	4.75	4.24	4.49
西航道	5.83	2.00	9.84	13.04	7.84	7.52	7.68
铜鼓	2.65	0.88	4.51	5.27	3.58	3.08	3.33

表 3-10　中潮期间(2007 年 8 月 16 ~ 17 日)各断面涨落潮量

(单位:亿 m^3)

断面	第一次涨潮量	第一次落潮量	第二次涨潮量	第二次落潮量	平均涨潮量	平均落潮量	平均潮量
伶仃洋口门	23.00	29.76	22.00	11.94	22.50	20.85	21.68
暗士顿水道	2.92	4.47	2.84	1.89	2.88	3.18	3.03
金星门	2.00	2.31	1.78	1.03	1.89	1.67	1.78
内伶仃	9.32	11.55	8.74	5.67	9.03	8.61	8.82
赤湾	4.53	5.76	4.26	2.69	4.40	4.23	4.31
深圳湾	0.45	0.52	0.51	0.26	0.48	0.39	0.44
虎门	1.26	0.88	1.48	1.58	1.37	1.23	1.30
青州	4.96	6.25	4.79	2.80	4.88	4.53	4.70
九州	4.46	5.24	4.32	2.55	4.39	3.90	4.14
西航道	7.30	9.68	6.71	3.71	7.01	6.70	6.85
铜鼓	3.51	3.88	3.21	1.54	3.36	2.71	3.04

表 3-11　小潮期间(2001 年 2 月 14 ~ 15 日)各断面涨落潮量

(单位:亿 m^3)

断面	第一次涨潮量	第一次落潮量	第二次涨潮量	第二次落潮量	平均涨潮量	平均落潮量	平均潮量
伶仃洋口门	22.70	21.21	13.61	11.08	18.16	16.15	17.15
暗士顿水道	2.82	3.02	1.96	1.70	2.39	2.36	2.38
金星门	1.86	1.85	1.15	1.00	1.51	1.43	1.47
内伶仃	9.09	8.64	6.15	5.13	7.62	6.89	7.25
赤湾	4.32	4.19	2.89	2.49	3.61	3.34	3.47
深圳湾	0.36	0.30	0.23	0.21	0.30	0.26	0.28
虎门	1.38	1.1	1.05	0.78	1.22	0.94	1.08
青州	4.93	4.64	3.25	2.56	4.09	3.60	3.85
九州	4.42	3.99	3.04	2.26	3.73	3.13	3.43
西航道	7.17	6.80	4.05	3.61	5.61	5.21	5.41
铜鼓	3.47	2.79	1.94	1.43	2.71	2.11	2.41

表 3-12　伶仃洋进口口门断面潮量统计

潮型	伶仃洋口门断面		暗士顿水道断面		总纳潮量（亿 m^3）
	潮量（亿 m^3）	占总潮量的比例（%）	潮量（亿 m^3）	占总潮量的比例（%）	
大潮	24.44	87.7	3.44	12.3	27.88
中潮	21.68	87.7	3.03	12.3	24.71
小潮	17.15	87.8	2.38	12.2	19.53

表 3-13　数学模型与经验公式计算伶仃洋纳潮量比较

潮型	数值计算纳潮量（亿 m^3）	公式（3-1）计算纳潮量（亿 m^3）	纳潮量计算误差（亿 m^3）	误差百分比（%）
大潮	27.88	28.65	-0.77	2.69
中潮	24.71	25.27	-0.56	2.22
小潮	19.53	19.24	0.29	1.48

表 3-14　伶仃洋内各特征口门纳潮量及占总纳潮量的比例

断面	大潮		中潮		小潮		占总纳潮量的平均比例（%）
	潮量（亿 m^3）	占总潮量的比例（%）	潮量（亿 m^3）	占总潮量的比例（%）	潮量（亿 m^3）	占总潮量的比例（%）	
金星门	2.02	7.2	1.78	7.2	1.47	7.5	7.3
内伶仃	9.51	34.1	8.82	35.7	7.25	37.1	35.6
赤湾	4.70	16.9	4.31	17.4	3.47	17.8	17.4
深圳湾	0.57	2.0	0.44	1.8	0.28	1.4	1.8
虎门	1.44	5.2	1.30	5.3	1.08	5.5	5.3
青州	5.14	18.4	4.70	19.0	3.85	19.7	19.0
九州	4.49	16.1	4.14	16.8	3.43	17.6	16.8
西航道	7.68	27.5	6.85	27.7	5.41	27.7	27.6
铜鼓	3.33	11.9	3.04	12.3	2.41	12.3	12.2

表 3-15　内伶仃海域各口门纳潮统计表

潮型	金星门断面		内伶仃断面		赤湾断面		伶仃海域纳潮总量(亿 m^3)	内伶仃海域纳潮占总纳潮的比例(%)
	潮量(亿 m^3)	占总潮量的比例(%)	潮量(亿 m^3)	占总潮量的比例(%)	潮量(亿 m^3)	占总潮量的比例(%)		
大潮	2.02	12.4	9.51	58.6	4.70	29.0	16.23	58.2
中潮	1.78	11.9	8.82	59.2	4.31	28.9	14.91	60.3
小潮	1.47	12.1	7.25	59.5	3.47	28.5	12.19	62.4

(6)根据表 3-14,本次计算的大、中、小潮中,深圳湾水域的平均纳潮量分别为 0.57 亿 m^3、0.44 亿 m^3 和 0.28 亿 m^3,仅占总纳潮量的 1.8%。深圳湾为一半封闭海湾,随着近些年填海造陆和大量污染排入该海湾,该海湾水域面积逐年缩小,纳潮量也逐渐减小,导致海湾水体污染严重。

(7)根据表 3-14,西航道断面和青州断面进出潮量占伶仃洋总纳潮量的比例平均约为 46.6%,可见伶仃洋口门位置靠近西航道深水区是伶仃洋的主要纳潮通道,位于浅滩区的九州断面仅占总纳潮量的 16.8% 左右。

(8)根据表 3-14,铜鼓断面的进出潮量占伶仃洋总纳潮量的比例平均约 12.2%,显示伶仃洋西槽和东槽通过铜鼓断面水域存在一定程度的潮量交换,且根据表 3-9 ~ 表 3-11,该断面的涨潮量明显大于落潮量,说明落潮时该部分潮量从暗士顿水道退出。

总结以上分析可见,采用纳潮量计算公式和观测断面统计进出潮量的结果基本一致,确保了潮量计算结果的精度和准确;伶仃洋海域的主要纳潮口门为伶仃洋口门(澳门—大濠岛断面),约占总纳潮量的 87.7%,通过香港暗士顿水道进出的潮量仅占 12.3% 左右;内伶仃海域的纳潮量大于外伶仃海域,内伶仃海域的纳潮量约占整个伶仃洋海域纳潮量的 60.0%,外伶仃海域纳潮量约占总纳潮量的 40.0%。

3.4 港珠澳大桥对伶仃洋水域纳潮的影响

3.4.1 港珠澳大桥工程方案简介

港珠澳大桥位置示意如图 3-7 所示。工程沿线主要建筑见图 3-8，工程从香港大屿山至珠海拱北、澳门半岛，主线全长约 29.5 km。从东向西布置有香港口岸、隧道东、西人工岛及珠海澳门口岸、珠海接人工岛等 5 个人工岛。布置有香港侧通航孔、青州航道、江海直达船航道和九洲航道等 4 个通航通道。整个线位为东西—西南走向，东段上游距离内伶仃岛约 13 km，下游距离桂山岛约 15 km，西段上游距离淇澳岛约 16 km，紧临九洲港，并跨九洲港出海航道。隧道东人工岛西距伶仃航道约 3.6 km，隧道西人工岛东距伶仃航道约 1.99 km。

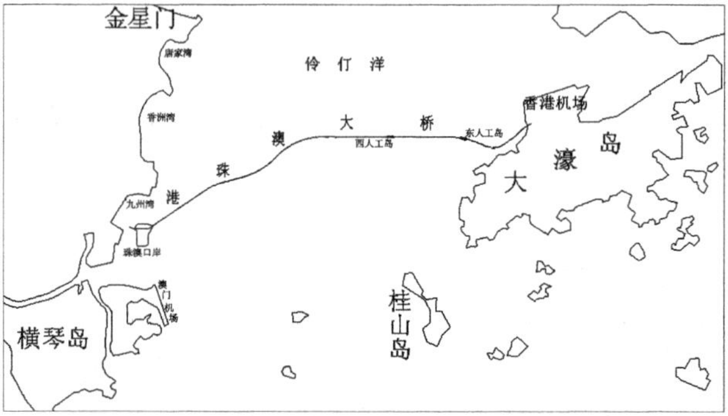

图 3-7 港珠澳大桥位置示意图

工程在香港大屿山至粤港分界线，水深流急，非通航孔桥墩采用分离式连续钢梁结构，桥跨采用 75 m，布置主通航孔 150 m 跨 3 孔，线位沿大屿山弧形布置，靠近岸边浅水，南向凸，弧形向北，该段桥梁长约 6 km。香港口岸布置在香港机场以东水域。

过了粤港分界线，进入隧道段，跨过伶仃深水航道，隧道东、

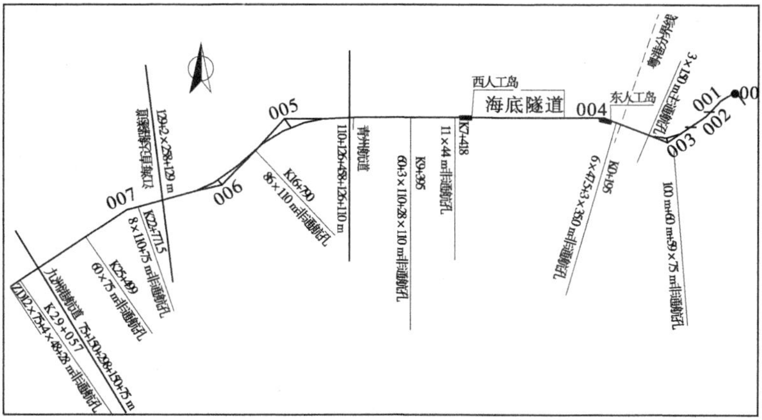

图 3-8　大桥控制点示意图

西人工岛都大概布置在 -10 m 等高线附近，东西向长 625 m，两岛之间沉管长 5 664 m。其中，香港侧桥梁过渡段与东人工岛采用 6×47.5 m+3×35 m 连续刚构桥，分离式双排桥墩。隧道全长 5 990 m（两岛之间的沉管段长 5 664 m），在铜鼓及伶仃西两主航道间隧道顶板高程按 -30.18 m 控制。在东、西人工岛前缘采用管节顶板凸出海床面的设置方式，东人工岛露出海床面的管节长度约 540 m，西人工岛露出海床面的管节长度约 380 m。沉管顶部采用块石防护。

过了隧道段往西，又是桥梁结构，全长约 22.364 km。布置有青州航道桥、江海直达船航道桥、九洲航道桥等三个主通航孔，青州航道桥为虎门等较大型船只出海预留，江海直达船航道桥为横门等船只出海预留，九洲航道桥主要为九洲港船只出海预留。其中，隧道西人工岛与桥梁之间过渡段（桩号 K7+200～K7+616）采用分离式双排桥墩、11×44 m 跨连续刚构桥。

3.4.2　桥墩阻力概化方法及计算平台开发

在内陆河道及河口地区大量的桥梁建设中，由于桥墩占用了河道部分过水面积，对河道的行洪及局部河势造成一定的影响，因此引起工程研究人员的广泛关注。国内外如陆浩[88]、Sarker[89]及张玮和解鸣晓[90]等对桥墩单桩进行了许多相关的理论和试验分析等研究工作；周华兴[91]、Ball[92]、赵晓冬[93]及解鸣晓等[94]对桩群阻力的概化提出了各自的方法和理论研究成果；方神光和吴保生[95]采用堰流公式分析了南水北调中线输水渠道中的桥梁对渠首水头的影响。对大范围的计算区域，尤其是河口地区，考虑到计算效率，常采用较粗的网格，由于桥墩尺寸相对网格太小，因此常采用局部网格节点阻力修正的方法来体现桥墩对水位壅高的影响。

在桥墩桩群阻力概化中，以赵晓冬[93]提出的阻力概化公式在国内应用相当广泛，该公式在提供桥墩尺寸、局部网格尺寸、局部水深及流速流向等参数的条件下，可以计算每座桥墩概化到局部网格上的阻力系数。对内陆河流小型桥梁工程，该方法通过人工计算每个墩柱的阻力即可。但对大型桥梁工程且涉河墩柱很多时，采用人工计算不仅繁琐，且极易出错，如目前正兴建的大型跨海大桥——伶仃洋河口的港珠澳大桥工程，该大桥工程横跨珠江河口，涉水墩柱达400多座，并且由于每个网格节点位置的墩子数量和尺寸、水深、网格尺寸等参数各不相同，因此每个网格节点上的概化阻力差别较大，由此对河口水流流态和壅水产生较大的影响，对桥墩阻力的准确模拟关乎到评估和预测该桥梁对伶仃洋河口水动力环境影响的准确度。因此，此处基于赵晓冬[93]提出的阻力概化公式，结合建立的数学模型，采用FORTRAN语言编写相应的桥墩阻力概化软件平台，并成功应用到港珠澳大桥的桥墩阻力概化中。

由南京水利科学研究院[88,93]的桩群阻力试验研究成果，桥墩占据的网格尺寸采用通度系数扣除。单桩阻力及桩群阻力的研究成果：

$$
\begin{aligned}
F' &= \rho \cdot C_D \cdot A' \cdot \frac{V^2}{2} \\
C_D &= C_d \cdot K_d \cdot N_d
\end{aligned}
\tag{3-2}
$$

式中：C_d 为单桩阻力系数，取 2.0；K_d 为桩群当量系数，取 0.3 ~ 1.0；N_d 为桩数；F' 为单桩或桩群阻力；C_D 为单桩或桩群的阻力系数；A' 为桩柱在垂直于水流方向上的投影面积；V 为作用于桩柱上的趋近流速。

在一个计算单元网格 $\Delta x \times \Delta y$ 内，河床的边界阻力为 F，若有单桩或桩群，则总阻力应为：

$$F_1 = F + F' \tag{3-3}$$

为便于应用，在计算中采用等效糙率 n_t 替代 n，另外阻力 F、F_1 的公式表达式可写为：

$$\left.\begin{aligned} F &= \frac{\rho \Delta x \times \Delta y g V^2}{C^2} = \frac{n^2 g V^2 \rho \Delta x \times \Delta y}{H^{1/3}} \\ F_1 &= \frac{n_t^2 g V^2 \rho \Delta x \times \Delta y}{H^{1/3}} \end{aligned}\right\} \tag{3-4}$$

其中 C 为谢才系数，将式(3-2)和式(3-4)代入式(3-3)，得到 n_t 的计算公式如下：

$$n_t = \left(\frac{A'}{2} \cdot C_D \cdot H^{\frac{1}{3}} \cdot \frac{1}{g n^2 \Delta x \times \Delta y} + 1\right)^{\frac{1}{2}} \cdot n \tag{3-5}$$

式中：n_t 为等效糙率；n 为河床糙率；H 为水深。

针对桥墩数量较多的桥梁工程，应用公式(3-2)并通过开发相应的计算软件平台来进行阻力概化时，首先需要建立计算区域的网格数学模型，并同时提取每个桥墩的边界坐标点数据，分别存放在相应的文件里，以备调用。软件开发平台流程简图如图 3-9 所示。

其主要分为以下三个步骤：

(1)将准备好的网格数据文件和桥墩边界文件读入；根据桥墩边界坐标点文件，计算每个桥墩的中心点坐标，以此为依据，确定每个桥墩所在的网格节点编号。

(2)根据以上得到的结果，确定每个有桥墩存在的网格节点所拥有的桥墩数量，并根据每个桥墩所处位置的水深地形、桥墩的布局及主流向等，来计算每个网格节点位置所有桥墩的阻水面积和桩群

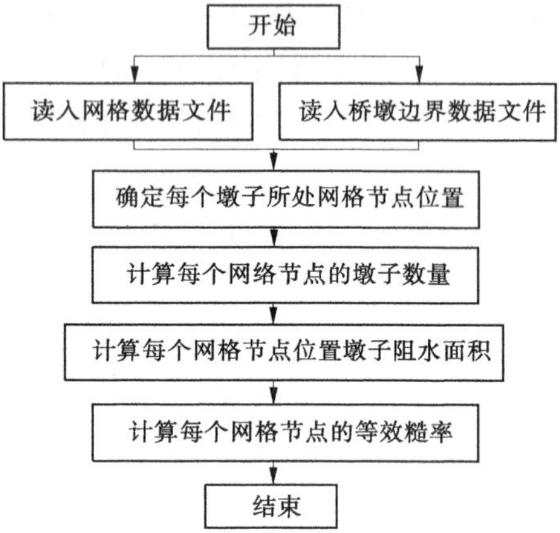

图 3-9　阻力概化软件平台开发流程图

当量系数。

（3）根据每个网格节点的桥墩阻水面积、网格尺寸、河床局部糙率及桩群当量系数，计算每个网格节点的等效糙率。

在进行阻力概化中，每个网格节点位置桥墩综合阻水面积决定着该网格节点的等效糙率，因此需要根据每个网格节点位置上各桥墩的尺寸、布局及主水流方向来确定综合阻水面积。该过程较为烦琐，但采用此处开发的软件平台，能结合尽可能多的水文信息数据，可以最大限度减少误差，提高概化的精度和效率。

3.4.3　港珠澳桥墩阻力概化结果分析

根据以上开发的桥墩阻力概化平台，对公式（3-2）中的桩群当量系数 K_d 取值 0.8，得到计算网格节点上的桥墩阻力概化结果如表 3-16所示，该表中给出了每个网格节点位置包含的桥墩数量、节点处的平均水深、网格步长、阻水面积以及计算到的桩群阻力系数。根据概化结果可见：

表 3-16　桥墩阻力概化表

位置	ξ方向网格编号	η方向网格编号	桩数 N_d	平均水深(m)	ξ方向网格步长(m)	η方向网格步长(m)	阻水面积(m^2)	桩群阻力系数 C_D	等效糙率 n_t	平均等效糙率
珠澳口岸—九州大桥	104	139	5	3.55	208.82	255.04	462.88	8.00	0.076	0.047
	104	140	2	3.48	205.78	257.24	123.08	3.20	0.031	
	105	140	4	3.63	204.48	258.99	256.33	6.40	0.053	
	105	141	1	3.62	201.24	262.13	64.02	1.60	0.023	
	106	141	4	3.73	200.04	263.85	263.57	6.40	0.054	
九州大桥	107	142	3	4.09	195.40	270.08	247.37	4.80	0.047	0.039
	108	142	1	4.26	194.25	272.02	140.53	1.60	0.027	
	109	143	1	4.69	189.72	276.29	155.00	1.60	0.028	
	110	144	3	4.93	185.36	279.73	297.95	4.80	0.053	
九州大桥—江海直达船航道桥	111	144	3	5.05	184.51	281.68	267.54	4.80	0.051	0.041
	111	145	1	5.22	181.25	283.58	92.18	1.60	0.026	
	112	145	3	5.19	180.60	285.41	275.29	4.80	0.052	
	113	145	2	5.22	180.01	287.22	184.64	3.20	0.038	
	113	146	1	5.23	177.03	289.08	92.50	1.60	0.026	
	114	146	3	5.18	176.64	290.69	274.68	4.80	0.052	
	115	146	3	5.02	176.30	292.25	265.95	4.80	0.051	
	116	147	3	4.52	173.47	295.04	239.44	4.80	0.048	
	117	147	2	4.14	173.36	296.28	146.28	3.20	0.034	
	118	147	2	4.13	173.29	297.46	145.81	3.20	0.034	
	118	148	1	3.08	171.00	298.19	54.46	1.60	0.023	
	119	148	3	1.05	171.05	299.09	55.87	4.80	0.026	
	120	148	3	3.12	171.13	299.93	165.28	4.80	0.039	

续表 3-16

位置	ξ 方向网格编号	η 方向网格编号	桩数 N_d	平均水深(m)	ξ 方向网格步长(m)	η 方向网格步长(m)	阻水面积(m^2)	桩群阻力系数 C_D	等效糙率 n_t	平均等效糙率
九州大桥—江海直达船航道桥	121	149	2	5.07	169.23	300.61	179.20	3.20	0.037	0.041
	122	149	3	4.84	169.41	301.13	256.57	4.80	0.050	
	123	149	2	4.88	169.59	301.60	172.35	3.20	0.036	
	123	150	1	4.69	167.74	300.88	82.95	1.60	0.025	
	124	150	2	5.20	167.95	301.14	183.65	3.20	0.038	
	125	150	3	5.92	168.15	301.36	313.71	4.80	0.056	
	126	150	2	5.98	168.31	301.56	211.23	3.20	0.040	
	127	151	3	5.87	166.67	300.14	311.12	4.80	0.056	
	128	151	3	5.62	167.15	300.16	297.96	4.80	0.055	
	129	151	2	5.45	167.78	300.16	192.75	3.20	0.039	
	130	151	1	5.42	168.17	300.15	95.85	1.60	0.026	
	130	152	1	5.57	166.51	297.98	98.49	1.60	0.026	
	131	152	3	5.57	166.91	297.87	295.35	4.80	0.055	
	132	152	2	5.55	167.32	297.76	210.74	3.20	0.040	
	133	152	2	5.60	167.71	297.66	227.12	3.20	0.041	
	134	152	1	5.60	168.07	297.55	113.59	1.60	0.076	
	135	152	2	5.62	168.39	297.44	238.89	3.20	0.027	
	136	153	1	5.63	167.00	294.53	119.67	1.60	0.042	
江海直达船航道桥	137	153	2	5.66	167.15	294.40	251.03	3.20	0.027	0.032
	138	153	1	5.58	168.02	294.28	169.28	1.60	0.043	
	140	153	1	5.63	169.90	294.07	170.83	1.60	0.030	
	141	153	1	5.67	171.11	293.98	171.77	1.60	0.030	
	142	153	2	5.70	172.11	293.90	252.74	3.20	0.030	

续表 3-16

位置	ξ方向网格编号	η方向网格编号	桩数 N_d	平均水深(m)	ξ方向网格步长(m)	η方向网格步长(m)	阻水面积(m^2)	桩群阻力系数 C_D	等效糙率 n_t	平均等效糙率
江海直达船航道桥—青州航道桥	143	153	1	5.68	172.83	293.83	120.64	1.60	0.043	0.037
	144	153	2	5.63	172.91	293.77	239.22	3.20	0.027	
	145	153	1	5.72	173.05	293.71	115.88	1.60	0.042	
	146	153	2	5.87	173.26	293.66	237.89	3.20	0.027	
	147	153	1	5.91	173.48	293.62	119.73	1.60	0.042	
	148	153	2	6.00	173.67	293.59	243.32	3.20	0.027	
	149	153	1	6.09	173.82	293.56	123.56	1.60	0.043	
	149	154	1	6.03	172.33	290.49	122.17	1.60	0.028	
	150	154	1	6.09	172.49	290.47	123.56	1.60	0.028	
	151	154	2	6.14	172.62	290.46	248.93	3.20	0.028	
	152	154	1	6.19	172.74	290.45	125.52	1.60	0.043	
	153	154	2	6.19	172.84	290.44	250.95	3.20	0.028	
	154	154	2	6.20	172.93	290.43	251.57	3.20	0.044	
	155	154	1	6.22	173.03	290.41	126.12	1.60	0.044	
	156	154	1	6.22	173.13	290.40	126.05	1.60	0.028	
	156	155	1	6.17	171.89	287.35	125.18	1.60	0.028	
	157	155	2	6.16	172.04	287.34	249.98	3.20	0.028	
	158	155	1	6.14	172.22	287.32	124.54	1.60	0.044	
	159	155	2	6.11	172.42	287.29	247.66	3.20	0.028	
	160	155	1	6.07	172.63	287.26	123.12	1.60	0.043	
	160	156	1	6.01	171.65	284.46	121.94	1.60	0.028	
	161	156	1	6.02	171.91	284.43	122.06	1.60	0.028	
	162	156	2	6.02	172.17	284.39	243.96	3.20	0.028	

续表 3-16

位置	ξ方向网格编号	η方向网格编号	桩数 N_d	平均水深(m)	ξ方向网格步长(m)	η方向网格步长(m)	阻水面积(m^2)	桩群阻力系数 C_D	等效糙率 n_t	平均等效糙率
江海直达船航道桥—青州航道桥	163	156	2	6.01	172.45	284.35	243.58	3.20	0.043	0.037
	164	157	2	5.91	172.07	281.89	239.53	3.20	0.043	
	165	157	2	5.86	172.46	281.83	237.57	3.20	0.043	
	166	157	1	5.86	172.84	281.76	118.72	1.60	0.043	
	167	158	2	5.78	172.71	279.62	234.20	3.20	0.028	
	168	158	2	5.79	173.11	279.54	234.61	3.20	0.043	
	169	158	2	5.80	173.47	279.45	235.11	3.20	0.043	
	170	159	1	5.71	173.42	277.44	115.80	1.60	0.043	
	171	159	2	5.66	173.74	277.34	229.59	3.20	0.027	
	172	159	2	5.72	174.01	277.24	231.98	3.20	0.042	
	173	159	2	5.78	174.26	277.14	234.34	3.20	0.043	
	174	160	1	5.72	174.10	275.13	116.01	1.60	0.027	
	175	160	2	5.79	174.45	275.04	234.68	3.20	0.043	
	176	160	1	5.86	174.75	274.95	118.76	1.60	0.028	
	177	160	2	5.91	174.86	274.87	239.79	3.20	0.043	
	178	160	2	5.98	175.05	274.79	242.48	3.20	0.044	
	179	160	1	6.04	175.30	274.72	122.55	1.60	0.028	
	180	160	2	6.12	175.62	274.65	248.15	3.20	0.044	
	181	160	1	6.23	176.00	274.59	126.41	1.60	0.028	
	182	160	2	6.35	176.45	274.54	263.54	3.20	0.045	
	183	160	2	6.46	176.97	274.49	274.59	3.20	0.046	
	184	160	1	6.58	177.56	274.45	139.76	1.60	0.029	
	185	160	2	6.69	178.21	274.42	284.43	3.20	0.047	

续表 3-16

位置	ξ 方向网格编号	η 方向网格编号	桩数 N_d	平均水深(m)	ξ 方向网格步长(m)	η 方向网格步长(m)	阻水面积(m^2)	桩群阻力系数 C_D	等效糙率 n_t	平均等效糙率
江海直达船航道桥—青州航道桥	186	160	2	6.81	178.91	274.39	289.25	3.20	0.047	0.037
	187	160	1	6.92	179.67	274.37	147.09	1.60	0.029	
	188	160	2	7.04	179.72	274.34	299.03	3.20	0.048	
	189	160	2	7.15	179.85	274.32	303.67	3.20	0.048	
	190	160	1	7.23	180.79	274.28	153.60	1.60	0.030	
青州航道桥	191	159	2	7.29	181.64	276.11	346.92	3.20	0.051	0.049
	192	159	2	7.31	182.52	276.02	471.02	3.20	0.058	
	195	159	1	7.13	185.03	275.66	271.26	1.60	0.035	
	196	158	2	7.05	186.03	277.18	371.99	3.20	0.052	
青州航道桥—西人工岛	197	158	2	7.05	187.00	276.94	299.42	3.20	0.047	0.055
	198	158	2	7.06	187.21	276.65	300.16	3.20	0.047	
	199	158	1	7.03	187.55	276.33	149.40	1.60	0.029	
	200	158	2	7.04	188.00	275.95	299.02	3.20	0.047	
	201	158	1	6.93	188.54	275.53	147.14	1.60	0.029	
	201	157	1	6.93	187.98	277.01	147.15	1.60	0.029	
	202	157	2	6.88	188.56	276.42	285.47	3.20	0.046	
	203	157	2	6.80	189.22	275.76	275.82	3.20	0.045	
	204	157	1	6.78	189.98	275.01	137.54	1.60	0.028	
	205	157	2	6.76	190.82	274.17	274.15	3.20	0.045	
	206	157	2	6.75	191.77	273.23	273.66	3.20	0.045	
	207	156	2	6.73	191.71	272.67	272.73	3.20	0.045	
	208	156	2	6.73	192.68	271.02	273.03	3.20	0.045	
	209	156	1	6.75	193.77	269.13	136.93	1.60	0.028	

续表 3-16

位置	ξ方向网格编号	η方向网格编号	桩数 N_d	平均水深(m)	ξ方向网格步长(m)	η方向网格步长(m)	阻水面积(m^2)	桩群阻力系数 C_D	等效糙率 n_t	平均等效糙率
青州航道桥—西人工岛	210	156	2	6.84	195.03	267.00	277.49	3.20	0.045	0.055
	211	156	2	6.96	196.54	264.66	282.10	3.20	0.046	
	212	156	1	7.07	198.44	262.22	143.30	1.60	0.029	
	212	155	1	7.13	195.02	256.75	144.55	1.60	0.029	
	213	155	2	7.36	196.30	250.22	298.64	3.20	0.048	
	214	155	2	7.60	198.35	241.87	308.02	3.20	0.050	
	215	155	1	7.85	202.32	231.20	159.12	1.60	0.031	
	216	155	8	8.17	209.03	217.36	1 033.15	12.80	0.174	
	217	155	8	8.55	234.73	198.82	978.05	12.80	0.168	
	217	154	6	8.63	229.48	141.22	741.05	9.60	0.153	
东人工岛—粤港分界线	245	147	13	10.84	307.05	172.66	2 016.72	20.80	0.299	0.199
	245	146	5	10.72	312.54	233.51	766.85	8.00	0.099	
粤港分界线—香港口岸	246	146	8	10.20	299.98	240.42	667.24	12.80	0.116	0.069
	246	145	2	10.17	298.90	264.11	168.93	3.20	0.034	
	247	145	10	9.68	272.27	262.16	803.69	16.00	0.141	
	247	144	1	9.99	276.74	268.34	82.95	1.60	0.024	
	248	145	1	9.57	267.19	263.89	79.50	1.60	0.024	
	248	144	8	9.90	271.21	269.11	657.68	12.80	0.114	
	249	144	1	9.66	268.87	271.67	293.23	1.60	0.033	
	249	143	2	9.96	271.16	273.87	605.06	3.20	0.057	
	250	143	1	9.52	270.56	276.67	288.95	1.60	0.033	

续表 3-16

位置	ξ 方向网格编号	η 方向网格编号	桩数 N_d	平均水深(m)	ξ 方向网格步长(m)	η 方向网格步长(m)	阻水面积(m^2)	桩群阻力系数 C_D	等效糙率 n_t	平均等效糙率
粤港分界线—香港口岸	250	142	4	9.17	272.32	277.25	303.82	6.40	0.056	0.069
	251	142	8	8.89	271.88	279.60	584.69	12.80	0.104	
	252	142	8	8.29	270.28	282.16	545.38	12.80	0.099	
	253	142	6	7.69	268.57	284.97	379.55	9.60	0.072	
	254	142	8	7.58	266.77	287.89	498.69	12.80	0.093	
	255	142	8	7.49	264.64	290.68	492.68	12.80	0.093	
	256	142	8	7.37	261.76	292.93	484.52	12.80	0.092	
	257	143	7	7.28	256.61	301.08	418.85	11.20	0.080	
	257	142	1	7.04	257.53	293.93	57.85	1.60	0.023	
	258	143	6	7.04	255.60	301.78	347.04	9.60	0.068	
	259	143	8	6.71	252.13	301.21	441.01	12.80	0.087	
	260	143	5	6.02	246.56	301.79	247.50	8.00	0.054	
	260	144	3	7.02	243.74	322.31	173.15	4.80	0.038	
	261	144	7	6.87	238.36	326.31	395.41	11.20	0.077	
	262	144	7	6.73	226.63	329.85	387.26	11.20	0.077	
	263	144	6	5.02	202.72	333.50	247.67	9.60	0.059	
	264	145	4	6.26	162.78	325.02	205.92	6.40	0.052	

(1)珠澳口岸—九州大桥间网格节点概化糙率平均值为 0.047，该段间布置有 17 个非通航桥墩，墩间距为 75 m 和 48 m。

(2)九州大桥间的网格节点概化糙率平均值为 0.039；该段间布置主墩 2 个、辅助墩 2 个和过渡墩 2 个，主墩间距 298 m，辅助墩间距 150 m，过渡墩间距 75 m。

（3）九州大桥—江海直达船航道桥间网格节点概化糙率平均值为0.041；该段间布置有68个非通航桥墩，其中8孔间距110 m，其他孔间距均为75 m。

（4）江海直达船航道桥间的网格节点概化糙率平均值为0.032；该段布置主墩3个和辅助墩2个，通航孔宽度258 m，主墩与辅助墩宽度为129 m。

（5）江海直达船航道桥—青州航道桥间网格节点概化糙率平均值为0.037；该段布置非通航孔桥墩81个，墩间距为110 m。

（6）青州航道桥间网格节点概化糙率平均值为0.049；该段设计2个主墩、2个辅助墩和2个过渡墩，主墩间通航孔宽度为458 m，主墩与辅助墩间距为126 m，辅助墩与过渡墩间距为110 m。

（7）青州航道桥—西人工岛间网格节点概化糙率平均值为0.055；该段间布置有46个非通航孔桥墩，其中靠近西人工岛的10个过渡墩采用双墩设计，间距为44 m，其他墩间距都为110 m。

（8）东人工岛—粤港分界线间网格节点概化糙率平均值为0.199；该段间布置有9个非通航孔桥墩，且采用双墩设计，与东人工岛的过渡墩间距为35 m，其他墩间距为47.5 m。

（9）香港侧网格节点概化糙率平均值为0.069；本数学模型中香港侧桥墩数量考虑了69个，该段非通航孔桥墩采用双墩设计，间距为75 m，且还布置3个通航孔，跨度150 m。

总结以上可见：

（1）越靠近人工岛，网格节点上的概化糙率越大，如东人工岛和粤港分界线间网格节点概化平均糙率达到0.199，靠近西人工岛间网格节点概化平均糙率达到0.055，靠近珠澳口岸人工岛的网格节点概化糙率达0.047，其主要原因是靠近人工岛的桥梁密度很大，导致该位置上的网格范围内包含的桥墩数量较多，阻水面积大，由此得到的概化糙率也大。

（2）三个航道桥位置的网格节点概化糙率中，青州航道桥位置的网格节点上的概化糙率为0.049，大于九州桥和江海直达航船桥，主要原因是青州航道桥处于深水区，桥墩形成的阻水面积大，因此概化的糙率也大。

(3)香港侧的桥墩概化到网格节点上的平均糙率达0.069，一方面是该处水深较大，另一方面是该处桥墩间距较小，因此最终概化到网格节点上的墩子数量较多，形成的阻水面积也较大。

与物理模型和前期数模结果比较来看，此处概化的桥墩糙率总体略有偏大，一方面主要是此处采用的参数值偏于保守，另一方面是此处依据桩群在本数学模型网格中的分布状况，直接将桩群阻力概化到了网格节点上，与前期研究成果表达方式有一定区别。

3.4.4 港珠澳大桥对纳潮量的影响分析

基于建立的珠江河口二维数学模型，对工程建设后2007年8月大潮和中潮及2001年2月小潮进行了模拟计算，同样统计了伶仃洋口门断面、暗士顿水道断面、金星门断面、内伶仃断面、赤湾断面、深圳湾断面和虎门断面(见图3-3)在不同时刻的进出潮量及一个潮周期内的总纳潮量，计算统计结果如图3-10~图3-12及表3-17~表3-22所示，工程前后各断面纳潮量变化统计见表3-23。根据工程后一个潮周期的大、中、小潮计算结果及工程前后各口门潮量变化统计分析可见：

(1)如表3-23所示，在大、中、小潮下，大桥工程建设后，伶仃洋口门断面的平均进出潮量分别减小了0.34亿m^3、0.93亿m^3和0.90亿m^3，减小比例分别为1.39%、4.29%和5.25%；暗士顿水道断面在大潮时的平均纳潮量增加了0.06亿m^3，增加比例为1.74%，中潮和小潮的平均纳潮量分别减小了0.06亿m^3和0.08亿m^3，减小比例分别是1.98%和3.36%；由此统计工程后，大、中、小潮下，伶仃洋总纳潮量分别减小了0.28亿m^3、0.99亿m^3和0.98亿m^3，减小比例分别为1.00%、4.01%和5.02%，显示伶仃洋总纳潮量平均减小比例为3.12%，潮型越小，纳潮量减小比例越大。

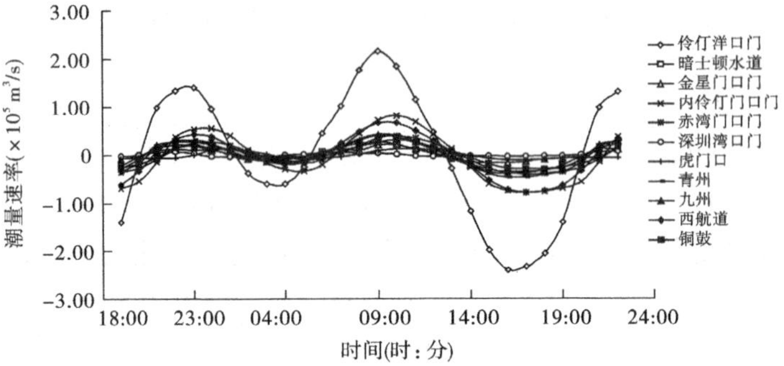

图 3-10　工程建设后大潮期各断面进出潮量变化速率曲线

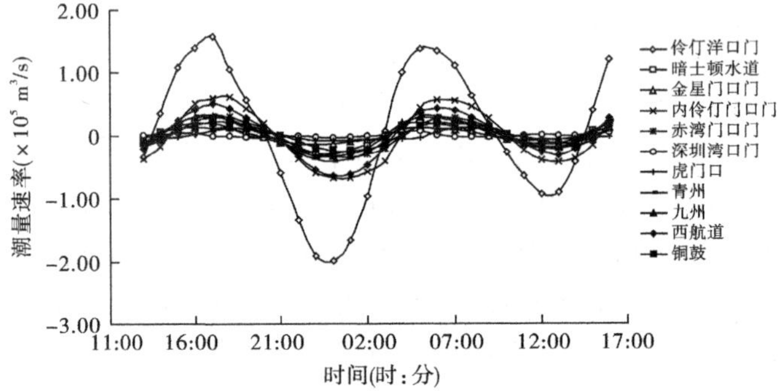

图 3-11　工程建设后中潮期各断面进出潮量变化速率曲线

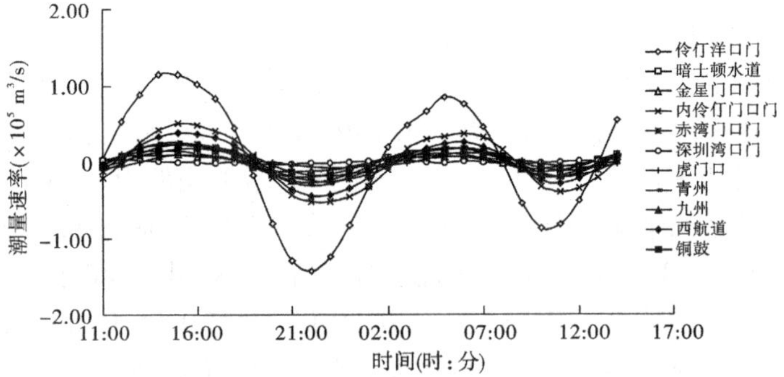

图 3-12　工程建设后小潮期各断面进出潮量变化速率曲线

表 3-17　工程建设后大潮期间(2007 年 8 月 13 ~ 14 日)各断面涨落潮量

(单位:亿 m^3)

断面	第一次涨潮量	第一次落潮量	第二次涨潮量	第二次落潮量	平均涨潮量	平均落潮量	平均潮量
伶仃洋口门	17.28	6.02	31.31	41.77	24.30	23.90	24.10
暗士顿水道	2.33	1.12	3.86	6.68	3.10	3.90	3.50
金星门	1.44	0.69	2.97	3.10	2.21	1.90	2.05
内伶仃	6.84	3.32	11.93	15.96	9.39	9.64	9.51
赤湾	3.22	1.52	5.77	8.02	4.50	4.77	4.63
深圳湾	0.65	0.40	0.73	0.73	0.69	0.57	0.63
虎门	1.85	2.25	1.33	0.88	1.59	1.57	1.58
青州	3.74	1.52	6.42	8.81	5.08	5.17	5.12
九州	3.62	1.47	5.95	7.28	4.79	4.38	4.58
西航道	5.01	1.66	10.41	14.05	7.71	7.86	7.78
铜鼓	2.30	0.69	4.70	5.65	3.50	3.17	3.34

表 3-18　工程建设后中潮期间(2007 年 8 月 16 ~ 17 日)各断面涨落潮量

(单位:亿 m^3)

断面	第一次涨潮量	第一次落潮量	第二次涨潮量	第二次落潮量	平均涨潮量	平均落潮量	平均潮量
伶仃洋口门	21.63	30.13	20.39	10.86	21.01	20.50	20.75
暗士顿水道	2.78	4.65	2.70	1.75	2.74	3.20	2.97
金星门	2.01	2.42	1.70	1.08	1.86	1.75	1.80
内伶仃	9.05	11.92	8.40	5.41	8.73	8.67	8.70
赤湾	4.30	5.96	3.99	2.57	4.15	4.27	4.21
深圳湾	0.51	0.53	0.56	0.27	0.54	0.40	0.47
虎门	1.43	1.02	1.48	1.69	1.46	1.36	1.41
青州	4.69	6.50	4.47	2.64	4.58	4.57	4.58
九州	4.37	5.43	4.15	2.41	4.26	3.92	4.09
西航道	7.16	10.09	6.39	3.41	6.78	6.75	6.76
铜鼓	3.46	4.02	3.03	1.39	3.25	2.71	2.98

表 3-19　工程建设后小潮期间(2001 年 2 月 14 ~ 15 日)各断面涨落潮量

(单位:亿 m^3)

断面	第一次涨潮量	第一次落潮量	第二次涨潮量	第二次落潮量	平均涨潮量	平均落潮量	平均潮量
伶仃洋口门	21.49	21.53	12.03	9.94	16.76	15.74	16.25
暗士顿水道	2.70	3.15	1.80	1.55	2.25	2.35	2.30
金星门	1.90	1.96	1.12	0.94	1.51	1.45	1.48
内伶仃	8.88	9.05	5.82	4.78	7.35	6.92	7.13
赤湾	4.13	4.39	2.69	2.31	3.41	3.35	3.38
深圳湾	0.43	0.30	0.22	0.20	0.33	0.25	0.29
虎门	1.41	1.22	1.01	0.83	1.21	1.03	1.12
青州	4.70	4.84	2.94	2.37	3.82	3.61	3.71
九州	4.37	4.15	2.85	2.10	3.61	3.13	3.37
西航道	7.00	7.08	3.65	3.28	5.33	5.18	5.25
铜鼓	3.41	2.90	1.75	1.29	2.58	2.10	2.34

表 3-20　工程建设后伶仃洋进口口门断面潮量统计

潮型	伶仃洋口门断面		暗士顿水道断面		总纳潮量(亿 m^3)
	潮量(亿 m^3)	占总潮量的比例(%)	潮量(亿 m^3)	占总潮量的比例(%)	
大潮	24.10	87.3	3.50	12.7	27.60
中潮	20.75	87.5	2.97	12.5	23.72
小潮	16.25	87.6	2.30	12.4	18.55

表 3-21 工程建设后伶仃洋内各特征断面纳潮量及占总纳潮量的比例

断面	大潮		中潮		小潮		占总纳潮量的平均比例(%)
	潮量(亿 m^3)	占总潮量的比例(%)	潮量(亿 m^3)	占总潮量的比例(%)	潮量(亿 m^3)	占总潮量的比例(%)	
金星门	2.05	7.4	1.80	7.6	1.48	8.0	7.7
内伶仃	9.51	34.5	8.70	36.7	7.13	38.4	36.5
赤湾	4.63	16.8	4.21	17.7	3.38	18.2	17.6
深圳湾	0.63	2.3	0.47	2.0	0.29	1.6	1.9
虎门	1.58	5.7	1.41	5.9	1.12	6.0	5.9
青州	5.12	18.6	4.58	19.3	3.71	20.0	19.3
九州	4.58	16.6	4.09	17.2	3.37	18.2	17.3
西航道	7.78	28.2	6.76	28.5	5.25	28.3	28.3
铜鼓	3.34	12.1	2.98	12.6	2.34	12.6	12.4

表 3-22 工程建设后内伶仃海域各口门纳潮统计

潮型	金星门断面		内伶仃断面		赤湾断面		伶仃海域纳潮总量(亿 m^3)	内伶仃海域纳潮占总纳潮量的比例(%)
	潮量(亿 m^3)	占总潮量的比例(%)	潮量(亿 m^3)	占总潮量的比例(%)	潮量(亿 m^3)	占总潮量的比例(%)		
大潮	2.05	12.7	9.51	58.7	4.63	28.6	16.19	58.7
中潮	1.80	12.2	8.70	59.1	4.21	28.6	14.71	62.0
小潮	1.48	12.3	7.13	59.5	3.38	28.2	11.99	64.6

表 3-23　工程建设前后各特征潮量变化统计

断面	大潮		中潮		小潮		潮量平均变化比例（%）
	变化量（亿 m^3）	变化比例（%）	变化量（亿 m^3）	变化比例（%）	变化量（亿 m^3）	变化比例（%）	
伶仃洋口门	-0.34	-1.39	-0.93	-4.29	-0.90	-5.25	-3.43
暗士顿水道	0.06	1.74	-0.06	-1.98	-0.08	-3.36	-0.90
金星门	0.03	1.49	0.02	1.12	0.01	0.68	1.14
内伶仃	0	0	-0.12	-1.36	-0.12	-1.66	-0.94
赤湾	-0.07	-1.49	-0.10	-2.32	-0.09	-2.59	-2.08
深圳湾	0.06	10.53	0.03	6.82	0.01	3.57	7.75
虎门	0.14	9.72	0.11	8.46	0.04	3.70	7.59
青州	-0.02	-0.39	-0.12	-2.55	-0.14	-3.64	-2.05
九州	0.09	2.00	-0.05	-1.21	-0.06	-1.75	-0.17
西航道	0.10	1.30	-0.09	-1.31	-0.16	-2.96	-0.75
铜鼓	0.01	0.30	-0.06	-1.97	-0.07	-2.90	-1.37
伶仃洋总潮量变化	-0.28	-1.00	-0.99	-4.01	-0.98	-5.02	-3.12
内伶仃洋总潮量变化	-0.04	-0.25	-0.20	-1.34	-0.20	-1.64	-1.02

（2）根据表 3-23 统计，工程建设后，大、中、小潮下，根据金星门断面、内伶仃断面和赤湾断面统计内伶仃洋的总纳潮量分别减少 0.04亿 m^3、0.20 亿 m^3 和 0.20 亿 m^3，减少比例分别是 0.25%、1.34% 和 1.64%，显示内伶仃洋总纳潮量减少比例为 1.02%。其中，金星门断面、内伶仃断面和赤湾断面的进出潮量略有调整，金星门断面进出潮量略有增加，大、中、小潮下的平均增加比例为1.14%，

内伶仃断面和赤湾断面进出潮量有所减少，平均减少比例分别为0.94%和2.08%。

(3)如表3-23所示，工程建设后，大、中、小潮下，模拟计算显示虎门断面的进出潮量分别增加了0.14亿m^3、0.11亿m^3和0.04亿m^3，增加比例分别为9.72%、8.46%和3.70%，虎门断面平均潮量增加7.59%；占整个伶仃洋纳潮量的比例也由工程前的5.3%增加到5.9%。

(4)如表3-23所示，深圳湾断面进出潮量平均增加了0.06亿m^3、0.03亿m^3和0.01亿m^3，增加比例分别是10.53%、6.82%和3.57%，显示深圳湾断面平均潮量增加了7.75%；占整个伶仃洋纳潮量的比例由1.8%略微增加到1.9%。

(5)如表3-23所示，从九州断面—青州断面—西航道断面一线可见，大桥工程建成后，青州断面进出潮量减少比例平均约为2.05%，相对较大，九州断面进出潮量减少比例最小，仅为0.17%，西航道断面进出潮量减少比例较小，仅平均约为0.69%。

(6)根据表3-23和表3-17～表3-19和表3-24，工程建设后，铜鼓断面进出潮量平均减少约1.37%，且涨潮量减少的幅度明显大于落潮量。

(7)根据表3-24，分析伶仃洋的两个主要纳潮断面：伶仃洋口门断面和暗士顿水道断面涨落潮变化可见，大、中、小潮期间，伶仃洋口门断面涨潮量分别减少了4.22%、6.62%和7.71%，暗士顿水道断面分别减少了2.82%、4.86%和5.86%；落潮期间，伶仃洋口门断面在大潮期的落潮量反而增加了1.62%，中潮和小潮期落潮量减少了1.68%和2.54%；暗士顿水道断面在大潮和中潮期间的落潮量增加了5.41%和0.63%，小潮期落潮量减少了0.42%。总体来看，港珠澳大桥的建设对涨潮量的影响显著大于对落潮量的影响。

(8)如表3-20所示，大桥工程建设后，伶仃洋口门断面—暗士顿水道断面一线各口门断面间潮量分配比例略有调整，大、中、小潮下，伶仃洋口门断面分配的潮量比例分别减少0.4%、0.2%和0.2%，由工程前的平均87.7%减少到工程后的87.5%，平均减少0.2%；在大、中、小潮下，暗士顿水道断面分配潮量比例相应增加了0.4%、0.2%和0.2%，由工程前的平均12.3%增加到12.5%，平均增加0.2%。潮型越大，伶仃洋口门断面与暗士顿水道断面一线间口门潮量分配比例调整有增大的趋势。

表3-24　特征断面涨落潮变化百分比　(%)

断面	大潮			中潮			小潮		
	涨潮	落潮	平均	涨潮	落潮	平均	涨潮	落潮	平均
伶仃洋口门	-4.22	1.62	-1.39	-6.62	-1.68	-4.29	-7.71	-2.54	-5.25
暗士顿水道	-2.82	5.41	1.74	-4.86	0.63	-1.98	-5.86	-0.42	-3.36
金星门	-1.34	5.56	1.49	-1.59	4.79	1.12	0	1.40	0.68
内伶仃	-2.49	2.55	0	-3.32	0.70	-1.36	-3.54	0.44	-1.66
赤湾	-5.06	2.36	-1.49	-5.68	0.95	-2.32	-5.54	0.30	-2.59
深圳湾	9.52	11.76	10.53	12.50	2.56	6.82	10.00	-3.85	3.57
虎门	5.30	13.77	9.72	6.57	10.57	8.46	-0.82	9.57	3.70
青州	-4.33	4.23	-0.39	-6.15	0.88	-2.55	-6.60	0.28	-3.64
九州	0.84	3.30	2.00	-2.96	0.51	-1.21	-3.22	0	-1.75
西航道	-1.66	4.52	1.30	-3.28	0.75	-1.31	-4.99	-0.58	-2.96
铜鼓	-2.23	2.92	0.30	-3.27	0	-1.97	-4.80	-0.47	-2.90

(9)如表3-21和表3-22所示，大桥工程建设后，金星门断面—内伶仃断面—赤湾断面一线的各口门间潮量分配比例也有所调整，金星门口门断面的分配潮量由工程前的平均占比12.1%增加到12.4%，增加0.3%；内伶仃断面的分配潮量占比59.1%，保持不变；赤湾断面分配潮量由工程前的平均占比28.8%减少到工程后的28.5%，平均减少0.3%。

(10)如表3-22所示，工程建设后，大、中、小潮下，内伶仃海域的纳潮量分配比例占整个伶仃洋海域纳潮量的比例分别增加了0.5%、1.7%和2.2%，平均占比增加约1.47%，外伶仃海域则出现相应比例的减小。

总结以上工程建设前后的模拟计算结果和分析，港珠澳大桥建设前后导致的伶仃洋纳潮变化与工程所处位置和伶仃洋的地形特征密切相关，由于港珠澳大桥横跨伶仃洋口门，该口门的进出潮量约占整个伶仃洋进出潮量的 87.7%，为伶仃洋的主要潮汐通道，因此该位置布置的横跨口门桥梁桥墩的阻水作用整体上阻碍了潮汐进入伶仃洋，其变化特点有：

(1)总体上造成了伶仃洋纳潮量的减少，且潮型越小，伶仃洋海域的纳潮量减少比例越大。

(2)大桥的建设对伶仃洋纳潮口门涨潮量影响明显大于落潮量，大、中、小潮型下，涨潮量整体减少；大潮期伶仃洋的落潮量呈增加趋势，中潮和小潮呈减小趋势。

(3)伶仃洋各口门分配潮量比例略有调整，但总体变化不大。

根据本次所选大、中、小潮模拟计算结果显示，大桥工程的建设反而在一定程度上增加了虎门口门的纳潮量，且落潮量的增加幅度显著大于涨潮量增加幅度。在整个伶仃洋进潮量出现减少的情况下，虎门断面的进潮量在大潮和中潮反而出现一定程度的增加，流态和分析显示，大桥的建设阻碍了珠江口门外部分由九州断面和青州断面进入的潮量，导致部分潮流进入到主潮汐通道——大濠水道，从而加强了西槽以及虎门的潮汐动力。

3.4.5 港珠澳大桥对潮位的影响分析

根据公式(3-1)可知，水域纳潮量的变化与潮差变化密切相关，由前面计算和分析可见，港珠澳大桥建设后，伶仃洋水域纳潮量出现了一定程度的减少，则水域内各位置点的潮差必然出现不同程度的变化，为掌握这一变化趋势，在伶仃洋水域内选取了特征代表站点，如图 3-3 所示，并在工程附近布置了一些取样点，如图 3-13 所示。

根据数值模拟计算结果，提取了大、中、小潮一个潮周期下，特征点和取样点位置高高潮位和低低潮位的变化值，如表 3-25 ~ 表 3-30 所示，结果显示如下：

(1)大潮期潮位变化。

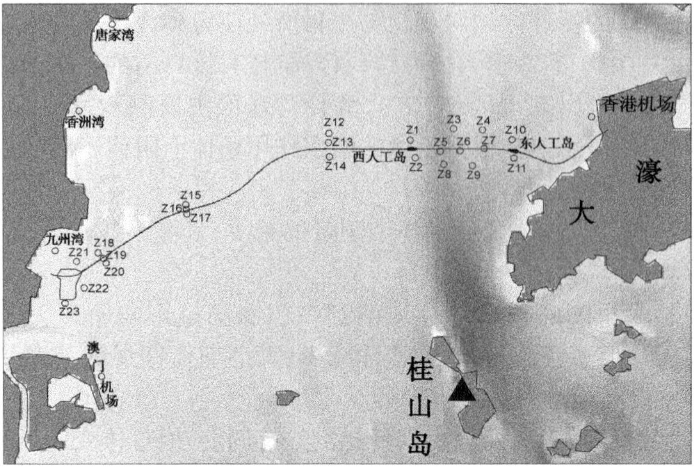

图3-13　工程局部取样点图

表3-25和表3-26给出了大潮期代表站点和取样点高高潮位、低低潮位的变化值。可见港珠澳大桥建成后：

①在外伶仃水域，香港机场附近水域及暗士顿水道高高潮位降低了约3 cm，低低潮位抬高了约6 cm，潮差减小了约9 cm；珠海唐家湾高高潮位降低约2 cm，低低潮位抬高约1 cm，潮差减少约3 cm；珠海香洲湾高高潮位变化不大，低低潮位则抬高约6 cm，潮差减少约6 cm；九州港高高潮位降低约1 cm，低低潮位抬高约1 cm，潮差减少约2 cm；澳门机场附近水域高高潮位抬高了约1 cm，低低潮位抬高了约2 cm，潮差减少约1 cm；桂山岛高高潮位无变化，低低潮位降低了约2 cm，潮差增加了约2 cm；黄茅岛高高潮位无变化，低低潮位降低了约5 cm，潮差增加了约5 cm；大桥工程不影响大万山岛高高潮位和低低潮位。

②在内伶仃水域，内伶仃岛高高潮位降低了约3 cm，低低潮位抬高了约9 cm，潮差减小约12 cm；金星门高高潮位降低约3 cm，低低潮位抬高约3 cm，潮差减少约6 cm；赤湾高高潮位降低约4 cm，低低潮位抬高约9 cm，潮差减少约13 cm；深圳保安机场高高潮位降低

3 cm,低低潮位抬高约 12 cm,潮差减少约 15 cm;口门位置南沙港高高潮位降低约 4 cm,低低潮位抬高约 5 cm,潮差减少约 9 cm;横门站高高潮位降低 5 cm,低低潮位抬高约 6 cm,潮差减少约 11 cm;大虎高高潮位无变化,低低潮位则抬高 11 cm,潮差减少 11 cm。

表 3-25 大潮期(2007 年 8 月 13 ~ 14 日)代表站点特征潮位变化成果

(单位:m)

区域	站点	高高潮位		低低潮位		潮差变化
		现状值	工程影响值	现状值	工程影响值	
内伶仃水域	金星门	0.88	-0.03	-1.21	0.03	-0.06
	内伶仃岛	0.82	-0.03	-1.11	0.09	-0.12
	赤湾	0.83	-0.04	-1.12	0.09	-0.13
	深圳保安机场	0.94	-0.03	-1.09	0.12	-0.15
	南沙港	1.00	-0.04	-1.08	0.05	-0.09
	横门	0.89	-0.05	-0.92	0.06	-0.11
	冯马庙	0.90	-0.04	-0.84	0.10	-0.14
	蕉门	1.11	0	-1.17	0.04	-0.04
	大虎	1.12	0	-1.19	0.11	-0.11
外伶仃水域	澳门机场	0.94	0.01	-1.31	0.02	-0.01
	九州港	0.92	-0.01	-1.33	0.01	-0.02
	珠海唐家湾	0.90	-0.02	-1.26	0.01	-0.03
	珠海香洲湾	0.88	0	-1.28	0.06	-0.06
	香港机场	0.85	-0.03	-1.23	0.06	-0.09
	暗士顿水道	0.80	-0.04	-1.15	0.06	-0.10
	黄茅岛	0.89	0	-1.24	-0.05	0.05
	桂山岛	0.92	0	-1.31	-0.02	0.02
	大万山岛	0.86	0	-1.17	0	0

表 3-26 大潮期(2007 年 8 月 13 ~ 14 日)工程附近取样点潮位变化成果(单位:m)

工程附近位置	采样点	高高潮位		低低潮位		潮差变化
		现状值	工程影响值	现状值	工程影响值	
西人工岛	Z1	0.85	-0.04	-1.22	0.06	-0.10
	Z2	0.86	0.03	-1.22	-0.05	0.08
隧道上游	Z3	0.85	-0.02	-1.22	0.01	-0.02
	Z4	0.84	-0.02	-1.22	0.01	-0.03
隧道段	Z5	0.86	-0.01	-1.22	0.01	-0.02
	Z6	0.86	-0.01	-1.21	0.01	-0.02
	Z7	0.85	-0.01	-1.22	0.00	-0.01
隧道下游	Z8	0.86	0	-1.23	-0.01	0.01
	Z9	0.86	0	-1.23	0.01	-0.01
东人工岛	Z10	0.84	-0.04	-1.22	0.06	-0.10
	Z11	0.85	0.04	-1.21	-0.06	0.10
青洲航道	Z12	0.85	0.01	-1.24	0.03	-0.02
	Z13	0.85	-0.01	-1.24	0.02	-0.02
	Z14	0.86	0	-1.23	-0.01	0.01
江海直达船航道	Z15	0.88	0	-1.27	0.01	-0.01
	Z16	0.89	0	-1.27	0.01	-0.01
	Z17	0.89	0	-1.26	0.01	-0.01
九州航道	Z18	0.92	0	-1.29	-0.03	0.03
	Z19	0.92	0	-1.28	-0.04	0.04
	Z20	0.92	0	-1.28	-0.05	0.05
珠澳口岸	Z21	0.92	0	-1.30	-0.03	0.03
	Z22	0.93	0	-1.26	-0.06	0.06
	Z23	0.93	0.01	-1.26	-0.07	0.08

③在工程附近水域，总体来看，东人工岛、西人工岛及珠澳口岸附近水域潮位变化幅度较大，且东人工岛、西人工岛上下游端取样点变化趋势刚好相反，如西人工岛上游端Z1取样点高高潮位降低了约4 cm，低低潮位抬高了约6 cm，潮差减少约10 cm，而下游端Z2取样点的高高潮位反而进一步抬高了3 cm，低低潮位进一步降低了5 cm，潮差增加了约8 cm；东人工岛上游端取样点Z10高高潮位降低4 cm，低低潮位抬高约6 cm，潮差减少约10 cm，下游端取样点Z11高高潮位进一步抬高4 cm，低低潮位进一步降低6 cm，潮差反而增加了约10 cm；珠澳口岸上游端取样点Z21潮位变化较小，高高潮位基本不变化，低低潮位则进一步降低了约3 cm，下游端取样点Z23变化幅度较大，高高潮位进一步抬高约1 cm，低低潮位进一步降低了约7 cm，潮差增大了约8 cm。

④在工程附近水域，与人工岛位置水域潮位变化相比，其他位置水域的潮位变化相对要小，九州航道由于距珠澳人工岛较近，该位置呈现高高潮位不变，低低潮位进一步有所降低的趋势，如上游端取样点Z18潮差增加了约3 cm，下游端取样点Z20潮差增加了约5 cm；其他航道桥位置水域潮差均呈减小趋势，减小幅度在3 cm以内。

（2）中潮期潮位变化。

表3-27和表3-28给出了中潮期代表站点和取样点高高潮位及低低潮位的变化值。

①在外伶仃水域，香港保安机场附近水域高高潮降低了约2 cm，低低潮位抬高了约3 cm，潮差减小了约5 cm；暗士顿水道站点高高潮位降低约3 cm，低低潮位抬高约1 cm，潮差减少约4 cm；珠海唐家湾高高潮位降低约1 cm，低低潮位抬高约2 cm，潮差减少约3 cm；珠海香洲湾高高潮位变化不大，低低潮位则抬高约3 cm，潮差减少约3 cm；九州港高高潮位降低约1 cm，低低潮位抬高约4 cm，潮差减少约5 cm；澳门机场附近水域高高潮位降低了约1 cm，低低潮位抬高约2 cm，潮差减少约3 cm；中潮期，大桥工程不影响桂山岛、黄茅岛和大万山岛高高潮位与低低潮位。

表 3-27 中潮期(2007 年 8 月 16 ~ 17 日)代表站点潮位变化成果

(单位:m)

区域	站点	高高潮位		低低潮位		潮差变化
		现状值	工程影响值	现状值	工程影响值	
内伶仃水域	金星门	0.65	-0.03	-0.93	0.06	-0.09
	内伶仃岛	0.54	-0.02	-0.80	0.03	-0.05
	赤湾	0.55	-0.02	-0.82	0.03	-0.05
	深圳保安机场	0.64	-0.01	-0.85	0.05	-0.06
	南沙港	0.70	-0.01	-0.89	0.06	-0.07
	横门	0.59	-0.02	-0.74	0.03	-0.05
	冯马庙	0.59	-0.02	-0.66	0.02	-0.04
	蕉门	0.82	0.01	-0.99	0.06	-0.05
	大虎	0.82	0	-0.95	0.02	-0.02
外伶仃水域	澳门机场	0.65	-0.01	-0.96	0.02	-0.03
	九州港	0.62	-0.01	-0.98	0.04	-0.05
	珠海唐家湾	0.68	-0.01	-0.92	0.02	-0.03
	珠海香洲湾	0.66	0	-0.94	0.03	-0.03
	香港保安机场	0.58	-0.02	-0.88	0.03	-0.05
	暗士顿水道	0.59	-0.03	-0.78	0.01	-0.04
	黄茅岛	0.63	0	-0.90	0	0
	桂山岛	0.66	0	-0.92	0	0
	大万山岛	0.58	0	-0.85	0	0

表 3-28　中潮期(2007 年 8 月 16 ~ 17 日)工程附近取样点潮位变化成果

(单位:m)

工程附近位置	采样点	高高潮位		低低潮位		潮差变化
		现状值	工程影响值	现状值	工程影响值	
西人工岛	Z1	0.58	-0.03	-0.91	0.08	-0.11
	Z2	0.58	0.01	-0.91	-0.01	0.02
隧道上游	Z3	0.58	-0.02	-0.90	0.04	-0.06
	Z4	0.58	-0.02	-0.90	0.04	-0.06
隧道段	Z5	0.58	-0.01	-0.91	0.02	-0.04
	Z6	0.58	-0.01	-0.91	0.02	-0.04
	Z7	0.58	-0.01	-0.90	0.02	-0.03
隧道下游	Z8	0.58	-0.01	-0.91	0.01	-0.02
	Z9	0.58	-0.01	-0.91	0.01	-0.02
东人工岛	Z10	0.58	-0.03	-0.89	0.07	-0.10
	Z11	0.57	0.01	-0.90	-0.02	0.03
青洲航道	Z12	0.60	-0.01	-0.90	0.02	-0.04
	Z13	0.60	-0.01	-0.90	0.03	-0.04
	Z14	0.59	-0.01	-0.91	0.03	-0.04
江海直达船航道	Z15	0.61	-0.01	-0.93	0.03	-0.04
	Z16	0.61	-0.01	-0.94	0.03	-0.04
	Z17	0.61	0	-0.94	0.04	-0.04
九州航道	Z18	0.62	0	-0.97	0.04	-0.04
	Z19	0.61	0	-0.97	0.03	-0.03
	Z20	0.62	0	-0.97	0.03	-0.03
珠澳口岸	Z21	0.62	-0.01	-0.98	0.04	-0.05
	Z22	0.62	-0.01	-0.97	0.02	-0.03
	Z23	0.62	0	-0.97	0.02	-0.02

②在内伶仃水域，内伶仃岛站高高潮位降低了约 2 cm，低低潮位抬高了约 3 cm，潮差减小约 5 cm；金星门高高潮位降低约 3 cm，低低潮位抬高约 6 cm，潮差减少约 9 cm；赤湾高高潮位降低约 2 cm，低低潮位抬高约 3 cm，潮差减少约 5 cm；深圳保安机场高高潮位降低约 1 cm，低低潮位抬高约 5 cm，潮差减少约 6 cm；口门位置南沙港高高潮位降低约 1 cm，低低潮位抬高约 6 cm，潮差减少约 7 cm；横门高高潮位降低约 2 cm，低低潮位抬高约 3 cm，潮差减少约 5 cm；大虎高高潮位无变化，低低潮位则抬高约 2 cm，潮差减少约 2 cm。

③在工程附近水域，以东人工岛、西人工岛附近水域潮位变化幅度较大，且东人工岛、西人工岛上下游端取样点变化趋势刚好相反，如西人工岛上游端 Z1 取样点高高潮位降低了约 3 cm，低低潮位抬高了约 8 cm，潮差减少约 11 cm，而下游端 Z2 取样点的高高潮位反而进一步抬高了约 1 cm，低低潮位进一步降低了约 1 cm，潮差增加了约 2 cm；东人工岛上游端取样点 Z10 高高潮位降低约 3 cm，低低潮位抬高约 7 cm，潮差减少约 10 cm，下游端取样点 Z11 高高潮位进一步抬高 1 cm，低低潮位进一步降低 2 cm，潮差增加了约 3 cm；珠澳口岸上游端取样点 Z21 高高潮位降低约 1 cm，低低潮位抬高约 4 cm，下游端取样点 Z23 高高潮位无变化，低低潮位抬高约 2 cm，潮差减少约 2 cm。

④在工程附近水域，与东人工岛、西人工岛位置水域潮位变化相比，其他位置水域的潮位变化相对要小，都呈现高高潮位略有降低、低低潮位有所抬高、潮差趋于减小的趋势；其中九州航道、江海直达船航道和青洲航道位置水域潮差减少 3 ~ 4 cm，且主要呈现高高潮位影响不大、而低低潮位抬高的趋势。隧道上游取样点 Z3 和 Z4 的潮差减小幅度达 6 cm，隧道位置和隧道下游端位置潮差减小幅度在 4 cm 以内。

(3)小潮期潮位变化。

表 3-29 和表 3-30 给出了小潮期代表站点和取样点高高潮位及低低潮位的变化值。

表 3-29 小潮期(2001 年 2 月 14～15 日)代表站点潮位变化成果

(单位:m)

区域	站点	高高潮位		低低潮位		潮差变化
		现状值	工程影响值	现状值	工程影响值	
内伶仃水域	金星门	0.48	-0.04	-0.46	0.05	-0.09
	内伶仃岛	0.50	-0.05	-0.41	0.04	-0.09
	赤湾	0.50	-0.05	-0.42	0.04	-0.09
	深圳保安机场	0.63	-0.04	-0.53	0.06	-0.10
	南沙港	0.67	-0.05	-0.56	0.06	-0.11
	横门	0.62	-0.08	-0.38	0.02	-0.10
	冯马庙	0.65	-0.11	-0.38	0.02	-0.13
	蕉门	0.74	-0.04	-0.66	0.06	-0.10
	大虎	0.74	-0.05	-0.64	0.03	-0.08
外伶仃水域	澳门机场	0.45	-0.01	-0.43	0	-0.01
	九州港	0.45	-0.02	-0.46	0.01	-0.03
	珠海唐家湾	0.47	-0.03	-0.42	0.02	-0.05
	珠海香洲湾	0.47	-0.03	-0.43	0.02	-0.05
	香港保安机场	0.46	-0.04	-0.42	0.04	-0.08
	暗士顿水道	0.42	-0.03	-0.36	0	-0.03
	黄茅岛	0.43	0	-0.43	0	0
	桂山岛	0.44	0	-0.43	0	0
	大万山岛	0.42	0	-0.41	0	0

表 3-30　小潮期(2001 年 2 月 14 ~ 15 日)工程附近取样点潮位变化成果

(单位:m)

工程附近位置	采样点	高高潮位		低低潮位		潮差变化
		现状值	工程影响值	现状值	工程影响值	
西人工岛	Z1	0.46	-0.04	-0.41	0.04	-0.08
	Z2	0.45	-0.02	-0.41	0.01	-0.03
隧道上游	Z3	0.46	-0.03	-0.41	0.02	-0.05
	Z4	0.46	-0.03	-0.41	0.02	-0.05
隧道段	Z5	0.46	-0.03	-0.41	0.02	-0.05
	Z6	0.46	-0.03	-0.41	0.02	-0.05
	Z7	0.46	-0.03	-0.41	0.02	-0.05
隧道下游	Z8	0.45	-0.03	-0.41	0.02	-0.05
	Z9	0.45	-0.02	-0.41	0.02	-0.04
东人工岛	Z10	0.46	-0.04	-0.41	0.04	-0.08
	Z11	0.46	-0.02	-0.41	0.01	-0.03
青洲航道	Z12	0.46	-0.03	-0.42	0.02	-0.05
	Z13	0.46	-0.03	-0.42	0.02	-0.05
	Z14	0.45	-0.03	-0.42	0.02	-0.05
江海直达船航道	Z15	0.45	-0.02	-0.44	0.02	-0.04
	Z16	0.45	-0.02	-0.44	0.02	-0.04
	Z17	0.45	-0.02	-0.44	0.02	-0.04
九州航道	Z18	0.45	-0.02	-0.45	0.02	-0.04
	Z19	0.45	-0.02	-0.45	0.02	-0.04
	Z20	0.45	-0.02	-0.45	0.02	-0.04
珠澳口岸	Z21	0.45	-0.02	-0.46	0.02	-0.04
	Z22	0.45	-0.02	-0.45	0.02	-0.04
	Z23	0.45	-0.01	-0.45	0.02	-0.03

①在外伶仃水域，香港保安机场附近水域高高潮位降低了约 4 cm，低低潮位抬高了约 4 cm，潮差减小了约 8 cm；暗士顿水道站点高高潮位降低约 3 cm，低低潮位变化不大，潮差减少约 3 cm；珠海唐家湾高高潮位降低约 3 cm，低低潮位抬高约 2 cm，潮差减少约 5 cm；珠海香洲湾高高潮位降低约 3 cm，低低潮位抬高约 2 cm，潮差减少约 5 cm；九州港高高潮位降低约 2cm，低低潮位抬高约 1 cm，潮差减少约 3 cm；澳门机场附近水域高高潮位降低约 1 cm，低低潮位无变化，潮差减少约 1 cm；小潮期，大桥工程不影响桂山岛、黄茅岛和大万山岛高高潮位和低低潮位。

②在内伶仃水域，内伶仃岛站高高潮位降低了约 5 cm，低低潮位抬高了约 4 cm，潮差减小约 9 cm；金星门高高潮位降低约 4 cm，低低潮位抬高约 5 cm，潮差减少约 9 cm；赤湾高高潮位降低约 5 cm，低低潮位抬高约 4 cm，潮差减少约 9 cm；深圳保安机场高高潮位降低约 4 cm，低低潮位抬高约 6 cm，潮差减少约 10 cm；口门位置南沙港高高潮位降低约 5 cm，低低潮位抬高约 6 cm，潮差减少约 11 cm；横门高高潮位降低 8 cm，低低潮位抬高约 2 cm，潮差减少约 10 cm；大虎高高潮位降低约 5 cm，低低潮位则抬高 3 cm，潮差减少 8 cm。

③在工程附近水域，以东人工岛、西人工岛附近水域潮位变化幅度较大，如东人工岛、西人工岛上游端 Z10 和 Z1 取样点高高潮位降低了约 4 cm，低低潮位抬高了约 4 cm，潮差减少约 8 cm，两人工岛下游端潮差变化相对偏小，如 Z2 和 Z11 的潮差减少约 3 cm；隧道位置水域取样点（Z3 ~ Z9）潮差减少 4 ~ 5 cm，高高潮位减少幅度略大于低低潮位减少幅度；其他航道桥位置水域潮差减少 4 ~ 5 cm，且高高潮位减少幅度与低低潮位减少幅度基本相当。

（4）工程前后潮位变化总结。

根据以上大、中、小潮计算结果和分析可见，港珠澳大桥的建设对伶仃洋水域潮位影响较为显著，工程建成后，伶仃洋内潮位变化呈现以下特点：

①大桥工程对珠江口门外海的影响海域集中在黄茅岛—桂山岛

一线附近以北海域，且不会超过大万山岛。在大潮期，大桥工程对口门外海的影响距离明显大于中潮和小潮，且呈现仅影响低低潮位，不影响高高潮位的特点，如大潮期黄茅岛和桂山岛的高高潮位不变，低低潮位出现进一步的降低；在中潮和小潮时，大桥工程的影响尚未到达外海站点桂山岛、黄茅岛和大万山岛。

②从大桥工程走向沿线水域潮差变化来看，整体呈现东边潮差变化幅度大于西边的特点，且东人工岛、西人工岛及珠澳口岸人工岛附近潮差变化较大，其他位置水域潮差变化相对较小。

③珠澳口岸人工岛对紧邻的九州港在大潮期影响较小，但在中潮期和小潮期，九州港高高潮位略降低 1 cm 左右，而低低潮位则显著抬高 4 cm 左右，整体潮差减少约 5 cm；该口岸人工岛对其外海附近的澳门机场潮位整体影响不大。

④比较伶仃洋两个主要潮汐通道（大濠水道和暗士顿水道）潮位变化来看，暗士顿水道的潮差变化幅度整体大于大濠水道。两水道潮差减小幅度随潮型增大而增加。

⑤大桥工程的建成对伶仃洋潮位的影响趋势整体呈现高高潮位降低、低低潮位抬高的特点；且低低潮位抬高的幅度要明显大于高高潮位降低的幅度，如大潮期，香港机场位置水域高高潮位降低约 3 cm，而低低潮位则抬高了 6 cm；内伶仃站点的高高潮位位降低约 3 cm，低低潮位抬高约达 9 cm。因此，港珠澳大桥工程对伶仃洋水域低低潮位的影响更大。

⑥从大桥工程对伶仃洋海域潮位纵向影响幅度来看，潮差变化幅度呈现由南至北递加的特点，且潮型越大，该变化趋势越明显。如大潮期，香港机场水域潮差减少约 9 cm，内伶仃站点潮差减少约 12 cm，到深圳保安机场水域站点潮差减少约 15 cm。

⑦从横向来看，伶仃洋西边三口门（横门、洪奇门和蕉门）的潮差变化幅度整体大于东边虎门的潮差变化幅度，且通过本次大、中、小潮模拟计算和分析显示，最大潮差变化幅度出现在内伶仃洋水域的横门—南沙港—深圳保安机场一线水域。

根据对伶仃洋河口港珠澳大桥工程建成后的影响特点可见，由于大桥工程的影响，伶仃洋水域的潮差出现显著减小，由于伶仃洋呈现喇叭形河口形状，具有聚能和放大的作用，内伶仃洋水域的潮差减小幅度明显大于外伶仃洋水域，且低低潮位的抬升幅度要大于高高潮位的降低幅度，因此大桥的建设会对伶仃洋沿岸围垦区的潮排造成更大的影响，需要引起注意和重视。

第 4 章　珠江河口伶仃洋水域水体交换特性

4.1　水域水体交换研究概述

研究海域水体交换是评价海湾的物理自净能力和海湾环境质量的重要指标和手段，是合理开发利用海湾的重要基础。因此，国内外相关的研究成果较多。用于海湾水体交换计算和分析的方法主要有实测资料法、箱体模型法、拉格朗日质点法和对流－扩散型的水体交换法。早期研究成果主要基于实测资料，采用 Parker[96]、柏井诚[97]等所定义的海水交换率来衡量海湾的海水交换能力；如 Daviesa[98]运用实测资料分别计算了北海的净化时间。曾刚[99]采用半日潮流比较分析法，计算厦门港的余流，并引入海水“半交换周期”概念来计算海水交换率。但实测资料经常缺乏，且该方法仅适用于面积小且混合能力强的海湾，其应用受到了相当程度的限制。基于物质守恒的箱体模型是另一种早期应用较广泛的模型，该模型将海域分割为几个箱型，把水量和物质量的连续方程式作为基本条件式，并分别定义了箱体净化时间、物质存留时间和水体更新时间，该模型可以用于讨论海水交换的平均状况和较大物质移动及扩散的情况。但是，箱体模型前提是假设箱外的海水一旦流入箱内即与整个箱内海水充分混合，因此应用箱体模型估算海域的水体交换能力可能会偏高。拉格朗日质点法运用质点跟踪的方法标示出海域内外的水质点，统计通过某界面流出海域的质点数，采用这种方法计算水体交换率，一旦标志质点穿越设定的界线，则认为水体已经发生了交换。质点追踪模型能够刻画出海域内水交换的不均匀性，而且可以描述质点的去向和来源，但是拉格朗日质点追踪只考虑了由水体流动引起的对流输送作用，动力因子的垂向结构对水体混合弥散作用反映不足，无法刻画出垂直结构的差异，对混合扩散作用的效应则无法有效表达。

污染物通过对流输运和稀释扩散等物理过程与周围水体混合，与外海水交换，浓度降低，水质由此得到改善。因此，河口海湾水交换问题的本质是湾内水体在流场中的对流－扩散问题，采用对流－扩散型的数值模型从物理机制上更能反映海湾水交换的本质。但是模型是通过参数化的方法将垂向结构因子的水平扩散作用包纳在水平二维模型中，因此参数的选取对模拟的结果影响较大。

水交换问题主要关心的是湾内水在水平方向上的混合和弥散问题，但影响海湾水体的水平混合和弥散过程的因子中有许多是非水平二维的，如重力余环流、水体层化和潮振荡的垂向剪切等影响海湾水体的水平混合与弥散混合因子都是垂向结构的。一般来说，这些垂向结构的因子在河口和近岸海湾混合中是重要的（Fischer[100]，Dyer[101]，Chatwin[102]）。为了能正确地模拟海湾水体被湾外水置换的过程，水交换数值模型不但要能反映水平结构的水动力因子的混合作用，还要能反映上述垂向结构的动力因子对海湾水体混合和弥散的作用。但水交换数值模拟研究一般都需要长时间的连续模拟计算。从计算时间考虑，二维数值模型仍有很大的优越性。本书以溶解态保守物质为湾内水的示踪剂，提出了一种对流－扩散型的海湾水交换数值模型。通过模拟对流－扩散过程来研究海湾内、外水体的交换问题。数值模型是水平二维的，不能直接模拟重力余环流和潮振荡的垂向剪切等垂向结构的水动力混合因子。但模型通过参数化的方法将这些垂向结构因子的水平弥散作用包纳在水平二维模型中，从而既节约了计算量又正确地模拟了海湾内、外的水交换过程。

4.2 水域水体交换计算方法及水体交换边界选取

在建立二维潮流以及浓度对流－扩散数值模型以后，给定的湾内示踪剂的初始浓度假定为 $C(t_0)$，则湾内水在不同时刻被外海水置换的比率计算公式为：

$$R(x,y,t) = [C(t_0) - C(t)]/C(t_0) \tag{4-1}$$

相应余留在原位置未置换的水体比率为：

$$L(x,y,t) = 1 - R(x,y,t) = C(t)/C(t_0) \tag{4-2}$$

开边界上的湾内水示踪剂法向浓度梯度假定为零，固边界处示踪剂通量也假定为零。先运行潮流水动力数值模式部分，在水位和流场模拟计算稳定后再启动溶解态保守性湾内水示踪剂的对流－扩散数值模式。记录各计算点上湾内水示踪剂的浓度值 $C(t)$，并通过公式(4-1)计算湾内各点水体的置换率。

根据伶仃洋海域的潮段平均流速特征可以看到，以内伶仃岛为界，以北区域落潮流速大于涨潮流速，以南区域涨潮流速大于落潮流速；同时根据调查所得污染物中 COD 的分布区域来看，珠江河口伶仃洋水域 COD 含量变化幅度为 0.41 ~ 2.72 mg/L，平均值为 1.21 mg/L，西北部虎门和蕉门出口一带水域 COD 含量最高，平均为 2 mg/L，从虎门出口至内伶仃岛之间水域 COD 平均含量为 1.5 mg/L，从内伶仃岛至伶仃洋出口则逐渐减小，至香港大屿山以西一带水域和河口处桂山岛北侧水域则最低，说明伶仃洋海域 COD 的含量由西北向东南水域逐渐递减，且近岸水域含量大于远岸含量。主要原因是珠江河口西北部水域受虎门、蕉门、洪奇沥等径流影响以及沿岸生活污水和工业排污倾废所致。位于河口东南部一带水域离岸较远，且与南海相通，河口较宽，水体交换条件较好，COD 的含量相对较低。

因此，为充分说明大桥兴建前后伶仃洋海域各位置处的水体交换情况,将交换边界设置在赤湾—内伶仃—金星门一线,主要研究工程前后伶仃洋湾内的水体交换特征和变化情况,如图4-1所示。

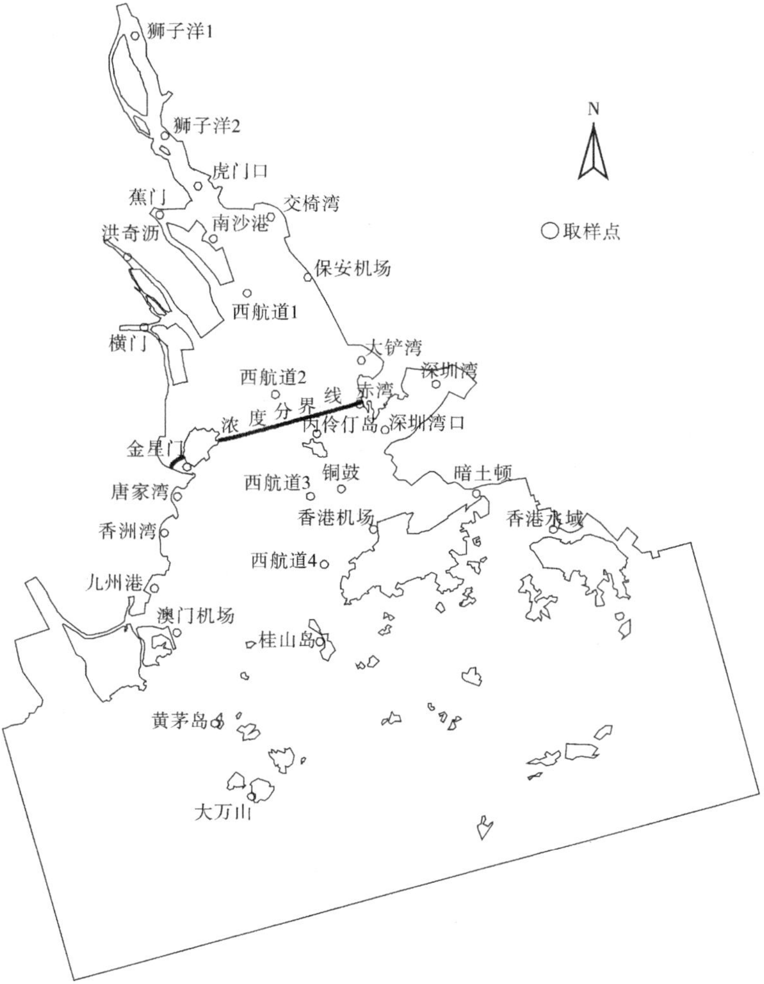

图4-1 示踪剂取样点分布图

4.3 水域水体交换扩散系数的选取分析

在局部河口海域，水体交换数值模型包括潮流动力模型和溶解态保守性水示踪剂的对流－扩散数学模型。两种数学模型中都存在扩散项和扩散系数，但潮流动力模型中的动量扩散项和示踪剂的对流－扩散数值模型中的扩散项在各自的模型中的地位和重要性完全不同。一般而言，潮流动力模型中的压强梯度力项总是比扩散项的量级大得多。因此，重力环流和潮振荡的垂向剪切效应对动量的水平扩散作用在整个流场模拟的作用不大，所以我们对潮流动力运动的扩散项不作特殊处理。但扩散项在河口海域内水示踪剂的对流－扩散方程中的情况则大不一样。由于水交换研究需要长时间的模拟计算，扩散项和扩散系数对最后的模拟计算结果的影响较大。

根据董礼先和苏纪兰[103]对象山港水交换数值模拟研究中取不同扩散系数得到的水体交换结果表明，当扩散系数取在某一范围内时，最终计算到的水域水体交换结果相差不大。鉴于有关珠江河口水域水体交换的扩散系数取值研究成果极为少见，为保证本研究的可靠性，此处分别选取扩散系数为 0.1 m^2/s、1.0 m^2/s、10.0 m^2/s 和 100.0 m^2/s，即扩散系数每次增大 10 倍，对 2005 年 1 月 4 日 18 时至 2 月 4 日 23 时一个月的水动力和污染物扩散进行了模拟计算。

模拟计算的外海边界条件采用实测值，水动力模型实际开始计算时间为 2005 年 1 月 1 日，在模拟计算 4 d 后的流场趋于稳定，即开始运行保守性物质输运模型，即根据上节分析，浓度初始场设置将赤湾—内伶仃—金星门一线以北水域示踪剂浓度场设为 1，以南水域设为 0，并在珠江河口门内外水域分别布置了若干取样观察点，如图 4-1 所示。总共模拟了 30 d 内珠江河口水域示踪剂浓度的变化情况，计算总耗时约 5 d。分别选取分界线以北水域中的狮子洋 1、虎门口、蕉门、南沙港、西航道 1 和西航道 2 等六个取样点，分析数学模型中扩散稀释选取对水域水体置换的影响，各取样点计算结果如表 4-1所示。

表 4-1　不同扩散系数下的取样点水体置换率　(%)

扩散系数(m^2/s)	取样位置	5 d	10 d	20 d	30 d
100.0	狮子洋 1	0	0.1	5.9	17.1
	虎门口	1.7	11.4	43.1	57.4
	蕉门	0.7	10.9	36.7	56.4
	南沙港	5.4	21.0	54.6	67.0
	西航道 1	29.5	36.2	84.2	83.5
	西航道 2	72.2	67.1	97.4	97.0
10.0	狮子洋 1	0	0	0.5	3.2
	虎门口	0.3	4.7	37.6	47.1
	蕉门	0	2.1	18.2	35.4
	南沙港	1.3	10.6	43.7	59.6
	西航道 1	23.1	31.4	93.9	85.1
	西航道 2	86.3	79.5	99.8	99.4
1.0	狮子洋 1	0	0	0.1	1.5
	虎门口	0.2	5.3	52.1	58.8
	蕉门	0	0.7	19.4	28.5
	南沙港	0.9	8.8	51.4	70.6
	西航道 1	20.5	33.7	95.5	88.4
	西航道 2	87.6	82.1	99.9	99.4
0.1	狮子洋 1	0	0	0.1	1.2
	虎门口	0.2	4.6	51.1	55.1
	蕉门	0.0	0.4	16.9	19.1
	南沙港	0.8	7.9	50.2	69.6
	西航道 1	20.3	33.0	95.9	87.6
	西航道 2	87.7	82.3	99.9	99.3

分析表 4-1 可得如下结论：

(1)扩散系数分别取 0.1 m^2/s、1.0 m^2/s、10.0 m^2/s 和 100 m^2/s

时，狮子洋 1 号取样点在 30 d 后的水体置换率分别为 1.2%、1.5%、3.2% 和 17.1%，显示扩散系数取值越大，得到的狮子洋水体置换率越快；并且，扩散系数取值在 0.1 ~ 10 m^2/s 时，模拟计算到狮子洋的水体置换率差别不大，取值 100.0 m^2/s 时，与前面结果相差较大，同时也说明污染物较难从狮子洋中输运到伶仃洋。

（2）扩散系数从 0.1 m^2/s 变化到 100.0 m^2/s，虎门口取样点第 30 天内的水体置换率分别是 55.1%、58.8%、47.1% 和 57.4%，相差不大，但在第 20 天时，扩散系数取值 0.1 m^2/s 和 1.0 m^2/s 时，水体置换率为 51.1% 和 52.1%，基本一致，取值 10.0 m^2/s 和 100.0 m^2/s 时，分别为 37.6% 和 43.1%，可见相差较大，第 5 天和第 10 天的变化趋势也基本一致。

（3）对蕉门取样点，扩散系数取值 0.1 m^2/s、1.0 m^2/s、10.0 m^2/s 和 100 m^2/s 时，第 20 天的水体置换率分别是 16.9%、19.4%、18.2% 和 36.7%，可见取值在 0.1 ~ 10.0 m^2/s 之间时，相差较小；第 30 天时，水体置换率分别为 19.1%、28.5%、35.4% 和 56.4%，随扩散系数增大，蕉门取样点水体置换率明显增大，且从 0.1 m^2/s 增大到 10.0 m^2/s，增大 100 倍时，该取样点水体置换率增大了 16.3 个百分点，从 10 m^2/s 变化到 100 m^2/s，增大 10 倍时，该取样点水体置换增大了 21.0 个百分点，显然扩散系数取值在 0.1 ~ 10.0 时，模拟计算到该取样点水体置换率较为接近。

（4）对南沙港取样点，扩散系数取值 0.1 m^2/s、1.0 m^2/s、10.0 m^2/s 和 100 m^2/s 时，第 10 天的水体置换率分别是 7.9%、8.8%、10.6% 和 21.0%，可见取值在 0.1 ~ 10 m^2/s 之间时相差很小，第 20 天和第 30 天时，各扩散系数取值下，计算得到的水体置换变化幅度在 10.0 个百分点以内。

（5）扩散系数的变化对伶仃洋主航道上的取样点西航道 1 和西航道 2 的水体交换率影响较小，可以看到，扩散系数从 0.1 m^2/s 变化到 100.0 m^2/s 时，30 天内，取样点西航道 1 的水体交换率分别是 87.6% 和 83.5%，取样点西航道 2 的水体交换率分别是 99.3% 和 97.0%，可见伶仃洋主潮汐通道水域水体置换率不受扩散系数取值的影响,且该两取样点水体置换率要远大于其他四个点,西航道2取样点由于靠近边界线,该取样点水体在20天的时间内基本可以完全置换。

总结以上计算结果和分析可见,靠近示踪剂浓度边界线的主潮汐通道水体的置换率基本不受扩散系数取值的影响,扩散系数的影响主要体现在远离伶仃洋主潮汐通道和示踪剂浓度分界线的水域,如狮子洋水域和西滩水域,且根据以上计算结果显示,浓度示踪剂数学模型中的扩散系数取值在0.1~10.0范围时,得到的各取样点水体置换率变化不大。因此,本次研究扩散系数取值为1.0。

必须指出的是,此处污染物扩散系数取值包含了三个方面的物理含义:一是由本次数学模型中截断误差及离散方法引起的扩散作用;二是包含有由于网格尺寸原因而不能模拟更小尺度的涡旋引起的扩散;三是由于二维水深平均数学模型不能模拟垂向弥散而造成的扩散作用。可见,水深平均二维浓度数学模型中的扩散系数取值不再是简单的物理含义,而是各因素综合作用的结果,采用不同的数学模型、离散方法、网格大小及水深地形等,得到扩散系数取值会不同。因此,此处选取的扩散系数取值更多是适应本次研究工况,若移植到其他数学模型或工况,则需要进行一定的分析和研究。

4.4 伶仃洋水域水体交换特性分析

采用建立的珠江河口水动力和示踪剂浓度输运数学模型及上节分析得到的扩散系数取值,对2005年1月4日18时至2月4日23时一个月时间内示踪剂在伶仃洋及部分外海水域的输运扩散过程进行了模拟计算,得到第5天、10天、20天和30天时涨急和落急条件下浓度分界线以北水域取样点的水体置换率和分界线以南水域取样点的示踪剂浓度,如表4-2和表4-3所示,并给出了涨落急时刻的浓度平面分布,如图4-2和图4-3所示。根据计算结果分析伶仃洋水域水体交换和污染物输运扩散特性如下:

(1)整体来看,各取样点涨急时刻的示踪剂浓度值要小于落急时刻，越靠近浓度分界线的取样点，该现象越明显，选取第 30 天后的计算结果为例，如分界线以北附近的西航道 1 取样点及远离分界线的虎门口取样点，在涨急时刻计算的水体置换率分别为 88.4% 和 58.8%，落急时刻的水体置换率则减小为 78.1% 和 51.3%；模拟计算示踪剂输运扩散时间越短，该现象越明显。

(2)计算显示，狮子洋水域水体置换极为缓慢，如狮子洋北端靠近东江北干流的狮子洋 1 号取样点，在涨急和落急，一个月内的水体置换率分别仅为 1.5% 和 0.5%，靠近虎门口门的狮子洋南端 2 号取样点一个月后涨急和落急的水体置换率也仅为 44.6% 和 39.3%；狮子洋是珠江河网水域的主要纳潮水域和潮汐通道，潮流在此呈往复运动，导致示踪剂浓度难以通过虎门口门向伶仃洋输运和扩散。

(3)比较东四口门位置取样点水体置换率计算结果可见，水体置换最快的是横门，其次分别是虎门口、蕉门和洪奇沥，一个月后的水体置换率涨急时分别是 93.7%、58.8%、28.5% 和 17.6%，落急时分别是 77.8%、51.3%、23.5% 和 12.3%；显示蕉门和洪奇沥水体置换较为缓慢。

(4)伶仃洋东滩水域从大铲湾北端至交椅湾水域的示踪剂浓度较难向外输运，如第 30 天后，交椅湾涨急和落急的水体置换率分别仅为 45.0% 和 43.0%，深圳保安机场水域涨急和落急的水体置换率也仅为 30.3% 和 27.8%，从第 30 天的示踪剂浓度平面分布图可见，示踪剂在深圳保安机场附近水域形成了一较高浓度的聚集区。大铲湾水体交换相对较快，涨急和落急的水体置换分别为 75.7% 和 71.4%，从浓度平面分布图显示，落潮时，有相当部分示踪剂被落潮流挟入该水域。

(5)计算显示第 30 天后，外伶仃以西水域位置的示踪剂浓度很小，如珠海唐家湾、香洲湾和九州港落潮时的示踪剂浓度分别仅为 0.1%、0.1% 和 0%；中部水域铜鼓水道上的铜鼓取样点示踪剂浓度在落潮时达到 1.7%，主要原因是，落潮时，从矾石水道挟带较高示踪剂浓度的部分潮流通过铜鼓水道流向伶仃洋西航道所致，同时导致香港机场水域的示踪剂浓度在第 30 天的落急时能达到 0.8%。

表 4-2　分界线以北水域取样点水体置换率　（%）

位置	取样点	涨急				落急			
		5 d	10 d	20 d	30 d	5 d	10 d	20 d	30 d
狮子洋	狮子洋 1	0.0	0.0	0.1	1.5	0.0	0.0	0.0	0.5
	狮子洋 2	0.0	2.2	33.2	44.6	0.0	0.4	17.0	39.3
东四口门	虎门口	3.9	14.5	52.1	58.8	0.2	5.3	34.2	51.3
	蕉门	0.0	1.7	19.4	28.5	0.0	0.7	7.6	23.5
	洪奇沥	0.0	0.2	8.1	17.6	0.0	0.0	1.9	12.3
	横门	13.4	25.3	86.6	93.7	12.3	12.4	40.7	77.8
内伶仃水域	南沙港	1.7	17.7	51.4	70.6	1.0	8.8	32.9	58.2
	交椅湾	0.3	9.4	23.2	45.0	0.2	5.6	19.2	43.0
	深圳保安机场	4.4	7.1	25.4	30.3	0.7	5.0	14.7	27.8
	大铲湾	41.7	45.3	69.5	75.7	27.7	43.4	60.3	71.4
	西航道 1	74.8	59.5	95.5	88.4	21.5	33.7	64.8	78.1
	西航道 2	99.6	97.6	99.9	99.4	92.7	82.1	91.2	97.4

表 4-3　分界线以南水域取样点示踪剂浓度　（%）

位置	取样点	涨急				落急			
		5 d	10 d	20 d	30 d	5 d	10 d	20 d	30 d
内伶仃水域	金星门	0.8	1.6	0.1	0.1	3.0	2.0	0.2	0.1
	内伶仃岛	1.1	3.9	1.3	2.0	2.0	4.1	3.8	2.8
	深圳湾	3.9	7.3	16.3	16.7	1.8	4.9	11.1	15.8
	深圳湾口	13.9	30.8	14.3	12.4	23.2	33.3	24.3	14.0
	赤湾	15.6	29.6	12.3	12.4	35.4	37.7	28.2	17.0

续表 4-3

位置	取样点	涨急				落急			
		5 d	10 d	20 d	30 d	5 d	10 d	20 d	30 d
外伶仃水域	铜鼓	0.1	2.0	0.2	0.4	0.6	5.5	3.0	1.7
	香港机场	0.2	2.1	0.5	0.5	0.5	3.0	1.8	0.8
	唐家湾	0.2	0.7	0.3	0.1	0.3	0.7	0.3	0.1
	香洲湾	0	0.1	0.1	0.1	0	0.1	0.2	0.1
	九州港	0	0	0	0	0	0	0	0
	澳门机场	0	0	0	0	0	0	0	0
	西航道 3	0.1	0.7	0.1	0.1	0.4	2.0	1.7	0.4
	西航道 4	0	0.4	0	0	0.1	1.0	0.6	0.1
	暗士顿水道	0	0.8	0.6	0.7	0	1.8	1.6	1.0
外海水域	香港水域	0	0	0	0	0	0	0	0
	桂山岛	0	0	0	0	0	0	0	0
	黄茅岛	0	0	0	0	0	0	0	0
	大万山岛	0	0	0	0	0	0	0	0

(6)深圳湾水域的示踪剂浓度变化趋势与其他位置水域变化趋势相反，如第 30 天，涨急时浓度为 16.7%，落急时为 15.8%，涨急时的示踪剂浓度大于落急；且该水域示踪剂浓度有逐渐升高的趋势，如深圳湾内取样点示踪剂浓度在 5 d、10 d、20 d 和 30 d 涨急时分别为 3.9%、7.3%、16.3% 和 16.7%，落急时分别为 1.8%、4.9%、11.1% 和 15.8%，其原因是深圳湾为一半封闭的较大水域，落潮时该湾水体随落潮流向外流出，导致湾内示踪剂浓度降低，涨潮时，部分挟带较高浓度示踪剂的水体在涨潮的作用下重新进入深圳湾，导致湾内示踪剂浓度升高，由于该湾的半封闭型，且受潮流往复运动，湾内示

踪剂不易向外输运扩散，导致湾内示踪剂有聚集的趋势，从而导致湾内水体示踪剂浓度逐渐升高。

（7）根据伶仃洋主潮汐通道布置的四个取样点（西航道1、西航道2、西航道3、西航道4）显示，潮汐通道水域的水体置换很快，示踪剂浓度能得到很快稀释；伶仃洋东部潮汐通道暗士顿水道位置示踪剂浓度在第10天落急时能达到最高1.8%，主要是随着时间推移，由落潮流携带下来的示踪剂浓度逐渐被稀释所致。

（8）珠江口门外海取样点结果显示，桂山岛站点、澳门机场、黄茅岛、大万山岛及香港水域站点的示踪剂浓度都始终为0，显示珠江口门外海水域不受影响。

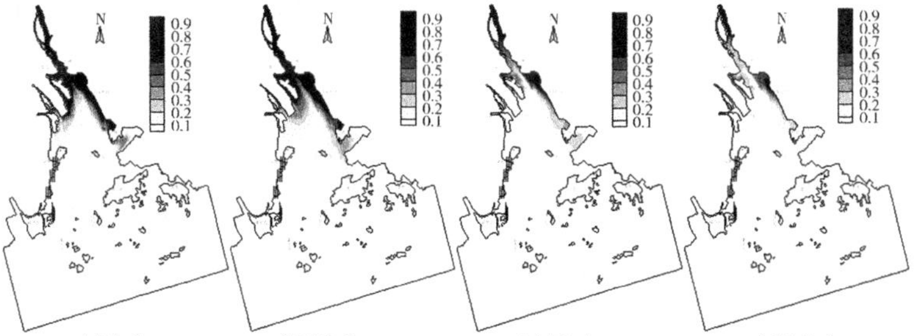

(a)5 d (b)10 d (c)20 d (d)30 d

图4-2 涨急时刻不同时间示踪剂浓度分布

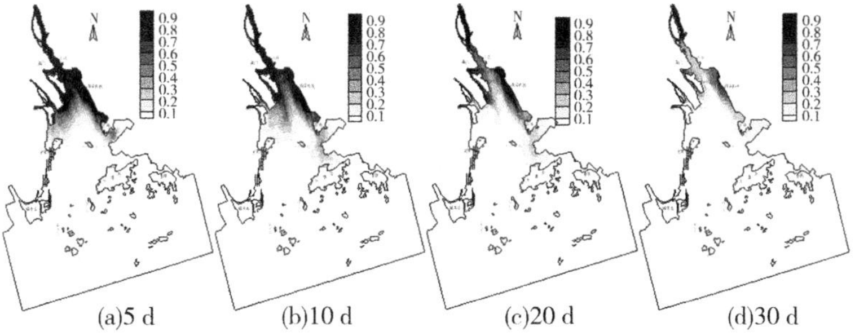

(a)5 d (b)10 d (c)20 d (d)30 d

图4-3 落急时刻不同时间示踪剂浓度分布

总结以上结果和分析可见，伶仃洋水域水体交换与示踪剂浓度的输运和扩散与伶仃洋海域的水动力环境和地形条件密切相关：

（1）由于伶仃洋的水深地形呈现“三滩两槽”的格局，潮汐水流主要通过西槽和东槽进入伶仃洋并深入到狮子洋及河网地区，且根据以往研究成果显示，通过西槽的潮量占伶仃洋纳潮量的85%左右。因此，伶仃洋的主潮汐通道西槽水域水体交换速度要远快于其他水域，这从涨急时的示踪剂浓度场平面分布图可以看出，低浓度水体以西槽轴线为中心呈锲型嵌入虎门口。

（2）从涨落潮时的示踪剂平面浓度分布可见，东四口门中，横门水体置换较快主要原因是：一方面横门距离浓度分界线较近，通过金星门进入的新鲜潮水顺着两者间的连通水道很容易直达横门口；另一方面是从其他水域进入横门口水域的示踪剂很少。因此，尽管虎门口门进潮量大，但由于虎门距浓度分界线较远，狮子洋中的高浓度示踪剂水体不断通过输运和扩散通过虎门口，对虎门口的水体置换影响很大。蕉门和洪奇沥取样点由于所处位置较为封闭，涨潮水体较难进入，因此水体置换缓慢。

（3）伶仃洋西滩水域水体示踪剂浓度落急时显著大于涨急，主要受到洪奇沥和蕉门南支流下泄高浓度示踪剂水体影响较大，但整体来看，由于西滩位置较为开阔，西滩的水体置换优于东滩。东滩水体置换缓慢的原因：一方面是伶仃洋东槽潮汐水流的隔离和往复运动，导致伶仃洋东滩水域示踪剂浓度不易向外海输移和扩散；另一方面，从狮子洋经虎门进入矾石水道的高浓度示踪剂水体对东滩水体影响较大。从涨落潮的浓度平面分布可以看出，东滩水域位置的交椅湾、深圳保安机场水域、大铲湾水域的示踪剂浓度始终保持在较高值。

总体来看，在模拟金星门—内伶仃岛—赤湾一线以北水域示踪剂浓度的输运扩散显示，狮子洋、虎门、蕉门、洪奇沥、东滩和大铲湾水域的水体置换较为缓慢，伶仃洋的其他水域如西滩、西槽和东槽水域的水体置换相对较快，水体交换较快的区域同时也是水域开阔及潮汐动力较强的水域。

4.5 港珠澳大桥对伶仃洋水域水体交换影响分析

4.5.1 计算工况及初始条件

模拟计算的外海边界条件采用实测值，对 2005 年 1 月 4 日 18 时至 2 月 4 日 23 时一个月的水动力和污染物扩散进行了模拟计算。水动力模型实际开始计算时间为 2005 年 1 月 1 日，在模拟计算 4 d 后的流场趋于稳定，即开始运行保守性物质输运模型。根据上节分析，如图 4-1 所示，将赤湾—内伶仃—金星门一线以北水域示踪剂浓度场设为 1，以南水域设为 0。总共模拟了 30 d 内珠江河口水域示踪剂浓度的变化情况，以此计算该水域各位置处的水体置换率，计算总耗时约 5 d。

分别选取狮子洋中的 2 个取样点、东四口门 4 个取样点、内伶仃水域中的 11 个取样点、外伶仃水域中的 9 个取样点和珠江口门外海区域 4 个取样点，得到第 5 天、10 天、20 天和 30 天时涨急和落急条件下，浓度分界线（如图 4-1 所示）以北水域取样点的水体置换率和分界线以南水域取样点的示踪剂浓度，如表 4-4 ~ 表 4-7 所示。

表 4-4　工程前后涨急时部分取样点水体置换比较　（%）

位置	取样点	5 d		10 d		20 d		30 d	
		置换率	变化值	置换率	变化值	置换率	变化值	置换率	变化值
狮子洋	狮子洋 1	0.0	0.0	0.0	0.0	0.2	0.1	2.1	0.7
	狮子洋 2	0.0	0.0	4.3	2.1	50.1	16.9	71.6	27.0
东四口门	虎门口	4.5	0.6	20.5	6.0	69.3	17.2	78.3	19.5
	蕉门	0.0	0.0	2.1	0.4	28.3	8.9	40.6	12.1
	洪奇沥	0.0	0.0	0.2	0.0	7.9	−0.2	16.4	−1.2
	横门	12.7	−0.7	44.8	19.5	80.3	−6.3	90.4	−3.3

续表 4-4

位置	取样点	5 d		10 d		20 d		30 d	
		置换率	变化值	置换率	变化值	置换率	变化值	置换率	变化值
内伶仃水域	南沙港	1. 5	-0. 2	17. 2	-0. 5	57. 3	5. 9	78. 4	7. 8
	交椅湾	0. 2	0. 0	8. 8	-0. 6	21. 2	-2. 0	41. 1	-3. 8
	保安机场	4. 0	-0. 4	7. 8	0. 7	35. 0	9. 6	46. 3	16. 0
	大铲湾	37. 5	-4. 2	42. 0	-3. 3	71. 2	1. 7	78. 3	2. 7
	西航道 1	72. 2	-2. 6	52. 0	-7. 5	96. 6	1. 1	96. 6	8. 3
	西航道 2	99. 3	-0. 3	94. 6	-3. 0	99. 9	0. 0	99. 5	0. 0

表 4-5　工程前后落急时部分取样点水体置换比较　　（%）

位置	取样点	5 d		10 d		20 d		30 d	
		置换率	变化值	置换率	变化值	置换率	变化值	置换率	变化值
狮子洋	狮子洋 1	0. 0	0. 0	0. 0	0. 0	0. 0	0. 0	0. 8	0. 3
	狮子洋 2	0. 0	0. 0	1. 1	0. 7	29. 6	12. 6	68. 8	29. 5
东四口门	虎门口	0. 2	0. 1	9. 3	4. 0	50. 4	16. 2	75. 5	24. 2
	蕉门	0. 0	0. 0	0. 9	0. 2	11. 4	3. 9	33. 1	9. 6
	洪奇沥	0. 0	0. 0	0. 1	0. 0	2. 2	0. 2	10. 5	-1. 8
	横门	11. 6	-0. 7	21. 8	9. 4	45. 2	4. 5	78. 3	0. 5
内伶仃水域	南沙港	0. 7	-0. 3	11. 6	2. 8	45. 6	12. 7	69. 5	11. 3
	交椅湾	0. 2	0. 0	5. 1	-0. 4	16. 4	-2. 9	41. 8	-1. 2
	保安机场	0. 6	-0. 1	5. 4	0. 4	18. 8	4. 1	36. 5	8. 6
	大铲湾	23. 0	-4. 7	41. 6	-1. 9	62. 3	1. 9	74. 4	3. 0
	西航道 1	18. 7	-2. 8	30. 2	-3. 4	68. 3	3. 5	88. 7	10. 6
	西航道 2	90. 2	-2. 4	71. 9	-10. 2	91. 0	-0. 1	98. 3	0. 9

表 4-6　分界线以南水域取样点涨急时工程前后示踪剂浓度变化

（%）

位置	取样点	5 d		10 d		20 d		30 d	
		浓度	变化值	浓度	变化值	浓度	变化值	浓度	变化值
内伶仃水域	金星门	0.7	−0.1	2.5	1.0	0.1	0.0	0.1	0.0
	内伶仃岛	2.1	1.0	4.9	1.0	2.8	1.4	3.4	1.4
	深圳湾	5.9	2.0	7.8	0.5	15.9	−0.4	16.6	−0.1
	深圳湾口	18.1	4.2	33.6	2.8	18.6	4.3	15.3	2.9
	赤湾	19.5	3.9	30.8	1.3	16.8	4.4	14.8	2.4
外伶仃水域	铜鼓	0.3	0.1	3.7	1.8	0.6	0.3	0.6	0.2
	香港机场	0.4	0.2	3.4	1.2	1.1	0.6	0.8	0.3
	唐家湾	0.3	0.1	0.8	0.1	0.3	0.0	0.1	0.0
	香洲湾	0.0	0.0	0.2	0.1	0.2	0.1	0.1	0.0
	九州港	0.0	0.0	0.0	0.0	0.0	0.0	0.0	0.0
	澳门机场	0.0	0.0	0.0	0.0	0.0	0.0	0.0	0.0
	西航道 3	0.1	0.0	1.2	0.5	0.2	0.1	0.2	0.1
	西航道 4	0.0	0.0	0.6	0.3	0.1	0.1	0.1	0.0
	暗士顿水道	0.0	0.0	1.2	0.4	1.0	0.4	1.4	0.7
外海水域	香港水域	0.0	0.0	0.0	0.0	0.1	0.1	0.1	0.1
	桂山岛	0.0	0.0	0.0	0.0	0.0	0.0	0.0	0.0
	黄茅岛	0.0	0.0	0.0	0.0	0.0	0.0	0.0	0.0
	大万山岛	0.0	0.0	0.0	0.0	0.0	0.0	0.0	0.0

表 4-7　分界线以南水域取样点落急时工程前后示踪剂浓度变化

（%）

位置	取样点	5 d		10 d		20 d		30 d	
		浓度	变化值	浓度	变化值	浓度	变化值	浓度	变化值
内伶仃水域	金星门	3.4	0.4	3.3	1.2	1.0	0.7	0.1	0.0
	内伶仃岛	3.9	1.9	4.8	0.7	4.8	1.0	5.0	2.1
	深圳湾	2.7	0.8	4.8	-0.1	9.6	-1.5	15.7	-0.1
	深圳湾口	30.2	7.0	36.4	3.2	25.9	1.6	16.8	2.8
	赤湾	43.3	7.9	39.3	1.6	27.3	-0.9	17.5	0.5
外伶仃水域	铜鼓	1.2	0.6	8.3	2.8	7.7	4.7	2.5	0.8
	香港机场	0.9	0.4	4.5	1.5	4.0	2.3	1.5	0.6
	唐家湾	0.4	0.1	0.8	0.1	0.3	0.0	0.2	0.0
	香洲湾	0.0	0.0	0.2	0.1	0.2	0.1	0.1	0.0
	九州港	0.0	0.0	0.0	0.0	0.0	0.0	0.0	0.0
	澳门机场	0.0	0.0	0.0	0.0	0.0	0.0	0.0	0.0
	西航道 3	0.7	0.3	2.8	0.8	2.5	0.8	1.0	0.5
	西航道 4	0.1	0.1	2.0	1.0	2.1	1.5	0.2	0.1
	暗士顿水道	0.1	0.0	3.3	1.5	3.6	2.0	1.8	0.8
外海水域	香港水域	0.0	0.0	0.0	0.0	0.0	0.0	0.1	0.1
	桂山岛	0.0	0.0	0.0	0.0	0.0	0.0	0.0	0.0
	黄茅岛	0.0	0.0	0.0	0.0	0.0	0.0	0.0	0.0
	大万山岛	0.0	0.0	0.0	0.0	0.0	0.0	0.0	0.0

4.5.2 工程对分界线以北水域水体交换影响

（1）第 5 天时，涨急和落急条件下，伶仃洋水域示踪剂浓度相对于工程前出现整体增大趋势，即水体置换率出现整体减小趋势，但对狮子洋、蕉门、洪奇沥及交椅湾水域暂无影响；在涨急和落急时，虎门口取样点水体置换率略有增大，南沙港和深圳保安机场水域的水体置换率略有减小，大铲湾水域的水体置换率分别减少了 4.2% 和 4.7%，作为主潮汐通道的西航道 1 取样点水体置换率分别减少了 2.6% 和 2.8%，西航道 2 取样点水体置换率分别减少了 0.3% 和 2.4%。

（2）第 10 天时，以伶仃洋西槽为界，西侧水域包括西滩及洪奇沥和横门口在内，示踪剂浓度呈整体增大趋势。如西航道 1 和西航道 2 取样点涨急时的水体置换率减少 7.5% 和 3.0%，落急时减少 3.4% 和 10.2%；西槽以东水域的矾石水道及从虎门口进入狮子洋的部分潮汐通道水域的水体置换率有所增加；但东滩水域的水体置换率略有减少，如交椅湾和大铲湾取样点在涨急时的水体置换率分别减少了 0.6% 和 3.3%，落急时减少了 0.4% 和 1.9%。

（3）第 20 天时，整体来看，从大铲湾南端至万顷沙南端连线以北水域的水体置换率呈现增加趋势（交椅湾除外），以南水域水体置换率呈现减小趋势；潮汐主通道位置的虎门口和狮子洋 2 号取样点水体置换率提高较大；东滩水域的交椅湾水体置换率在涨急和落急时分别减小 2.0% 和 2.9%。

（4）第 30 天时，与第 20 天时的变化趋势基本相同，从大铲湾南端至万顷沙南端连线以北水域的水体置换率依然呈现增加趋势（交椅湾除外），以南水域如西槽西侧水域基本无变化，东滩交椅湾水域涨急和落急水体置换率仍然分别减小 3.8% 和 1.2%。

4.5.3 工程对分界线以南水域水体交换影响

（1）第 5 天时，示踪剂浓度呈现整体增大趋势，如内伶仃岛、深圳湾口和赤湾取样点在涨急时的示踪剂浓度分别增加了 1.0%、4.2%和 3.9%，落急时分别增加了 1.9%、7.0%和 7.9%；外伶仃水域中的铜鼓、香港机场及珠海唐家湾取样点在涨急和落急时的示踪剂浓度略有增加，但都不超过 1.0%；对外海水域无影响。

(2)第 10 天时，示踪剂浓度呈现整体增加趋势，其中尤以西槽东侧水域（如大铲湾、深圳湾口、暗士顿水道、铜鼓水道、香港机场水域）和西滩南端部分水域示踪剂浓度增加较为明显，如金星门和赤湾取样点在涨急时的示踪剂浓度分别增加了 1.0%和 1.3%，落急时分别增加了 1.2%和 1.6%；外伶仃水域中，铜鼓和香港机场取样点涨急时示踪剂浓度增加了 1.8%和 1.2%，落急时增加了 2.8%和 1.5%，其他取样点如珠海唐家湾、香洲湾、西航道 3 和西航道 4 位置示踪剂浓度也有所增加，但都不超过 1.0%；对外海水域无影响。

(3)第 20 天时，西航道以东水域示踪剂浓度呈现总体增加趋势，以西水域增加趋势不明显，其中靠近浓度分界线位置水域浓度增加幅度较大；如内伶仃岛和深圳湾口取样点在涨急时示踪剂浓度分别增加了 1.4%和 4.3%，落急时增加 1.0%和 1.6%；外伶仃水域中，涨急时各取样点示踪剂浓度增加幅度较小，都不超过 1.0%，落急时则增加幅度较为明显，如铜鼓、香港机场、西航道 4 和暗士顿水道取样点的示踪剂浓度分别增加了 4.7%、2.3%、1.5%和 2.0%；对外海水域无影响。

(4)第 30 天时，基本与第 20 天的变化规律一致，西航道以东水域示踪剂浓度呈现总体增加趋势，以西水域增加趋势不明显，靠近浓度分界线位置水域浓度增加幅度较大；外伶仃水域中，涨急和落急时各取样点示踪剂浓度增加幅度较小，且都不超过 1.0%；对外海水域无影响。

4.5.4 工程对伶仃洋水域水体交换特性分析

根据以上对工程前后浓度分界线北侧水域的水体置换率和南侧示踪剂浓度输运扩散变化特性分析可见：

（1）港珠澳大桥工程建成后，示踪剂模拟计算输运扩散的前5 d时间内，大桥以北伶仃洋水域示踪剂浓度呈现显著增加趋势，水体置换速率出现下降，即大桥工程显著阻碍了伶仃洋与以口门外海的水体交换。

（2）示踪剂模拟计算输运扩散10 d时间内，大桥以北伶仃洋水域中，虎门水道及矾石水道部分水域显示水体置换有所加强，但大部分水域如西滩、大铲湾、西槽主航道、铜鼓、香港机场和暗士顿水道等水体置换率仍呈现下降趋势。

（3）示踪剂模拟计算输运扩散的20 d时间之后，显示伶仃洋水域中，从大铲湾南端至万顷沙南端连线以北水域水体置换率有显著提高，以南水域中，西槽东侧如铜鼓、香港机场、暗士顿水道、深圳湾口门水域示踪剂浓度呈现增加趋势，西侧靠近珠海及澳门水域无变化。

（4）从涨急和落急时伶仃洋示踪剂浓度变化显示，大桥对伶仃洋内示踪剂向外输运的影响在落急时要显著大于涨急。

（5）结果分析显示，大桥工程建成后，在一定程度上加强了内伶仃洋中主潮汐通道上的虎门水道及西槽部分水域的水体交换，但削弱了包括西滩、铜鼓、香港机场及暗士顿水道等其他水域与外海的水体交换能力；伶仃洋东滩交椅湾内的水体置换率始终呈现下降趋势，湾内示踪剂浓度难以向外输运和扩散。

总体来看，港珠澳大桥的建设在一定程度上减缓了伶仃洋水域与外海的水体交换能力，该现象在伶仃洋水域示踪剂向外输运扩散的初期尤为明显，因此不利于伶仃洋东四口门污染物的稀释和扩散，需要引起关注和重视。

第5章　珠江河口磨刀门水道水动力环境特性

5.1　潮位变化特性

为分析磨刀门水道冬季枯水季节的最新潮汐和潮流情况，2009年12月10～25日（农历十月二十四日至十一月十日），对磨刀门水道上至竹银，下至磨刀门口门（大横琴水文站以南约3.9 km）之间近40 km的磨刀门水道中的8个站点在12月的潮位、流速和盐度进行了逐时测量（见图5-1），并对实测数据进行了分析，其中1#测点位于

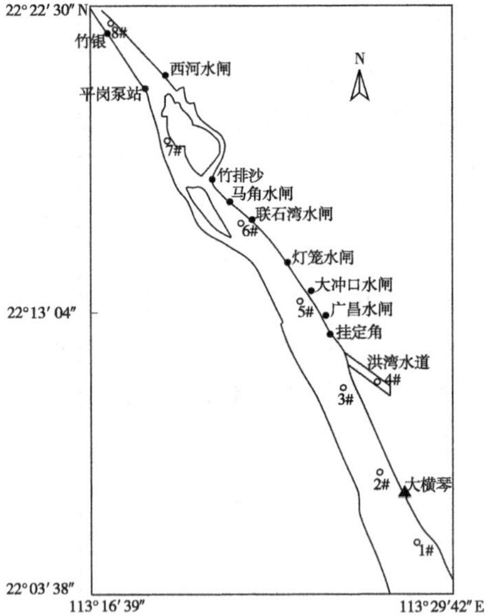

图5-1　磨刀门水道实测站点分布图

磨刀门口门位置,距大横琴水文站以南约 3. 8 km,8#站点位于竹银,4#站点布置在洪湾水道内。

表 5-1 ~ 表 5-9 统计了 1# ~ 8#实测站点潮位特征值。其中,1#实测点位于磨刀门口门,直接反映外海潮动力的大小,4#站点布置在洪湾水道。测量时间从农历十月二十四日至十一月十日,根据实测数据以及对应农历日期,测量日期是从小潮开始,至下一个小潮结束,基本能反应磨刀门口门半月潮周期的特性。其中,具有日潮完整逐时实测数据为农历十月二十五日至十一月九日,此处主要对具有完整日潮逐时实测数据的天数进行分析。

表 5-1　2009 年 12 月实测站点特征潮位

实测站点	最高潮位		最低潮位		平均高潮位(m)	平均低潮位(m)	最大潮差(m)	平均潮差(m)
	潮位值(m)	出现时间(农历)	潮位值(m)	出现时间(农历)				
1#	1. 067	十一月一日 22 时	-1. 098	十一月一日 5 时	0. 565	-0. 669	2. 165	1. 153
2#	1. 045	十一月一日 22 时	-1. 066	十一月一日 6 时	0. 559	-0. 653	2. 111	1. 119
3#	1. 019	十一月一日 22 时	-1. 048	十一月一日 6 时	0. 553	-0. 647	2. 067	1. 101
4#	1. 022	十一月一日 22 时	-1. 05	十一月一日 6 时	0. 554	-0. 647	2. 072	1. 101
5#	0. 996	十一月一日 23 时	-1. 028	十一月一日 6 时	0. 547	-0. 649	2. 024	1. 099
6#	1. 003	十一月二日 0 时	-1. 012	十一月一日 7 时	0. 543	-0. 639	2. 015	1. 097
7#	1. 029	十一月二日 0 时	-0. 956	十一月一日 7 时	0. 541	-0. 595	1. 985	1. 071
8#	1. 06	十一月二日 0 时	-0. 891	十一月一日 7 时	0. 565	-0. 545	1. 931	1. 030

表 5-2　2009 年 12 月实测潮位特征值(1#)

日期	农历	最高潮位（m）	最低潮位（m）	平均高潮位（m）	平均低潮位（m）	最大潮差（m）	平均潮差（m）
12 月 11 日	十月二十五日	0. 514	-0. 622	0. 27	-0. 496	1. 136	0. 766
12 月 12 日	十月二十六日	0. 687	-0. 45	0. 361	-0. 402	1. 137	0. 764
12 月 13 日	十月二十七日	0. 797	-0. 638	0. 38	-0. 463	1. 435	0. 843
12 月 14 日	十月二十八日	0. 974	-0. 879	0. 477	-0. 527	1. 853	1. 004
12 月 15 日	十月二十九日	0. 999	-0. 772	0. 565	-0. 441	1. 771	1. 006
12 月 16 日	十一月一日	1. 067	-1. 098	0. 484	-0. 669	2. 165	1. 153
12 月 17 日	十一月二日	0. 986	-0. 966	0. 499	-0. 573	1. 952	1. 072
12 月 18 日	十一月三日	0. 979	-0. 987	0. 464	-0. 594	1. 966	1. 058
12 月 19 日	十一月四日	0. 946	-0. 924	0. 483	-0. 532	1. 87	1. 015
12 月 20 日	十一月五日	0. 946	-0. 924	0. 424	-0. 533	1. 87	0. 958
12 月 21 日	十一月六日	0. 834	-0. 991	0. 373	-0. 56	1. 825	0. 933
12 月 22 日	十一月七日	0. 737	-0. 827	0. 371	-0. 463	1. 564	0. 835
12 月 23 日	十一月八日	0. 627	-0. 837	0. 282	-0. 516	1. 464	0. 798
12 月 24 日	十一月九日	0. 381	-0. 815	0. 197	-0. 521	1. 196	0. 718

表 5-3　2009 年 12 月实测潮位特征值(2#)

日期	农历	最高潮位（m）	最低潮位（m）	平均高潮位（m）	平均低潮位（m）	最大潮差（m）	平均潮差（m）
12 月 11 日	十月二十五日	0.496	-0.621	0.258	-0.489	1.117	0.746
12 月 12 日	十月二十六日	0.665	-0.463	0.348	-0.412	1.128	0.76
12 月 13 日	十月二十七日	0.775	-0.641	0.368	-0.466	1.416	0.834
12 月 14 日	十月二十八日	0.956	-0.854	0.468	-0.517	1.81	0.985
12 月 15 日	十月二十九日	0.974	-0.756	0.559	-0.433	1.73	0.992
12 月 16 日	十一月一日	1.045	-1.066	0.465	-0.653	2.111	1.119
12 月 17 日	十一月二日	0.952	-0.932	0.48	-0.557	1.884	1.038
12 月 18 日	十一月三日	0.954	-0.965	0.448	-0.583	1.919	1.03
12 月 19 日	十一月四日	0.954	-0.88	0.487	-0.51	1.834	0.997
12 月 20 日	十一月五日	0.928	-0.906	0.42	-0.53	1.834	0.95
12 月 21 日	十一月六日	0.816	-0.95	0.363	-0.54	1.766	0.903
12 月 22 日	十一月七日	0.728	-0.818	0.363	-0.452	1.546	0.816
12 月 23 日	十一月八日	0.605	-0.833	0.273	-0.511	1.438	0.784
12 月 24 日	十一月九日	0.359	-0.809	0.184	-0.514	1.168	0.698

表 5-4 2009 年 12 月实测潮位特征值(3#)

日期	农历	最高潮位（m）	最低潮位（m）	平均高潮位（m）	平均低潮位（m）	最大潮差（m）	平均潮差（m）
12 月 11 日	十月二十五日	0.474	−0.629	0.242	−0.491	1.103	0.734
12 月 12 日	十月二十六日	0.639	−0.478	0.335	−0.423	1.117	0.758
12 月 13 日	十月二十七日	0.749	−0.656	0.359	−0.475	1.405	0.834
12 月 14 日	十月二十八日	0.934	−0.853	0.457	−0.521	1.787	0.978
12 月 15 日	十月二十九日	0.945	−0.738	0.553	−0.424	1.683	0.978
12 月 16 日	十一月一日	1.019	−1.048	0.453	−0.647	2.067	1.101
12 月 17 日	十一月二日	0.928	−0.902	0.467	−0.55	1.83	1.017
12 月 18 日	十一月三日	0.928	−0.939	0.441	−0.571	1.867	1.011
12 月 19 日	十一月四日	0.937	−0.88	0.479	−0.51	1.817	0.989
12 月 20 日	十一月五日	0.917	−0.884	0.42	−0.528	1.801	0.948
12 月 21 日	十一月六日	0.794	−0.95	0.352	−0.54	1.744	0.892
12 月 22 日	十一月七日	0.717	−0.807	0.36	−0.44	1.524	0.799
12 月 23 日	十一月八日	0.579	−0.848	0.261	−0.514	1.427	0.776
12 月 24 日	十一月九日	0.351	−0.801	0.18	−0.507	1.152	0.687

表 5-5　2009 年 12 月实测潮位特征值(4#)

日期	农历	最高潮位(m)	最低潮位(m)	平均高潮位(m)	平均低潮位(m)	最大潮差(m)	平均潮差(m)
12 月 11 日	十月二十五日	0.476	-0.628	0.244	-0.489	1.104	0.733
12 月 12 日	十月二十六日	0.642	-0.476	0.336	-0.422	1.118	0.758
12 月 13 日	十月二十七日	0.752	-0.654	0.36	-0.474	1.406	0.834
12 月 14 日	十月二十八日	0.936	-0.852	0.458	-0.52	1.788	0.978
12 月 15 日	十月二十九日	0.948	-0.74	0.554	-0.425	1.688	0.979
12 月 16 日	十一月一日	1.022	-1.05	0.454	-0.647	2.072	1.101
12 月 17 日	十一月二日	0.93	-0.9	0.468	-0.548	1.83	1.016
12 月 18 日	十一月三日	0.93	-0.942	0.441	-0.571	1.872	1.012
12 月 19 日	十一月四日	0.938	-0.88	0.479	-0.51	1.818	0.989
12 月 20 日	十一月五日	0.918	-0.886	0.42	-0.528	1.804	0.948
12 月 21 日	十一月六日	0.796	-0.95	0.353	-0.54	1.746	0.893
12 月 22 日	十一月七日	0.718	-0.808	0.36	-0.441	1.526	0.801
12 月 23 日	十一月八日	0.582	-0.846	0.263	-0.514	1.428	0.777
12 月 24 日	十一月九日	0.352	-0.802	0.18	-0.506	1.154	0.686

表 5-6　2009 年 12 月实测潮位特征值(5#)

日期	农历	最高潮位（m）	最低潮位（m）	平均高潮位（m）	平均低潮位（m）	最大潮差（m）	平均潮差（m）
12 月 11 日	十月二十五日	0. 46	-0. 637	0. 232	-0. 516	1. 097	0. 747
12 月 12 日	十月二十六日	0. 611	-0. 494	0. 321	-0. 436	1. 105	0. 756
12 月 13 日	十月二十七日	0. 723	-0. 681	0. 35	-0. 496	1. 404	0. 846
12 月 14 日	十月二十八日	0. 928	-0. 865	0. 454	-0. 531	1. 793	0. 985
12 月 15 日	十月二十九日	0. 912	-0. 744	0. 547	-0. 427	1. 656	0. 974
12 月 16 日	十一月一日	0. 996	-1. 028	0. 45	-0. 649	2. 024	1. 099
12 月 17 日	十一月二日	0. 908	-0. 922	0. 455	-0. 568	1. 83	1. 023
12 月 18 日	十一月三日	0. 908	-0. 945	0. 436	-0. 584	1. 853	1. 02
12 月 19 日	十一月四日	0. 925	-0. 88	0. 474	-0. 51	1. 805	0. 984
12 月 20 日	十一月五日	0. 905	-0. 869	0. 42	-0. 53	1. 774	0. 951
12 月 21 日	十一月六日	0. 777	-0. 95	0. 344	-0. 542	1. 727	0. 886
12 月 22 日	十一月七日	0. 707	-0. 795	0. 361	-0. 443	1. 502	0. 804
12 月 23 日	十一月八日	0. 582	-0. 864	0. 265	-0. 528	1. 446	0. 793
12 月 24 日	十一月九日	0. 343	-0. 826	0. 18	-0. 529	1. 169	0. 709

表 5-7 2009 年 12 月实测潮位特征值(6#)

日期	农历	最高潮位(m)	最低潮位(m)	平均高潮位(m)	平均低潮位(m)	最大潮差(m)	平均潮差(m)
12 月 11 日	十月二十五日	0.475	-0.617	0.242	-0.503	1.092	0.745
12 月 12 日	十月二十六日	0.629	-0.492	0.334	-0.436	1.121	0.77
12 月 13 日	十月二十七日	0.733	-0.677	0.361	-0.494	1.41	0.855
12 月 14 日	十月二十八日	0.941	-0.847	0.463	-0.518	1.788	0.982
12 月 15 日	十月二十九日	0.887	-0.724	0.543	-0.405	1.611	0.949
12 月 16 日	十一月一日	1.003	-1.012	0.458	-0.639	2.015	1.097
12 月 17 日	十一月二日	1.003	-0.887	0.501	-0.544	1.89	1.046
12 月 18 日	十一月三日	0.913	-0.918	0.446	-0.57	1.831	1.015
12 月 19 日	十一月四日	0.933	-0.845	0.486	-0.485	1.778	0.971
12 月 20 日	十一月五日	0.911	-0.852	0.425	-0.523	1.763	0.949
12 月 21 日	十一月六日	0.788	-0.912	0.35	-0.523	1.7	0.873
12 月 22 日	十一月七日	0.725	-0.787	0.378	-0.437	1.512	0.815
12 月 23 日	十一月八日	0.596	-0.838	0.274	-0.511	1.434	0.785
12 月 24 日	十一月九日	0.331	-0.823	0.179	-0.524	1.154	0.703

表 5-8　2009 年 12 月实测潮位特征值(7#)

日期	农历	最高潮位（m）	最低潮位（m）	平均高潮位（m）	平均低潮位（m）	最大潮差（m）	平均潮差（m）
12 月 11 日	十月二十五日	0.505	-0.61	0.267	-0.479	1.115	0.746
12 月 12 日	十月二十六日	0.666	-0.478	0.362	-0.42	1.144	0.782
12 月 13 日	十月二十七日	0.759	-0.657	0.384	-0.475	1.416	0.858
12 月 14 日	十月二十八日	0.964	-0.829	0.48	-0.497	1.793	0.978
12 月 15 日	十月二十九日	0.864	-0.671	0.541	-0.362	1.535	0.903
12 月 16 日	十一月一日	1.029	-0.956	0.475	-0.595	1.985	1.071
12 月 17 日	十一月二日	1.029	-0.814	0.519	-0.489	1.843	1.008
12 月 18 日	十一月三日	0.939	-0.855	0.465	-0.528	1.794	0.994
12 月 19 日	十一月四日	0.959	-0.797	0.505	-0.455	1.756	0.96
12 月 20 日	十一月五日	0.934	-0.796	0.437	-0.49	1.73	0.927
12 月 21 日	十一月六日	0.802	-0.86	0.363	-0.491	1.662	0.855
12 月 22 日	十一月七日	0.755	-0.743	0.405	-0.402	1.498	0.806
12 月 23 日	十一月八日	0.607	-0.806	0.282	-0.481	1.413	0.762
12 月 24 日	十一月九日	0.345	-0.79	0.191	-0.493	1.135	0.683

表 5-9 2009 年 12 月实测潮位特征值(8#)

日期	农历	最高潮位(m)	最低潮位(m)	平均高潮位(m)	平均低潮位(m)	最大潮差(m)	平均潮差(m)
12 月 11 日	十月二十五日	0. 54	-0. 61	0. 295	-0. 485	1. 15	0. 78
12 月 12 日	十月二十六日	0. 709	-0. 46	0. 394	-0. 405	1. 169	0. 799
12 月 13 日	十月二十七日	0. 809	-0. 67	0. 42	-0. 47	1. 479	0. 89
12 月 14 日	十月二十八日	0. 99	-0. 82	0. 505	-0. 48	1. 81	0. 985
12 月 15 日	十月二十九日	0. 89	-0. 64	0. 565	-0. 335	1. 53	0. 9
12 月 16 日	十一月一日	1. 04	-0. 891	0. 485	-0. 545	1. 931	1. 03
12 月 17 日	十一月二日	1. 06	-0. 771	0. 55	-0. 466	1. 831	1. 016
12 月 18 日	十一月三日	0. 97	-0. 81	0. 49	-0. 495	1. 78	0. 985
12 月 19 日	十一月四日	0. 99	-0. 741	0. 53	-0. 42	1. 731	0. 951
12 月 20 日	十一月五日	0. 96	-0. 74	0. 46	-0. 455	1. 7	0. 915
12 月 21 日	十一月六日	0. 82	-0. 82	0. 385	-0. 465	1. 64	0. 85
12 月 22 日	十一月七日	0. 79	-0. 691	0. 435	-0. 365	1. 481	0. 8
12 月 23 日	十一月八日	0. 62	-0. 78	0. 305	-0. 455	1. 4	0. 76
12 月 24 日	十一月九日	0. 38	-0. 77	0. 215	-0. 465	1. 15	0. 68

(1)根据口门 1#站点潮位实测数据，本次测量的大潮出现时间在农历二〇〇九年十一月一日，最高潮位为 1. 067 m，最低潮位为 -1. 098 m，最大潮差达 2. 165 m，平均高潮位为 0. 565 m，平均低潮位

为 -0.669 m，平均潮差为 1.153 m；该值大于 2000 ~ 2004 年统计[108]到的大横琴站位的平均高潮位 0.310 m 和平均低潮位 -0.614 m。

(2)根据磨刀门水道从口门 1#站点至上游 8#站点的潮位数据比较来看，1#和 8#站点最高潮位分别为 1.067 m 和 1.060 m，平均高潮位都是 0.565 m，平均低潮位分别是 -0.669 m 和 -0.545 m，变化不大，显示涨潮时磨刀门水道潮位主要由涨潮流控制，径流影响可以忽略不计；最低潮位分别为 -1.098 m 和 -0.891 m，呈逐渐抬高趋势，显示落潮时径流对水位影响较大。

(3)从最高潮位和最低潮位出现时间点来看，1#站点最高潮位和最低潮位出现时间分别是农历十一月一日 22 时和 5 时，8#站点最高和最低潮位出现时间分别是农历十一月二日 0 时和十一月一日 7 时，显示上游 8#站点的最高潮位和最低潮位出现时间比口门 1#站点平均晚约 2 h，大潮一般出现在 22 时左右，小潮一般出现在 6 时左右。

(4)从潮差变化来看，磨刀门水道从口门向上游方向潮差呈依次减小的趋势，如口门 1#站点的最大潮差和平均潮差分别为 2.165 m 和 1.153 m，上游 8#站点的最大潮差和平均潮差分别为 1.931 m 和 1.030 m，显示潮流在沿磨刀门水道上溯的过程中潮动力在逐渐减弱。

(5)洪湾水道 4#站点最高潮位和最低潮位分别为 1.022 m 和 -1.050 m，最大潮差和平均潮差达到 2.072 m 和 1.101 m，显示该水道受涨落潮流影响很大。由于该水道是磨刀门水道临近口门的一个重要分支，因此在探讨磨刀门水道的水流及盐水入侵特性时，需要予以考虑其影响。

总体来看，根据本次实测磨刀门水道枯季沿程水位来看，潮流动力作用明显，与韩志远等[104]统计的 1980 ~ 2004 年间的磨刀门水道潮差比较来看，本次测量数据明显比往年要大。

5.2 典型实测点潮流特性

磨刀门水道中的潮流基本为沿河道的往复流,涨潮流为 NW 向,落潮流为 SE 向(其中实测数据用正值表示落潮流,用负值表示涨潮流),潮型判别系数为 1.30 ~ 1.57,属不规则半日潮。根据本次磨刀门水道布置的 8 个实测点数据(1# ~ 8#,其中 4#位于洪湾水道),统计涨落潮特征流速和历时如表 5-10、表 5-11 所示。表中各特征点涨落潮平均流速计算方法采用的是面积平均法,即依据一个涨潮或落潮时段内实测逐时流速变化线与时间轴所围的面积除以该涨潮或落潮历时得到;涨潮或落潮历时主要依据实测点流速流动方向来判断,采用插值方法计算流向变化时间点,两个邻近的流向变化时间点之差即为一个涨潮或落潮的历时;最大流速出现时刻也是依据一个涨潮或落潮期间流速逐时实测点采用插值方法计算。

表 5-10 实测站点表层和底层平均流速统计

位置	实测点	距离(km)	大潮涨(m/s)	中潮涨(m/s)	小潮涨(m/s)	大潮落(m/s)	中潮落(m/s)	小潮落(m/s)
表层平均涨落潮流速	1#	0	0.541	0.450	0.229	1.057	1.063	1.003
	2#	5	0.509	0.384	0.140	1.163	1.064	0.659
	3#	11	0.485	0.387	0.185	0.566	0.507	0.463
	5#	17.2	0.460	0.375	0.300	0.703	0.631	0.808
	6#	23.5	0.466	0.377	0.207	0.655	0.669	0.711
	7#	30.8	0.503	0.385	0.254	0.583	0.591	0.695
	8#	39.1	0.515	0.423	0.298	0.581	0.406	0.520
	平均值	—	0.50	0.40	0.23	0.76	0.70	0.69

续表 5-10

位置	实测点	距离（km）	大潮涨（m/s）	中潮涨（m/s）	小潮涨（m/s）	大潮落（m/s）	中潮落（m/s）	小潮落（m/s）
底层平均涨落潮流速	1#	0	0. 306	0. 277	0. 195	0. 619	0. 399	0. 263
	2#	5	0. 361	0. 369	0. 231	0. 425	0. 39	0. 234
	3#	11	0. 357	0. 323	0. 258	0. 461	0. 461	0. 343
	5#	17. 2	0. 378	0. 350	0. 233	0. 417	0. 342	0. 117
	6#	23. 5	0. 377	0. 256	0. 181	0. 395	0. 344	0. 093
	7#	30. 8	0. 369	0. 343	0. 352	0. 261	0. 351	0. 054
	8#	39. 1	0. 354	0. 290	0. 212	0. 374	0. 382	0. 360
	平均值	—	0. 36	0. 32	0. 24	0. 42	0. 38	0. 21

表 5-11　实测站点表层和底层涨落潮历时统计

位置	实测点	距离（km）	大潮涨（h）	中潮涨（h）	小潮涨（h）	大潮落（h）	中潮落（h）	小潮落（h）
表层平均涨落潮历时	1#	0	3. 892	3. 842	3. 606	9. 088	12. 527	8. 614
	2#	5	3. 653	3. 756	3. 315	7. 106	12. 166	8. 159
	3#	11	5. 658	4. 819	5. 02	16. 974	11. 755	7. 03
	5#	17. 2	5. 479	5. 098	3. 542	19. 608	19. 459	9. 082
	6#	23. 5	4. 65	4. 037	3. 632	14. 387	5. 263	11. 7
	7#	30. 8	4. 19	5. 083	3. 851	12. 261	11. 995	6. 434
	8#	39. 1	4. 494	6. 286	5. 962	12. 646	18. 366	6. 673
	平均值	—	4. 57	4. 70	4. 13	13. 15	13. 08	8. 24

续表 5-11

位置	实测点	距离(km)	大潮涨(h)	中潮涨(h)	小潮涨(h)	大潮落(h)	中潮落(h)	小潮落(h)
底层平均涨落潮历时	1#	0	16.805	17.103	17.551	8.045	7.275	6.045
	2#	5	17.388	6.309	11.3	7.03	6.171	5.744
	3#	11	4.407	10.443	7.662	3.74	5.566	4.127
	5#	17.2	7.659	7.962	12.612	4.636	6.068	4.005
	6#	23.5	6.989	6.071	13.474	4.551	3.884	3.971
	7#	30.8	5.072	5.944	7.261	6.677	5.759	1.091
	8#	39.1	5.757	4.731	5.218	6.652	7.988	4.126
	平均值	—	9.15	8.37	10.73	5.90	6.10	4.16

5.2.1 磨刀门水道口门段(1#站点)潮流特征

(1)大、中、小潮型下,表层平均涨潮流速分别为0.541 m/s、0.450 m/s和0.229 m/s;平均落潮流速分别为1.057 m/s、1.063 m/s和1.003 m/s;平均落潮和涨潮历时分别为9.1 h和3.9 h、12.5 h和3.8 h、8.6 h和3.6 h。显示各潮型下,落潮流速显著大于涨潮流速,落潮历时也显著大于涨潮历时。

(2)大、中、小潮型下,底层平均涨潮流速分别为0.306 m/s、0.277 m/s和0.195 m/s;平均落潮流速分别为0.619 m/s、0.399 m/s和0.263 m/s;平均落潮和涨潮历时分别为8.0 h和16.8 h、7.3 h和17.1 h、6.0 h和17.6 h。显示大潮下,落潮流速大于涨潮流速,但中、小潮时,两者相差不大;各潮型下的落潮历时均小于涨潮历时。

(3)该测点表层和底层涨落潮时段不完全重合,说明表层和底层流向存在不一致的时段;从各潮型来看,表、底层流速相反的时间段一般出现在经过第一个长时间的落潮流之后的第二个较短落潮时间段内，且沿水深方向流向发生变化的位置随潮型变小有向水面移动的趋势。

5.2.2 磨刀门水道上游段(8#站点)潮流特性

(1)大、中、小潮型下，表层平均涨潮流速分别为 0.515 m/s、0.423 m/s 和 0.298 m/s；平均落潮流速分别为 0.581 m/s、0.406 m/s 和 0.520 m/s；平均落潮和涨潮历时分别为 12.6 h 和 4.5 h、18.4 h 和 6.3 h、6.7 h 和 6.0 h。显示各潮型下，落潮流速略大于涨潮流速，落潮流略占优；大潮和中潮时，落潮历时显著大于涨潮历时，小潮时，落潮历时和涨潮历时较为接近。

(2)大、中、小潮型下，底层平均涨潮流速分别为 0.354 m/s、0.290 m/s 和 0.212 m/s；平均落潮流速分别为 0.374 m/s、0.382 m/s 和 0.360 m/s；平均落潮和涨潮历时分别为 6.6 h 和 5.8 h、8.0 h 和 4.7 h、4.1 h 和 5.2 h。显示各潮型下，落潮流速略大于涨潮流速；大潮和中潮时，落潮历时大于涨潮历时，小潮时，涨潮历时大于落潮历时。

(3)中、小潮型下，表层和底层涨落潮时段基本重合，说明表层和底层流向基本一致；大潮时，部分时段表、底层流速方向相反，且沿水深方向流向发生变化的位置更接近于表层。

5.2.3 洪湾水道(4#站点)潮流特性

(1)大、中、小潮型下，表层平均涨潮流速分别为 0.624 m/s、0.543 m/s 和 0.454 m/s；平均落潮流速分别为 0.181 m/s、0.201 m/s 和 0.152 m/s；平均落潮和涨潮历时分别为 8.5 h 和 8.0 h、5.0 h 和 7.0 h、4.9 h 和 7.7 h。显示各潮型下，涨潮流速大于落潮流速，涨潮流占优；大潮时，落潮历时大于涨潮历时，中潮和小潮时，落潮历时小于涨潮历时。

(2)大、中、小潮型下，底层平均涨潮流速分别为 0.343 m/s、0.287 m/s 和 0.155 m/s；平均落潮流速分别为 0.221 m/s、0.161 m/s

和0.116 m/s;平均落潮和涨潮历时分别为9.1 h和3.9 h、4.3 h和2.7 h、4.4 h和2.4 h。显示各潮型下,涨潮流速略大于落潮流速;各潮型下,落潮历时都大于涨潮历时。

(3)各潮型下,该水道表层和底层涨落潮时段基本重合,仅仅是在洪湾水道涨落潮交替的短时间内存在沿水深表、底层流向相反的现象。

5.3 磨刀门水道潮流特性

5.3.1 磨刀门水道上游来流情况

图5-2给出了咸潮测量期间上游梧州站的日平均来流量变化线。可见,12月10~25日测量期间,上游梧州站日平均来流量仅为1 596 m^3/s,最大日平均来流量为2 865 m^3/s,出现在12月16日,最小日平均流量为699 m^3/s,出现在12月11日。因此,总体来看,由于上游径流量较小,本次咸潮测量期间,磨刀门水道以潮汐作用力为主,涨落潮流在该水道中占主导作用,本文也主要依据一个涨、落潮期间的特征流速来分析该水道潮流特性。

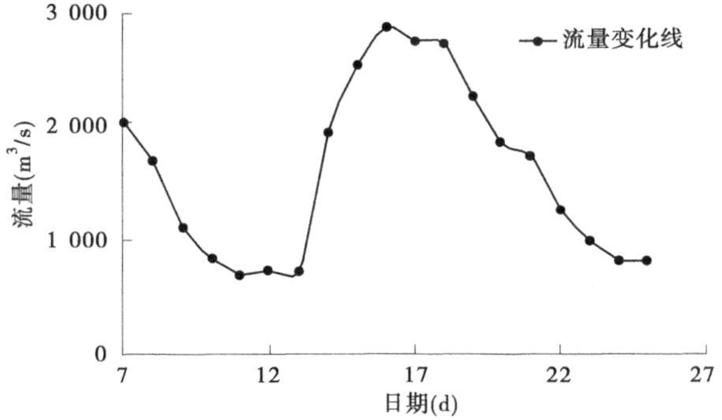

图5-2 上游梧州站日平均流量变化过程线

5.3.2 潮流特性

图 5-3 和图 5-4 给出本次实测枯季表、底层平均涨潮和落潮流速沿磨刀门水道的分布，其中以口门 1#实测点为距离坐标原点，分析图 5-3 和图 5-4 得如下结论：

(1)磨刀门水道表层落潮流速显著大于涨潮流速，底层涨、落潮流速则相差不大，大潮和中潮时，底层落潮流速略大于涨潮流速，小潮时，底层落潮流速略小于涨潮流速。

(2)磨刀门水道表层平均涨潮流速值随潮型增大而增大，显示涨潮时潮流在磨刀门水道内占优势；落潮流时，径流作用凸显，与落潮流相互作用，导致河道流速变化较为复杂，随潮型变化趋势不明显；各潮型下，底层涨、落潮流速都随潮型增大而增大。

(3)从涨、落潮流速沿磨刀门水道的变化趋势来看，各潮型下的表层涨潮流速随向上游方向变化不大，落潮流速则总体呈现递减的趋势；底层涨潮流速随向上游方向变化趋势不明显，落潮流速在大潮呈现递减趋势，中潮时持平，小潮时呈现增加趋势。

(4)从表、底层流速比较来看，大潮和中潮时，表层涨潮平均流速大于底层涨潮平均流速，但小潮时，表、底层涨、落潮平均流速相差不大；落潮时，各潮型下均呈现表层落潮流速大于底层落潮流速的趋势。

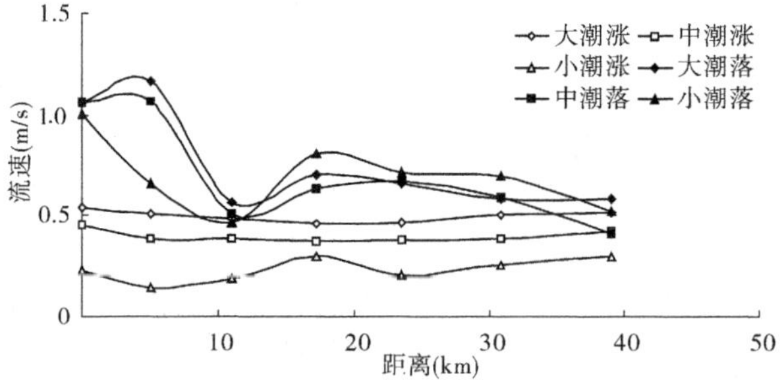

图 5-3 磨刀门水道枯季表层平均涨落潮流速分布

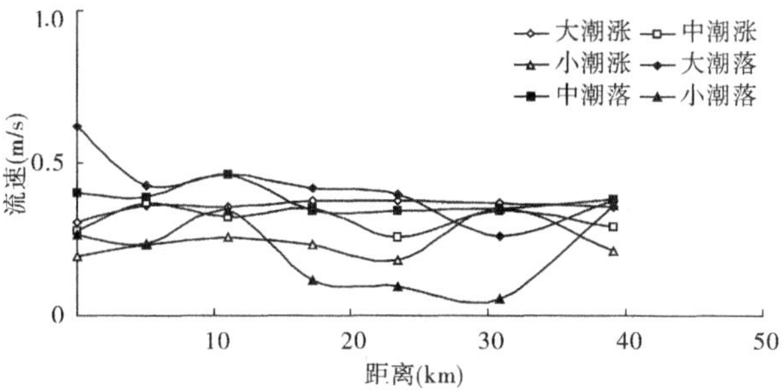

图 5-4 磨刀门水道枯季底层平均涨落潮流速分布

5.3.3 涨落潮历时特性

表层和底层在各潮型下的涨落潮历时见图 5-5 和图 5-6，最大涨落潮流时刻见表 5-12，分析图表得如下结论：

（1）磨刀门水道表层涨潮历时小于落潮历时，底层涨潮历时大于落潮历时；表层涨潮历时随潮型变化不大，而落潮历时随潮型减小而减小；底层涨潮和落潮历时总体都呈现随潮型增大而增大的趋势。

（2）表层涨潮历时向上游方向总体呈现有所增加的趋势，底层涨潮历时总体呈现有所减少的趋势；大潮和中潮时，表层落潮历时向上游方向总体呈现增加的趋势，而小潮则呈现减小的趋势；各潮型下，底层落潮历时向上游方向变化不明显。

（3）从实测点涨、落潮最大流速出现时刻来看，磨刀门水道表、底层最大涨潮流速出现时间呈现向上游方向依次推迟的趋势，最大落潮流速出现时间则呈现向上游方向依次提前的趋势。

（4）洪湾水道表层涨潮历时总体大于落潮历时，底层涨潮历时则显著小于落潮历时；该规律与磨刀门水道表、底层涨落潮历时变化规律刚好相反；底层涨潮历时小于磨刀门水道，大潮时，洪湾水道底层落潮历时大于磨刀门水道，中潮和小潮时，两者相差不大。

表 5-12 典型测点最大流速出现时刻 （单位:h）

项目	表层						底层					
	最大涨潮流速历时			最大落潮流速历时			最大涨潮流速历时			最大落潮流速历时		
测点	1#	8#	4#	1#	8#	4#	1#	8#	4#	1#	8#	4#
大潮	20	21	5	2	3	18	20	21	5	2	4	20
中潮	22	22	6	6	7	18	21	22	6	5	8	20
小潮	23	0	8	7	9	15	23	0	7	5	8	1

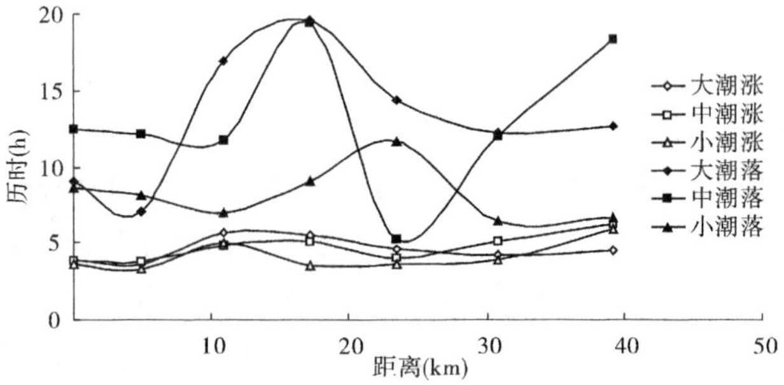

图 5-5 磨刀门水道枯季表层涨落潮历时

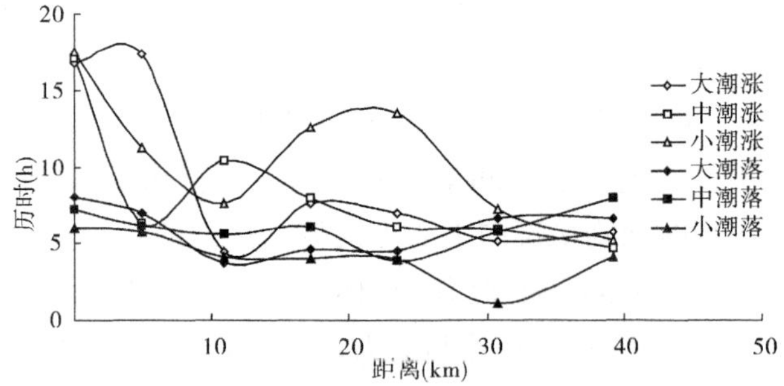

图 5-6 磨刀门水道枯季底层涨落潮历时

5.3.4 磨刀门水道潮流动力变化规律

(1)磨刀门口门位置表层落潮流速显著大于涨潮流速,落潮历时也显著大于涨潮历时;底层呈现大潮时落潮流速大于涨潮流速,但中、小潮时,两者相差不大,各潮型下的落潮历时均小于涨潮历时;部分时间内,表底层流速方向明显相反。

(2)本次枯季实测磨刀门水道表底层流速显示,该水道总体涨、落潮流速都不大,一般呈现表层落潮流速显著大于涨潮流速,底层涨、落潮流速相差不大的规律;表底层涨、落潮流速一般随潮型增大而增大;大潮和中潮时,表层平均涨潮流速大于底层平均涨潮流速,但小潮时,表、底层涨落潮平均流速相差不大;落潮时,各潮型下均呈现表层落潮流速大于底层落潮流速的趋势。

(3)本次枯季涨、落潮历时分析表明,磨刀门水道表层涨潮历时小于落潮历时,底层涨潮历时大于落潮历时;且表层涨潮历时随潮型变化不大,而落潮历时随潮型减小而减小;底层涨潮和落潮历时总体都呈现随潮型增大而增大的趋势。

(4)磨刀门水道表底层最大涨潮流速出现时间呈现向上游方向依次推迟的趋势,最大落潮流速出现时间呈现向上游方向依次提前的趋势。

(5)本次枯季实测资料分析显示,磨刀门水道与洪湾水道的涨落潮历时规律刚好相反,说明磨刀门涨潮时,部分涨潮流进入到洪湾水道,落潮时,部分洪湾水道的水流进入到磨刀门。

5.4 咸潮活动下的磨刀门水道水动力环境及影响因素

5.4.1 磨刀门水道盐水入侵特性概述

磨刀门为西江干流的主要入海口,在珠江八大口门中,输水输沙量最大，其咸潮入侵也最为显著，对河道水动力环境影响极为明显。磨刀门上游水道从西江干流百顷头至灯笼山河段，全长约 44 km。受西江来水来沙的支配和南海潮汐的影响，属于河口区径、潮动力相互作用的过渡性河段。该水道是中山、珠海和澳门的主要供水水源河道，加上本地城镇的生活和生产用水，淡水需求量十分巨大，尽管该水道年径流量达到 923 亿 m^3，占珠江入海总径流量的 28.3%，但由于季节分布不均，主要集中于每年的汛期（4～9 月）[59]。所以，在非汛期，随着上游径流量的大幅度减少，当地人民的生产生活以及下游珠海、澳门的供水安全经常受到咸潮灾害的威胁。

鉴于磨刀门水道对沿线城市供水的重要性，为减少咸潮对磨刀门水道的入侵和危害程度，很多学者针对磨刀门水道的咸潮上溯问题开展了大量的研究，如刘杰斌等[105]和包芸等[106]选取枯季磨刀门水道表层盐度连续 3 个月的实测数据进行了分析，显示磨刀门水道枯季盐水快速上溯的现象出现在小潮前后几天，并对出现的原因进行了初步探讨；闻平等[107]研究认为，影响磨刀门水道咸潮入侵的主要因素是径流，并提出了保障沿海城市供水安全的最小压咸流量范围以及最佳压咸补淡的时机；路剑飞和陈子燊[108]利用引入滞后因子的 DE－RBF 方法，探讨了磨刀门水道咸潮预警预报的可行性问题；吕爱琴等[109]根据磨刀门水道实测资料分析显示，磨刀门盐度最大值出现日期多数在农历大潮前 3～4 天，即出现在中潮期，并且从 2004 年后，盐度最大值及上溯距离都有增大的趋势；陈荣力等[110]和罗丹[111]根据磨刀门水道沿程实测资料分析磨刀门水道咸潮上溯规律显示，潮差较小时咸潮上溯长度较长，潮差较大时咸潮上溯距离相对较短，并认为大潮期间加大上游下泄流量是最好的压咸时机；水利部珠江水利委员会[112]从 2005～2008 年对磨刀门水道咸潮展开了多次原型观测研究；何慎术和钱海强[113]也采用实测资料对磨刀门水道的咸潮入侵规律进行了初步探讨；韩志远等[114]对近年来磨刀门水道咸潮灾害加剧的原因进行了分析认为，发生严重咸潮灾害时，西、北江枯季流量并非都是枯水流量，因此枯季上游来水量变化并不是近年来咸潮灾害加剧的主要原因,近些年的河道采砂以及河口围垦导致磨刀门口门“调淡”作用的丧失才是主要因素。

可见,有关磨刀门水道近年来的咸潮入侵规律的研究和分析成果越来越多,不同研究人员从自身的学术角度探讨了磨刀门水道咸潮灾害活动的规律,对其主要成因的结论也有所不同,如部分学者[3,7]认为是由于上游径流减少所致,而部分[114-117]则认为是由于近年河道下切及口门外移导致“调淡”作用消失等因素所致。此处总结了以上学者提出的影响磨刀门水道咸潮入侵的径流、河道演变以及口门拦门沙的演变过程,探讨了磨刀门水道咸潮入侵与各项影响因素的相互关系。

5.4.2 拦门沙对咸潮活动的影响

珠江河口八大口门中,以磨刀门口门输水输沙量最大,平均下泄流量约为 2 500 m^3/s, 20 年一遇洪水下泄流量可达 13 380 m^3/s[118,15];年平均悬移质输沙量 2 341 万 t,占珠江河口总输沙量的 30.4%,悬沙中径 0.017 mm,其中 80% ~90% 是黏土和粉砂[119]。磨刀门拦门沙主要是洪季河流提供泥沙淤积而成。洪季,磨刀门以洪水下泄流为主,其挟带泥沙随湍流扩散,淤积于扩散末端位置附近。20 世纪 80 年代中期,磨刀门口门位于大井角附近[120]。从 20 世纪 80 年代中后期开始,磨刀门内海区实施了大规模围垦,内海区水流集中,动力作用加强,口门位置外推,已移到交杯沙—石栏洲一线附近,拦门沙位置也相继发生向外的移动。珠江水利科学研究院[121]根据近 30 年(1978 ~2009 年)的遥感影像资料,对磨刀门拦门沙的演变特征进行了动态分析。将磨刀门口门拦门沙分为如图 5-7 所示的 A 区(西侧四沙)和 B 区(东侧)。研究显示,A 区(西侧四沙)发育最早、最快,随后从西向东逐步发育一系列浅滩,1995 年以后其外缘位置逐渐稳定,其发展以向岸发育为主;B 区零星分布几个出露沙脊(群),这些沙脊北侧向南蚀退,以离岸发育为主,与 A 区四沙相比,这些浅滩出露面积小,位置不稳定,显示现有滩槽格局还将经历一个调整阶段。

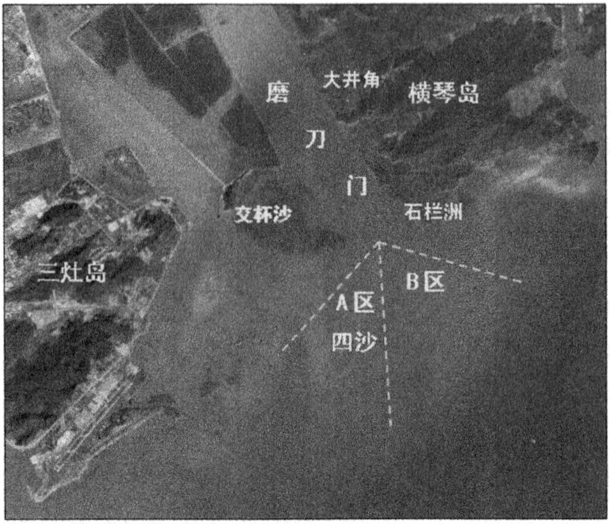

图 5-7 磨刀门口门拦门沙划分示意图

Chau 和 Wong[122]于 1960 年调查香港以南大陆架海区后认为，由于伶仃洋河口存在天然深槽，夏季高盐陆架水（盐度为 30‰～34‰）在伶仃洋区域可沿其东侧的暗士顿水道和西侧伶仃水道从底部侵入该河口湾中心腹地，形成显著的盐水异重流和入侵现象。磨刀门虽属径流作用为主的河口，但研究显示[119]，夏季磨刀门拦门沙前缘斜坡也直接由盐度为 33‰的高盐陆架水控制，只是河口拦门沙阻挡了高盐陆架水的进一步向里推进。可见，磨刀门拦门沙的隆起阻挡了高盐水向上游磨刀门水道的进一步入侵。另一方面已有研究[123,21]显示，高盐陆架水的入侵在河口形成的物理和化学作用也促进了河口泥沙的落淤和拦门沙的形成。张志忠等[124,22]对长江河口动水絮凝沉降与拦门沙的淤积关系进行了分析，得到了涨落潮期间不同盐度下，不同性质的泥沙在河口盐水楔头部和尾部落淤的规律，揭示了拦门沙水平淤积的基本规律。夏季，伶仃洋及磨刀门口门径流量大，挟带入河口的泥沙丰富，而此时也正是口门外盐水入侵的活跃期，无疑，该成果对磨刀门拦门沙形成特征的研究具有借鉴和参考价值。

近百年来，磨刀门河口拦门沙下移至三灶—横琴—横洲岛一线以南，面临开阔的外海，受波浪作用的影响越来越大，在河口类型上有向以波浪影响作用为主的河口类型的演化趋势[120,121,125]，拦门沙脊出现新的位移、归并等现象，口门外水域出现一主一支滩槽格局发育的萌芽和趋势。其中，拦门沙东、中汊的发展不但将有助于洪季水沙下泄出海，也有利于枯季潮流进出。潮流顺畅及东汊口走向与波浪方向基本一致，是近年咸潮入侵上溯更远的原因之一[113-115,121]。

5.4.3 河口径流对咸潮活动的影响

河口径流量的大小是影响盐水入侵的重要因素之一，咸潮入侵受上游下泄径流的抑制冲淡，如没有足够的淡水下泄，咸潮入侵的影响距离将越来越长，浓度越来越高。部分学者[113]分析认为，随着珠澳地区城市用水量的显著增加，特别是2004年以后，珠澳用水量增加至100万 m^3/d 以上，在上游来水量偏少时，咸潮对珠澳供水水源影响日益显著。陈荣力等[110]分析认为，径流是抑制磨刀门水道咸潮上溯的主要动力，盐度梯度力是促进水道内咸潮上溯的主要动力，在枯季径流量较小时，潮汐动力相对增强，咸淡水混合程度也相对增大，由此引发咸潮上溯，从而影响珠海和澳门地区的供水安全，并且认为枯季大潮期间是调水压咸的最佳时机。

刘杰斌等[105]分别选取枯季丰、枯水年的长系列实测盐度资料进行了对比分析，显示无论丰水年还是枯水年，咸界和潮汐一样都具有日周期和半月周期波动的规律，不受径流量大小的影响。区别仅在于丰水年，咸潮很快能退出口门，枯水年咸潮能长时间停留在磨刀门水道，且上溯的速度更快，距离更远，从而严重影响取水口取水。因此，认为河口地形和潮汐动力作用是影响磨刀门水道中盐水上溯的主要因素；并且分析发现，磨刀门水道在枯季小潮期间前后两天会出现盐水强烈上溯的现象，造成小潮期间咸潮灾害强而大潮期间咸潮灾害反而较弱的异常现象，因此认为在此期间采取适当的措施是抑制磨刀门水道咸潮上溯的关键。

刘锋等[125]通过资料分析显示，20 世纪 70 年代的年均径流、输沙率分别为 7 825 m^3/s、2 480 kg/s，分别比 60 年代增加了 10.2%、11.5%，而 90 年代与 70 年代相比，年平均径流量变化不大，仅减少了 3.3%，而平均输沙率却减少了 23.4%，在径流量几乎不变的前提下来沙量的减少加剧了河道和拦门沙的冲刷，从而加剧了咸潮的上溯。韩志远等[104]认为，20 世纪 60～90 年代初，虽然西、北江枯季来水量年际变化较大，但磨刀门水道的咸潮活动却呈下降趋势。20 世纪 90 年代中期以来，珠江磨刀门水道的咸潮上溯呈逐年加剧的趋势，但除 1996 年和 2004 年枯季流量偏枯外，其他年份均属于枯季平水和丰水流量，即在平水流量和丰水流量下，也会发生严重的咸潮灾害。因此，枯季上游来水量减少并不是引发咸潮灾害加剧的主要原因。

综上可见，毫无疑问，河口径流与潮汐相互作用的消长对咸潮入侵有直接的影响作用，但磨刀门水道径流量的变化是否是近年来磨刀门咸潮上溯加剧的主要原因则尚存在一定的争论，说明了该问题的复杂性，也有待于进一步的研究和论证工作。

5.4.4 磨刀门水道演变对咸潮入侵的影响

20 世纪 60～80 年代，由于河口向海推进，河床自然淤高，咸水界下移，磨刀门水道的咸潮活动呈逐年减弱趋势；但是自 20 世纪 90 年代以来，磨刀门水道咸潮灾害的影响范围逐年扩大、危害程度逐年加剧[107,114]。根据调查显示[116]，20 世纪 80 年代中期开始，珠江三角洲网河区开始进行大规模河床采沙，1984～2003 年，整个珠江三角洲的采沙总量约为 13.4 亿 m^3，其中西、北江三角洲的采沙量约占采沙总量的 70%。磨刀门水道采沙主要集中在竹银至挂定角河段，1991～2000 年采沙量达 4 320 万 m^3，大大超过了河床的自然淤积量，导致河床严重下切，水深和河槽容积大幅增加，因此采沙直接改变了河床的形态。

罗小峰和陈志昌[126]曾采用三维数学模型对长江口北槽航道底不同的增深至 -10.0 m、-12.5 m 和 -15.0 m 的盐水入侵情况进行了模拟计算和分析,结果显示,增深航道增加了盐水入侵的强度,盐水主要从航道底部上溯,但航道底从 -12.5 m 增深至 15.0 m 时,航道内盐水的入侵影响继续增强的趋势不明显,仅增加了航道的蓄盐能力,且由于水深加大,阻力减小,进出潮量出现了明显的增加。刘锋等[125]对磨刀门水道河床演变分析显示,1977 ~ 1999 年,磨刀门整体表现为冲刷,共冲刷 $25.53 \times 10^6\ m^3$。百顷头—竹洲头段、竹洲头—大排沙段、大排沙—灯笼山段 0 m 等深线以下河槽容积分别增加 14.5%、19.1% 和 7.0%,而河槽水平分布面积分别减少 8.6%、3.7% 和 2.3%。整个磨刀门水道的中间深槽部分都冲刷得比较厉害,大部分冲刷厚度大于 2 m,与河道大规模采沙活动导致的河床下切密切相关。韩志远等[104,114]通过对磨刀门水道不同年份地形资料和多年枯季潮位资料进行对比分析后更是认为,大规模河床采沙才是近年来磨刀门水道咸潮灾害加剧的主要原因。

因此,由河床下切后导致的盐水入侵分析成果可知,磨刀门水道的下切一方面会加剧盐水的入侵,盐水的回荡距离增大;另一方面导致蓄盐能力得到一定程度的增强。而根据包芸等[106]和陈荣力等[110]对磨刀门水道内盐水运动规律的分析可知,小潮前后一段时间内,由于潮差小,潮动力弱,盐水无法退出水道而长时间滞留,在潮汐的振荡作用下,导致底部高浓度盐水在磨刀门水道内垂向和纵向上不断扩散,致使水道表层盐度不断增加,从而造成严重的咸潮灾害。

5.4.5 磨刀门咸潮活动下的水动力特性研究方向

(1)近百年来,磨刀门河口拦门沙下移至三灶—横琴—横洲岛一线以南,在河口类型上有向“河 - 波型”河口演化的趋势,拦门沙的蚀退、潮流进出更为顺畅及潮汐通道走向与波浪方向基本一致等,是咸潮入侵上溯更远的原因之一。

(2)河口径流与潮汐相互作用的消长无疑对咸潮入侵有直接的影响作用,径流量的大小影响到河口的冲淡和取水,但磨刀门水道径流量的变化是否是近年来磨刀门咸潮上溯加剧的主要原因则尚存在一定的争论,有待于进一步的研究和论证工作。

(3)磨刀门水道的下切主要体现在盐水的回荡距离增大和蓄盐能力的增强,从而加剧了盐水的入侵,初步认为是近年来磨刀门水道咸潮灾害加剧的主要原因之一,但需要进一步的科学论证。

第 6 章　磨刀门水道咸潮入侵特性分析

6.1　磨刀门水道水系及水环境要素情况

磨刀门水道自斗门莲洲镇螺洲溪口入境，至横琴石栏洲入海，境内全长 42 km，主槽河床标高为 -9.0 ~ -11.0 m（黄海高程系统，下同），局部标高为 -20.0 m，平均坡降 3.06‰。上游段（六乡螺洲山嘴断面以上）水道比较顺直，弯曲系数为 1.0 ~ 1.1，河宽为 800 ~ 1 200 m；中游（螺洲山嘴至天生河口）水道形态较为复杂，左岸有中山神湾水道汇流，河宽增加至 4 000 m，相继浮现大排沙、磨刀沙、竹排沙等江心洲；下游段河势又趋平顺，河宽保持在 2 000 m 左右，河中浮露二排沙、三排沙两个沙洲，左岸先后有前山水道、洪湾水道（马骝洲水道）分流入澳门水域，右岸有天生河、鹤洲水道分流入白龙河出海。

前山水道是珠海市主要的内河水运通道，起自磨刀门水道左岸中山市境内的联石湾水闸，终至石角嘴水闸，下游接澳门濠江，河宽 50 ~ 300 m，河床标高 -1.0 ~ -2.4 m，沿程有申塘、茅湾、东坑等河涌排水汇入，中珠联围设闸引水灌溉。马骝洲水道河宽 500 m，可通航 1 000 t 级船舶，是粤西各地通往港、澳的重要水道，分流水量约占磨刀门泄量的 28%。天生河首、末端均设有水闸控制，沿岸自流引水灌溉，并容泄田间排水。鹤洲水道在鹤洲南、北垦区之间，沟通磨刀门水道与白龙河，河宽约 100 m。

目前，珠海市设在磨刀门水道上的取水口有竹洲头泵站取水口、平岗泵站取水口、广昌泵站取水口、挂定角取水口。根据《广东省珠海市饮用水源水质保护条例》(2006 年 9 月 28 日修订)和《珠海市给水规划(2006～2020 年)》,其一级保护区水域:平岗、广昌、洪湾泵站、竹洲头各取水点上游 1 000 m 到下游 1 000 m 以内的水域;陆域:沿取水点一侧纵深 100 m 的陆域。其中,广昌泵站的水域和陆域一级保护区范围覆盖了洪湾泵站挂定角取水口保护区范围。

针对咸潮对磨刀门水道水环境要素的影响,彭靖[127]选取 2005 年磨刀门水道特大咸潮期的总氮(DIN)、总磷以及 DO 等水环境要素与以往 2002 年同期实测值进行了对比分析,对比站点见图 6-1、表 6-1。对比分析显示:

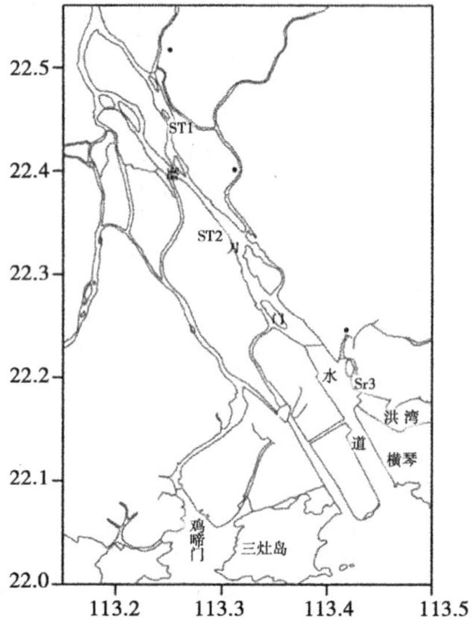

图 6-1　站点分布示意图

(1)2005 年与 2002 年相比,各站点 NH_4^+ 的 DIN 百分比都增大,NO_3^- 则减小(见表 6-1),ST3 的 NO_2^- 的 DIN 百分比也明显增大,说明 NO_3^- 转化为 NH_4^+ 和 NO_2^- 的过程加强了。也就是说,在磨刀门水道,特大咸潮的高盐度促进了 NO_3^- 向 NH_4^+ 和 NO_2^- 的转化过程。

表 6-1 磨刀门入海河段不同年份 DIN 各形态的浓度百分比 (%)

DIN 各形态	2002 年 1 月			2005 年 1 月		
	ST1	ST2	ST3	ST1	ST2	ST3
NH_4^+	20.5	15.0	23.3	—	21.9	25.0
NO_2^-	2.0	1.5	1.7	缺测	0.1	7.9
NO_3^-	77.5	83.5	75.0	—	78.0	67.1

(2)统计多年同期(1 月)磨刀门水道总磷含量与含氯度的监测数据发现,受咸河段的总磷含量与含氯度有较好的相关性,总磷含量随含氯度增大而降低,呈明显的负相关。最靠近口门、受咸最严重的 ST3 处最为明显,相关系数达到 -0.181 96,ST2 处的相关系数为 -0.15,而受咸潮影响较小的 ST1 则基本不相关(相关系数仅为 -0.10)。

(3)磨刀门水道总磷的分布特征如图 6-2 所示,2002 年总磷含量沿程减小,ST1 到 ST2 的降幅比 ST2 到 ST3 稍大;2005 年总磷含量沿向海方向减小,ST2 到 ST3 的降幅比 ST1 到 ST2 大。与 2002 年相比,2005 年各站总磷含量都减小。

(4)从营养盐结构来看,2002 年各点的 N/P 分别为 19.53、23.35 和 35.22,沿入海方向递增;而咸潮上溯加剧的 2005 年 ST2 和 ST3 的 N/P 分别为 31.08 和 60.1,ST1 亚硝酸盐和总 N 缺测,而硝酸盐、氨氮含量的和与总磷含量之比为 30.54,以此估计 ST1 的 N/P 大于 30.5,总体上 N/P 沿入海方向呈增大趋势。与 2002 年比较,各站的 N/P 都增大了,这主要与总磷含量的减小有关。因此,特大咸潮上溯可能改变了入海水体的营养盐结构及其变化趋势,其对磨刀门河口生物活动及光合作用的后续效应值得关注。

(5)分析多年同期(1 月)磨刀门水道各监测项目的数据,结果表明,溶解氧(DO)不随含氯度而变化,两者间没什么相关性(ST3 溶解氧与含氯度的相关系数为 0.000 03,近似于 0)。

(6)生物化学需氧量是反映水中有机污染物含量的一个综合指标。磨刀门水道的五日生化需氧量(BOD_5)总体上随含氯度增高而减小,ST3 含氯度小于 2 000 mg/L 时 BOD_5 随含氯度的变化明显,相关系数达到 -0.775 8(如图 6-3 所示)。有机污染物与含氯度的关系值得进一步探讨。

(7)沿程的硫酸盐与含氯度都有较好的相关性,含氯度越高硫酸盐含量越大,ST3 最为明显,相关系数达到 0.984。最靠近河口、受咸最为严重的 ST3 总硬度与含氯度呈明显的正相关,相关系数为 0.965 9。其他站点则未见有明显的相关性,这可能是其他站点含氯度超标时间短,在含氯度较低时(小于 250 mg/L),氯化物对总硬度影响不大,而在含氯度较高时这种影响才显现出来。

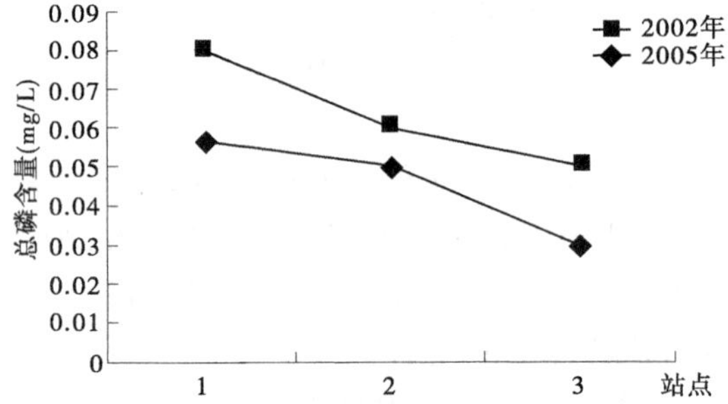

图 6-2　磨刀门水道总磷分布特征

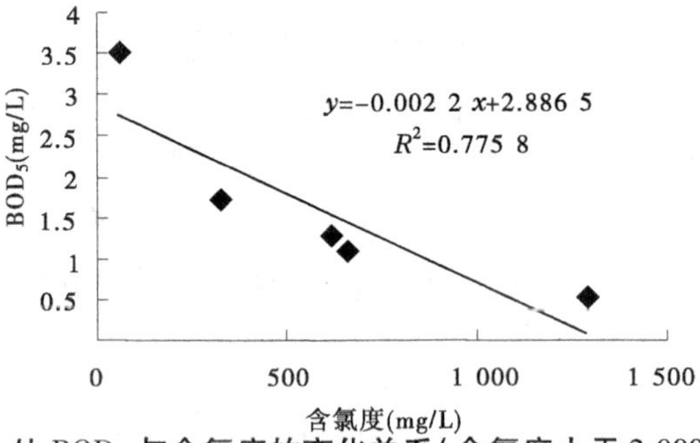

图 6-3　ST3 处 BOD_5 与含氯度的变化关系(含氯度小于 2 000 mg/L 时)

6.2 咸潮实测资料

为分析磨刀门水道冬季枯水季节的最新盐水入侵情况,2009 年 12 月 10 ~25 日(农历十月二十四日至十一月十四),对磨刀门水道上至竹银、下至磨刀门口门(大横琴水文站以南约 3.9 km)之间近 40 km 的磨刀门水道中的 8 个站点(见图 5-1)在 12 月份的潮位、流速和盐度进行了逐时测量,其中 1#测点位于磨刀门口门位置,距大横琴水文站以南约 3.8 km,8#站点位于竹银,4#站点布置在洪湾水道内。

盐度前后采用两种仪器进行测量,第一种仪器无法测量小于 1‰的盐度,后一种仪器在盐度小于 1‰时采用 TDS 测量,单位为 psu。

利用配制的盐度 35‰、20‰、10‰、5‰、3‰、2‰、1‰的盐溶液,分别用两种盐度计进行盐度测量。经计算,前后两种盐度计观测值存在换算关系为:

$$S_2 = 0.75S_1 + 2.20$$

式中,S_1 为第一种盐度计测值;S_2 为第二种盐度计测值。拟合关系见图 6-4,两者相关性很好。

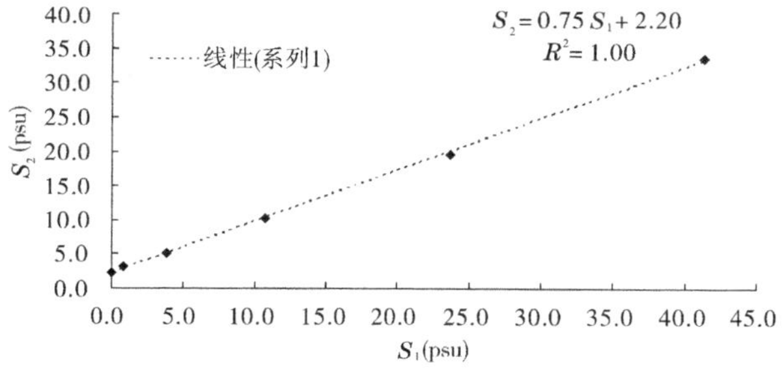

图 6-4　两种盐度计测值拟合关系

利用配制的不同盐度的盐溶液,分别用第二种盐度计进行盐度(S)和固体物含量(TDS)测量。经计算,盐度(S)和固体物含量

(TDS)测值存在以下换算关系为：$S=0.0187TDS^2+0.9496TDS$。拟合关系见图 6-5，两者相关性很好。

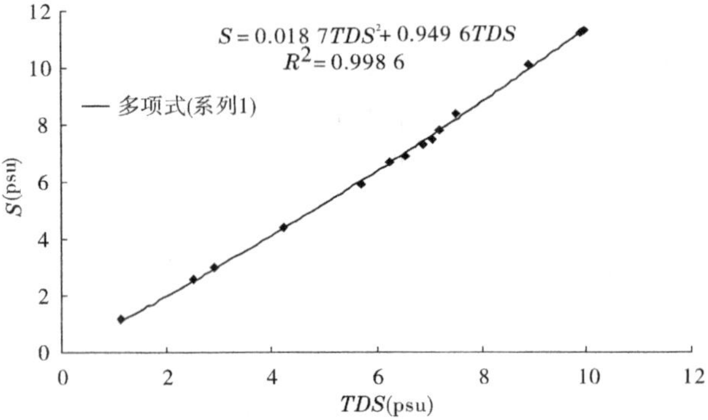

图 6-5　盐度计盐度(S)和固体物含量(TDS)测值拟合关系

6.3　站点盐度分析

6.3.1　磨刀门水道口门盐度特性

磨刀门水道口门盐度的变化与上游水道盐度分布密切相关。根据本次枯季全潮对口门盐度实测资料(见表 6-2 ~ 表 6-5)分析统计显示，各潮型下，磨刀门口门表层平均涨潮盐度分别在 15.102 psu、12.065 psu 和 9.415 psu，涨潮最大盐度分别是 20.565 psu、15.613 psu 和 10.612 psu，出现时刻分别在 20 时、22 时和 1 时左右，平均落潮盐度分别是 13.818 psu、7.928 psu 和 7.042 psu，落潮最大盐度分别是 16.139 psu、9.549 psu 和 9.768 psu，出现时刻分别在 22 时、0 时和 23 时左右；底层平均涨潮盐度分别是 23.05 psu、19.919 psu 和 21.605 psu，涨潮最大盐度分别是 23.810 psu、20.115 psu 和 24.552 psu，出现时刻分别在 17 时、21 时和 23 时左右，平均落潮盐度分别是 19.488 psu、17.332 psu 和 19.337 psu，落潮最大盐度分别是 19.696 psu、17.595 psu 和 20.943 psu，出现时刻分别在 0 时、2 时和 4 时左右，分析可见：

（1）磨刀门口门表层盐度不论是涨潮还是落潮，平均盐度和最大盐度值都随潮型增大而增大；底层涨落潮盐度随潮型变化趋势不明显，变化幅度也不如表层大；且不论表层还是底层，涨潮期的盐度都大于落潮期的盐度。

（2）比较表底层平均盐度，大、中、小潮型下，涨潮时，磨刀门口门底层盐度比表层盐度分别大 34.5%、39.4% 和 56.4%，落潮时，底层盐度比表层盐度分别大 29.1%、54.3% 和 63.6%，显示潮型越小，口门表、底层盐度相差越大；涨潮时，磨刀门口门底层盐度比表层平均大 43.4%，落潮时的底层盐度比表层平均大 49.0%。因此，落潮时表、底层盐度相差更大。

（3）表、底层涨潮和落潮最大盐度出现时间间隔一般相差一天左右，与一个完整潮周期时间吻合；从出现时刻来看，口门位置表层最大涨潮盐度出现时间一般要晚于底层最大涨潮盐度出现时间，表层最大落潮盐度出现时间一般要早于底层最大落潮盐度出现时间。

6.3.2 磨刀门水道上游盐度特性

磨刀门水道上游竹银距口门近 40 km，上游径流作用明显。本次枯季全潮对口门 8#测点的盐度测量显示（见表 6-2 ~ 表 6-5），大、中、小潮下，该位置表层平均涨潮盐度分别是 0.155 psu、0.149 psu 和 0.147 psu，涨潮最大盐度分别是 0.381 psu、0.152 psu 和 0.149 psu，出现时刻分别是在 0 时、20 时和 13 时左右，平均落潮盐度分别是 0.125 psu、0.160 psu 和 0.144 psu，落潮最大盐度分别是 0.203 psu、0.167 psu 和 0.152 psu，出现时刻分别在 23 时、3 时和 8 时左右；底层平均涨潮盐度分别是 0.194 psu、0.153 psu 和 0.691 psu，涨潮最大盐度分别是 0.427 psu、0.164 psu 和 3.137 psu，出现时刻分别是在 1 时、2 时和 13 时左右，平均落潮盐度分别是 0.769 psu、0.132 psu 和 0.409 psu，落潮最大盐度分别是 2.483 psu、0.166 psu 和 1.855 psu，出现时刻分别在 0 时、3 时和 23 时左右，分析可见：

(1)涨潮时表层平均盐度比落潮时略大，但相差很小，潮型大小对涨、落潮的表层平均盐度影响不大，但涨落潮最大盐度值呈现随潮型增大而增大的趋势；涨潮和落潮时，底层平均盐度和最大盐度都呈现大潮和小潮较大，中潮最小的趋势，潮型对底层平均盐度影响相对较大。

(2)从表、底层平均盐度实测值来看，8#实测点平均盐度值都较小，表、底层平均盐度值相差不大，且底层盐度比表层略大，说明磨刀门水道上游竹银段位置盐度呈现较为均匀混合的趋势。从表、底层涨、落潮最大盐度值来看，表层涨、落潮最大盐度值始终都较小，而底层涨、落潮最大盐度值在大潮和小潮的个别时段出现较大值，说明即使在磨刀门水道上游竹银段，个别时段仍出现明显的盐度分层现象，底层盐度明显大于表层。

(3)大潮时，表、底层涨潮和落潮最大盐度出现时间间隔较长，接近 2 d 时间；中潮和小潮时，最大涨潮和落潮盐度出现时间相距很近，一般不超过 7 h；从出现时刻来看，磨刀门水道竹银段位置表层最大涨潮盐度和最大落潮盐度出现时间一般都要早于底层最大涨潮盐度和最大落潮盐度出现时间。

6.3.3 洪湾水道盐度特性

洪湾水道为近磨刀门水道口门的一个支流，本次实测盐度资料显示(见表 6-2 ~ 表 6-5)，涨潮时，部分潮流从磨刀门水道进入洪湾水道，落潮时，洪湾水道部分潮流进入磨刀门水道。大、中、小潮下，洪湾水道表层平均涨潮盐度分别是 11.626 psu、5.788 psu 和 5.453 psu，平均落潮盐度分别是 13.110 psu、7.343 psu 和 6.511 psu；底层平均涨潮盐度分别是 13.017 psu、9.785 psu 和 9.026 psu，平均落潮盐度分别是 14.756 psu、8.66 psu 和 9.228 psu，分析可见：

(1)涨、落潮时，洪湾水道表、底层平均盐度都呈现随潮型增大而增加的总体趋势，且大潮时的平均盐度远大于中潮和小潮时的平均盐度；涨潮时的平均盐度小于落潮时的平均盐度，该现象与磨刀门水道的变化规律相反；且底层盐度始终都大于表层盐度。

表 6-2　磨刀门水道表层涨落潮平均盐度分布值（单位：psu）

测点	距离（km）	大潮涨	中潮涨	小潮涨	大潮落	中潮落	小潮落	平均		
								大潮	中潮	小潮
1#	0	15. 102	12. 065	9. 415	13. 818	7. 928	7. 042	14. 46	10. 00	8. 23
2#	5	10. 08	7. 401	4. 575	9. 111	5. 633	4. 296	9. 60	6. 52	4. 44
3#	11	9. 692	4. 984	5. 325	8. 731	4. 389	3. 914	9. 21	4. 69	4. 62
5#	17. 2	5. 897	2. 474	1. 878	5. 517	2. 056	2. 180	5. 71	2. 27	2. 03
6#	23. 5	3. 202	0. 856	0. 841	3. 011	0. 686	1. 184	3. 11	0. 77	1. 01
7#	30. 8	1. 237	0. 348	0. 329	1. 244	0. 244	0. 386	1. 24	0. 30	0. 36
8#	39. 1	0. 155	0. 149	0. 147	0. 125	0. 160	0. 144	0. 14	0. 15	0. 15

表 6-3　磨刀门水道底层涨落潮平均盐度分布值（单位：psu）

测点	距离（km）	大潮涨	中潮涨	小潮涨	大潮落	中潮落	小潮落	平均		
								大潮	中潮	小潮
1#	0	23. 05	19. 919	21. 605	19. 488	17. 332	19. 337	21. 27	18. 63	20. 47
2#	5	20. 047	16. 874	20. 059	23. 572	15. 013	17. 277	21. 81	15. 94	18. 67
3#	11	15. 397	15. 635	17. 936	13. 495	12. 335	14. 415	14. 45	13. 99	16. 18
5#	17. 2	11. 073	9. 743	14. 163	8. 101	7. 293	11. 754	9. 59	8. 52	12. 96
6#	23. 5	6. 713	2. 822	8. 247	3. 972	1. 79	7. 668	5. 34	2. 31	7. 96
7#	30. 8	2. 184	1. 42	4. 449	2. 677	0. 762	3. 839	2. 43	1. 09	4. 14
8#	39. 1	0. 194	0. 153	0. 691	0. 769	0. 132	0. 409	0. 48	0. 14	0. 55

表 6-4 磨刀门水道表层涨落潮最大盐度分布值（单位:psu）

测点	距离（km）	大潮涨	中潮涨	小潮涨	大潮落	中潮落	小潮落	平均		
								大潮	中潮	小潮
1#	0	20. 565	15. 613	10. 612	16. 139	9. 549	9. 768	18. 35	12. 58	10. 19
2#	5	14. 490	8. 314	5. 724	12. 429	6. 349	5. 279	13. 46	7. 33	5. 50
3#	11	10. 262	5. 934	6. 536	9. 552	5. 164	4. 184	9. 91	5. 55	5. 36
5#	17. 2	6. 177	3. 170	2. 404	6. 025	2. 313	2. 754	6. 10	2. 74	2. 58
6#	23. 5	4. 458	1. 635	1. 236	4. 811	1. 537	1. 482	4. 63	1. 59	1. 36
7#	30. 8	2. 277	0. 598	0. 627	2. 605	0. 298	0. 796	2. 44	0. 45	0. 71
8#	39. 1	0. 381	0. 152	0. 149	0. 203	0. 167	0. 152	0. 29	0. 16	0. 15

表 6-5 磨刀门水道底层涨落潮最大盐度分布值（单位:psu）

测点	距离（km）	大潮涨	中潮涨	小潮涨	大潮落	中潮落	小潮落	平均		
								大潮	中潮	小潮
1#	0	23. 810	20. 115	24. 552	19. 696	17. 595	20. 943	21. 75	18. 86	22. 75
2#	5	20. 055	19. 781	22. 202	26. 369	19. 076	21. 056	23. 21	19. 43	21. 63
3#	11	19. 907	18. 927	19. 001	17. 283	14. 942	17. 391	18. 60	16. 93	18. 20
5#	17. 2	15. 789	14. 095	17. 277	11. 511	8. 582	14. 627	13. 65	11. 34	15. 95
6#	23. 5	8. 741	6. 128	10. 989	6. 262	2. 477	9. 594	7. 50	4. 30	10. 29
7#	30. 8	3. 456	2. 868	8. 075	4. 334	2. 212	6. 188	3. 90	2. 54	7. 13
8#	39. 1	0. 427	0. 164	3. 137	2. 483	0. 166	1. 855	1. 46	0. 17	2. 50

（2）由于洪湾水道西端于挂定角与磨刀门水道连通，东端于澳门跨海大桥与珠江口外伶仃洋海域连通，该水道流态和盐度同时受两端海域涨落潮汐的影响。涨潮时，磨刀门水道部分涨潮流进入该水道，水流流向由西向东，落潮时，洪湾水道部分水流进入磨刀门水

道，流向由东向西。磨刀门和珠江口门面向外海海域都为南海海域，由于磨刀门涨潮时部分潮流进入洪湾水道落潮流，落潮时，洪湾水道水流进入磨刀门水道从而在该水道内形成涨潮流，因此可推定，实测期间洪湾水道西侧的磨刀门水道涨落潮时间要早于东侧的外伶仃洋海域。

由于洪湾水道同时受磨刀门水道涨落潮汐和外伶仃洋海域涨落潮汐的影响，该水道盐度变化规律也与此紧密相关；3#测点紧邻洪湾水道与磨刀门水道分流口的下游，涨潮时，潮流首先经3#测点流向磨刀门水道上游和洪湾水道，落潮时，磨刀门水道上游落潮流与洪湾水道部分潮流汇合经3#测点流向磨刀门口门；比较3#测点与4#测点盐度可见(见表6-6)：

(1)比较磨刀门水道和洪湾水道表底层盐度可见，涨潮时，洪湾水道表层盐度普遍大于磨刀门水道，底层盐度则普遍小于磨刀门水道；落潮时，洪湾水道表层盐度也普遍大于磨刀门水道，底层盐度呈现中潮和小潮时小于磨刀门水道，大潮时略大于磨刀门水道。

(2)比较可见，磨刀门水道表、底层盐度分层现象较洪湾水道更为显著，洪湾水道表、底层盐度混合更为均匀。主要原因：一方面是洪湾水道无明显淡水径流，不易形成分层现象；另一方面是该水道较窄、水深也较磨刀门水道浅，在各种自然和人为因素扰动下，底层盐度更容易扩散到表层。

表6-6　测点3#与测点4#表底层平均盐度比较　(单位：psu)

位置层	测点	大潮		中潮		小潮	
		涨	落	涨	落	涨	落
表层	3#	9.692	8.731	4.984	4.389	5.325	3.914
	4#	11.626	13.11	5.788	7.343	5.453	6.511
底层	3#	15.397	13.495	15.635	12.335	17.936	14.415
	4#	13.017	14.756	9.785	8.66	9.026	9.228

6.3.4 磨刀门水道盐度分布特性

图6-6 ~ 图6-9 给出本次实测枯季表、底层平均盐度和涨落潮最大盐度沿磨刀门水道的分布，其中以口门1号实测点为距离坐标原点，分析可见：

（1）本次测量显示，各潮型涨、落潮下，表、底层盐度总体呈现依次向上游递减的趋势；其中口门位置表、底层平均盐度在不同潮型和涨落潮下相差较大，变化范围为17 ~ 24 psu，上游竹银位置不同潮型下的表、底层盐度相差较小，平均涨落潮盐度都在1 psu以内。

（2）磨刀门水道沿程表层涨、落潮盐度基本呈现随潮型增大而增大的趋势，底层涨、落潮盐度大体呈现随潮型减小而增大的趋势，即小潮时的底层涨、落潮平均盐度反而要大于大潮和中潮，且小潮期间涨潮的盐度要大于落潮。

（3）从磨刀门水道沿程表、底层盐度相差比例统计来看，大、中、小潮期间底层平均盐度比表层大43.1%、53.4%和77.4%，由此可见，小潮期间，磨刀门水道表、底层盐度差别远大于大潮和中潮，可见小潮期间更容易形成盐水楔或盐水异重流现象。

（4）各测点实测到的涨落潮期间的最大盐度值变化规律与平均盐度变化规律一致；但从竹银段8#实测点实测资料来看，尽管该位置表、底层涨落潮平均盐度值都小于1 psu，且表层最大实测盐度值也都小于1 psu，但底层在小潮涨潮期间及大潮落潮期间的部分时段内盐度仍达到3.137 psu和2.483 psu，可见即使在该位置，底层盐水入侵的现象也相当明显。

从本次枯季磨刀门水道实测表、底层盐度资料分析可见，磨刀门水道表层盐度显著小于底层盐度，小潮期间该现象最为明显，且小潮期间的底层盐度要大于大潮和中潮，显示磨刀门水道枯季小潮期间的盐水入侵更为严重，并形成明显的盐水分层现象，而表层盐度变化规律仍基本遵循随潮型增大而增大的规律。该现象与刘杰斌等[105]根据2008 ~ 2009年枯季丰水年和2007 ~ 2008年枯季枯水年磨刀门水道表层实测盐度资料分析得到的规律基本一致,但本次测量显示,磨刀门水道表层盐度值仍取决于潮型的大小,潮型越大,表层盐度值也越大。

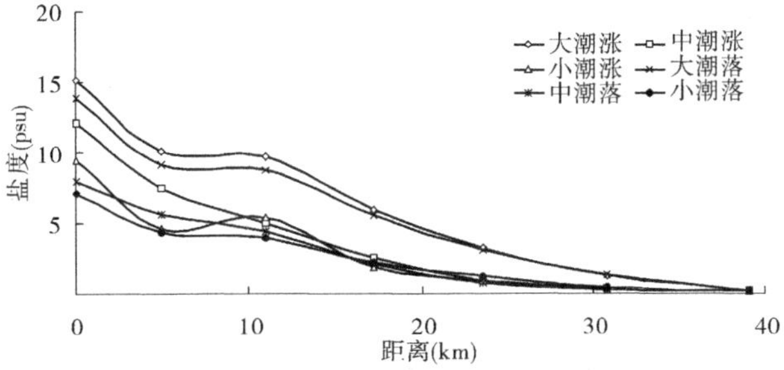

图 6-6　磨刀门水道枯季表层涨落潮平均盐度分布

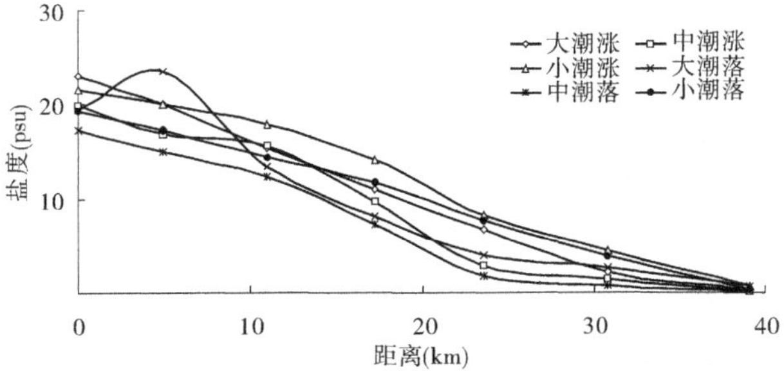

图 6-7　磨刀门水道枯季底层涨落潮平均盐度分布

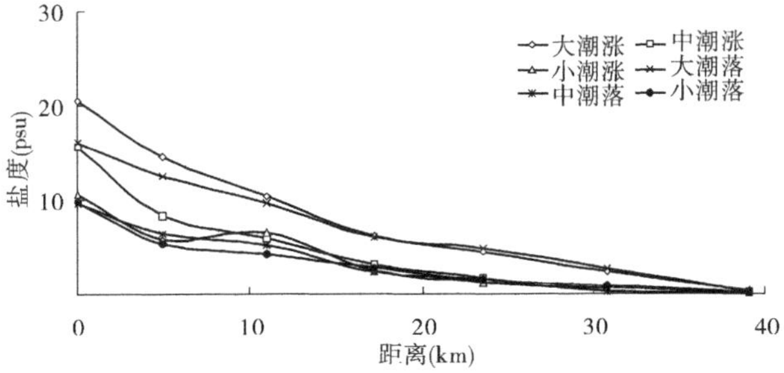

图 6-8　磨刀门水道枯季表层涨落潮最大盐度分布

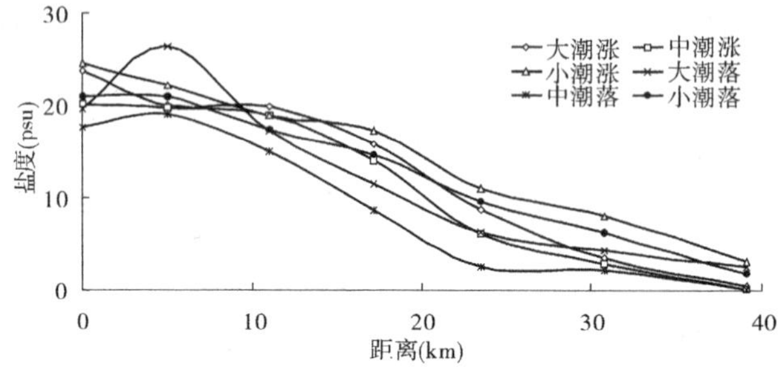

图 6-9　磨刀门水道枯季底层涨落潮最大盐度分布

6.4　磨刀门水道盐水入侵规律探讨

6.4.1　不同潮型下的磨刀门水道盐度分布规律

为更为直观地探寻磨刀门水道沿程盐度变化特性,对大、中、小潮下沿程表、底层平均盐度实测值进行拟合,见图 6-10 和图 6-11,得到平均盐度变化规律拟合曲线如下:

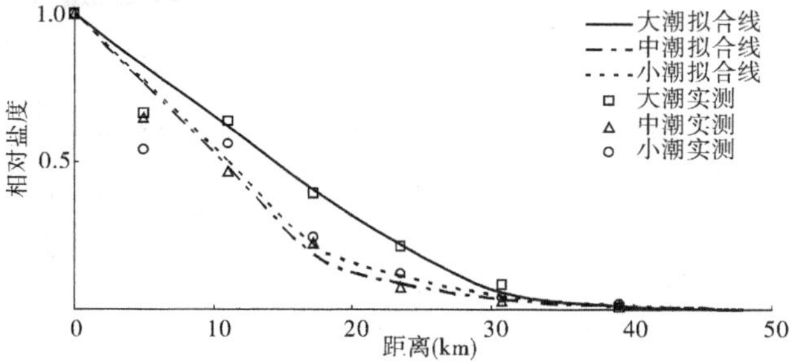

图 6-10　磨刀门水道枯季表层盐度拟合线比较

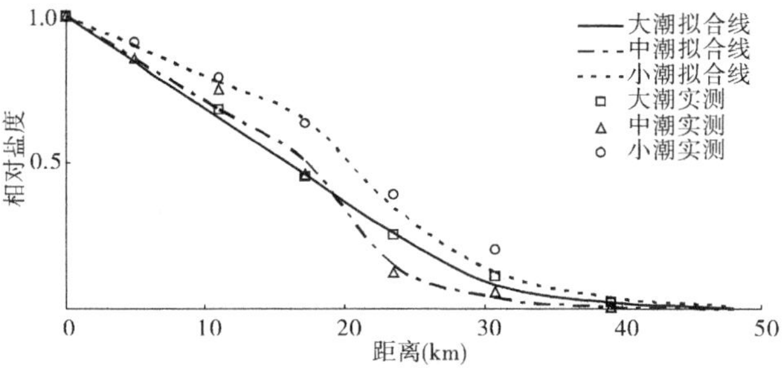

图 6-11　磨刀门水道枯季底层盐度拟合线比较

(1)表层盐度变化规律曲线：

大潮：

$$\begin{cases} \dfrac{S}{S_s} = -0.0347x + 1, x \leqslant 23\ \text{km} \\ \dfrac{S}{S_s} = 28.624e^{-0.2001x}, x > 23\ \text{km} \end{cases}$$

中潮：

$$\begin{cases} \dfrac{S}{S_s} = -0.0473x + 1, x \leqslant 17\ \text{km} \\ \dfrac{S}{S_s} = 1.5596e^{-0.1222x}, x > 17\ \text{km} \end{cases}$$

小潮：

$$\begin{cases} \dfrac{S}{S_s} = -0.0455x + 1, x \leqslant 17\ \text{km} \\ \dfrac{S}{S_s} = 2.0537e^{-0.1225x}, x > 17\ \text{km} \end{cases}$$

(2)底层盐度变化规律曲线：

大潮：

$$\begin{cases} \dfrac{S}{S_b} = -0.0315x + 1, x \leqslant 23\ \text{km} \\ \dfrac{S}{S_b} = 9.9e^{-0.1552x}, x > 23\ \text{km} \end{cases}$$

中潮：

$$\begin{cases}\dfrac{S}{S_b} = -0.029x + 1, x \leqslant 17\ \text{km} \\ \dfrac{S}{S_b} = 10.026e^{-0.1791x}, x > 17\ \text{km}\end{cases}$$

小潮：

$$\begin{cases}\dfrac{S}{S_b} = -0.0205x + 1, x \leqslant 17\ \text{km} \\ \dfrac{S}{S_b} = 9.4704e^{-0.1411x}, x > 17\ \text{km}\end{cases}$$

式中，S 表示磨刀门水道上游表层或底层位置的盐度，psu；S_s、S_b 分别为表层盐度和底层盐度，psu；$\frac{S}{S_s}$和$\frac{S}{S_b}$为相对盐度；x 为以口门 1#测点为原点向上游方向的距离，km。

由拟合公式及图 6-10 和图 6-11 分析可见：

(1)磨刀门水道表、底层平均盐度分布规律可采用两段曲线进行较好的拟合，靠近口门位置河段盐度可采用直线拟合，即盐度分布规律呈现直线递减趋势，之后可采用指数曲线拟合，即上游段盐度呈现指数递减规律；大潮时，两变化曲线分界位置在离口门 23 km 左右(6#测点，联石湾水闸附近)，中潮和小潮时，该分界位置在离口门 17 km 左右(5#测点，大冲口水闸附近)。

(2)从磨刀门水道向上游方向表层盐度递减规律分布曲线来看，中潮和小潮时的表层盐度分布曲线相当接近，且在离口门 30 km (7#测点)内，中潮和小潮时的磨刀门水道表层盐度明显小于大潮时的表层盐度，之后各潮型下的平均盐度差别不大；显示枯季磨刀门口门海域不同潮型对磨刀门水道盐度的影响主要集中在近口门 30 km 范围的水域。

(3)从磨刀门水道底层盐度向上游方向沿程变化来看，大、中、小潮下近口门的盐度直线变化斜率分别是 -0.031 5、-0.029 和

-0.020 5，可见小潮时底层盐度向上游方向减小的最为缓慢；盐度呈指数变化时，大、中、小潮下的指数参数分别是-0.155 2、-0.179 1 和-0.141 1，同样可见小潮时的底层盐度衰减最为缓慢；潮型对底层盐度的影响距离在离磨刀门口门约 40 km 左右的上游水道，已经达到本次测量的上游端竹银段，明显比表层影响范围大。

（4）表 6-7 给出了各测点位置表、底层盐度的差值（底层盐度减去表层盐度），可见，表、底层最大盐度差值位置出现在 2#测点（横琴水文站）附近，且潮型越小，表底盐度差值越大，越容易形成盐水楔或盐水异重流现象。

根据此处分析得到的磨刀门水道沿程表、底层盐度分布曲线，通过测量磨刀门口门位置表、底层盐度，可以极为方便地粗略估算磨刀门水道上游各位置表、底层的盐度值。但必须指出的是，若将该经验公式应用到实际咸潮预测和预报中，还需要进一步的检验和完善。

表 6-7　磨刀门水道各测点表底层盐度差值

测点	距离(km)	大潮	中潮	小潮
1#	0	6.81	8.63	12.24
2#	5	12.21	9.42	14.23
3#	11	5.24	9.30	11.56
5#	17.2	3.88	6.25	10.93
6#	23.5	2.23	1.54	6.95
7#	30.8	1.19	0.79	3.78

6.4.2　咸潮入侵距离分析

6.4.2.1　盐度入侵距离分析

图 6-12 和图 6-13 根据实测表、底层盐度计算了各时刻盐度分别为 0.5 psu 和 5.0 psu 的入侵距离。由于本次实测最上游竹银（8#测点）距离磨刀门口门1#实测点不足 40 km，计算中显示，有部分时段

盐度为0.5 psu和5.0 psu的盐度线向上游的入侵距离超过了8#测点,致使无法计算其向上游入侵的准确距离,图中在此时刻缺少数据,此处论述也以大于40 km予以表述;同时图6-13中表层盐度为5.0 psu的盐度线在12月22~25日部分时段退到磨刀门口门1#测点之外的外海区,也缺少实测数据,以退出口门予以表述。由图可见:

(1)不论是表层还是底层,各时刻低盐度值0.5 psu的等值线向上游的入侵距离都大于5.0 psu盐度等值线的入侵距离,底层盐度入侵距离都大于表层盐度的入侵距离。

(2)从本次枯季磨刀门水道底层盐度入侵距离来看,从开始测量的12月10日(农历十月二十四日,小潮)至16日(农历十一月初一)大潮出现的时间段内,0.5 psu和5.0 psu的盐度等值线入侵距离基本上都超过了竹银的8#测点,入侵距离都大于40 km;16日大潮过后,0.5 psu和5.0 psu的盐度等值线才退回到8#测点下游,然后一直至22日小潮(初七),两盐度等值线的入侵距离略有减少,但总体变化不大,再从22~25日(中潮,初十),两盐度等值线向上游的入侵距离开始明显增加,尤其是从12月24日开始,表层0.5 psu盐度线入侵距离再次越过8#测点,达到其上游。

(3)从本次枯季磨刀门水道表层盐度入侵距离来看,从开始测量的12月10日(农历十月二十四日,小潮)至15日(农历十月二十九日)大潮出现前夕的时间段内,0.5 psu的表层盐度等值线入侵距离在部分时间段内超过40 km,而5.0 psu的表层盐度等值线入侵距离一直呈现不断增加的趋势;从15日(大潮)至22日(小潮)时间段内,0.5 psu和5.0 psu的盐度等值线入侵距离出现显著减少;从22日至25日时间段,0.5 psu盐度等值线入侵距离逐渐增加,而5.0 psu盐度等值线变化不大,局部时段甚至退出口门之外。

(4)从盐水入侵距离的波动情况来看,表、底层在中潮和小潮期间的盐度入侵距离的波动幅度明显小于大潮,低盐度等值线(0.5 psu)入侵距离的波动幅度小于高盐度等值线(5.0 psu);盐水入侵距离较为稳定的时间段一般出现在小潮至大潮来临的时间段之间,波动幅度最大的时间段则在大潮—小潮之间的时间段。

(5)尽管底层盐度入侵距离在很长一部分时间超过 40 km,不能了解其入侵的变化规律,但根据底层盐度入侵距离大于表层,且表层盐度入侵距离数据基本完整的前提下,可推测部分底层盐度入侵距离缺乏的时段,其变化规律应与表层基本一致。

因此,从本次枯季实测磨刀门水道盐度来看,磨刀门表、底层盐度等值线向上游入侵距离变化的总体规律是:小潮至大潮期间,盐度等值线不断向上游推进,直至大潮期间达到最大,然后逐渐减小,到下一个小潮期间减至最小,然后逐渐增加;因此,本次测量显示,磨刀门水道盐度入侵仍然是大潮期间的入侵距离最大,小潮期间最小。显然,该现象与包芸等[107]根据 2007 年 11 月 10 日 ~2008 年 2 月 20 日连续三个月的磨刀门枯季表层盐度运动变化规律基本一致,包芸等[107]观测到磨刀门水道咸潮在小潮前后两天出现迅速上溯,之后在大潮来临之前在磨刀门水道内高位振荡和徘徊,导致磨刀门水道出现严重的咸潮灾害,只有当大潮出现后,盐水才逐步退出磨刀门水道。

6.4.2.2 盐水入侵距离的经验公式与实测统计值的对比

采用 6.4.1 节推导出的经验公式,也可以粗略预测磨刀门水道不同盐度等值线的入侵距离。此处依据实测口门 1#测点的表层和底层盐度值,分别选取盐度值为 0.5 psu 和 5.0 psu 的入侵距离进行了对比分析,结果见图 6-14 和图 6-15。可见:

(1)总体来看,由 6.4.1 节的经验公式预测出的盐度入侵距离与实测统计值在大部分时间内较为吻合,且变化趋势基本一致;但部分时段差距较大,其中尤其是在表层大潮期间以及底层小潮之后的时间段。

(2)由于 6.4.1 节的经验公式分别是以大、中、小潮期间的平均盐度值推导出来的,因此由该经验公式预测出的盐度入侵距离更多的是一个平均概念,其预测的盐度入侵距离波动范围也不如实测值大，尤其在大潮期间，潮动力强，盐水在磨刀门水道内来回振荡幅度很大，采用该经验公式预测的误差较大。

(3)底层盐水在小潮期间及之后出现的显著上溯现象较为特别，包芸等[107]也观察到该现象的存在，经分析认为，该时间段内，磨刀门上游马口等分水口分流比出现明显变化，导致磨刀门水道径流明显减少，磨刀门口门的净流量为负值，导致高盐度水体似乎被吸附一样产生强烈的上溯，显然出现该情况时，磨刀门水道的径潮动力发生明显变化，采用经验公式预测盐水入侵同样会产生较大误差。

6.4.3 磨刀门水道咸潮振荡变化规律分析

图6-16给出了磨刀门口门1#测点涨潮或落潮时段内0.5 psu和5.0 psu盐度线向口门上游入侵距离的振荡幅度统计。

6.4.3.1 表层盐度线振荡变化规律

(1)涨潮或落潮时段内，表层盐度线在磨刀门水道内上溯或后退与口门涨落潮变化并无明显的直接对应关系，即不管口门是涨潮还是落潮，表层盐度线可能上溯，也可能后退，如中潮涨潮期间(12月21日11.823~12月21日13.181)，表层0.5 psu和5.0 psu盐度线分别后退了0.631 km和3.811 km，而在相邻涨潮期间(12月21日20.321~12月22日1.055)，0.5 psu盐度线后退了0.337 km，5.0 psu盐度线则向上游推进了3.784 km；主要是由于口门涨落潮传播到水道上游存在一定的时差所致。

(2)潮型大小与高含盐度5.0 psu的盐度线振荡幅度存在较为明显的对应关系，潮型越大，该盐度线的变化幅度越大；本次开始统计的起始时段内(12月10日16~12月10日18.69，小潮涨潮)，该盐度线振荡幅度为3.004 km(后退)，到12月15日20.658~12月16日8.329大潮落潮期间，该盐度线变化幅度为12.54 km(前进)，然后随着潮型减小，该高含盐度线振荡幅度也逐渐减弱；由于高浓度盐水更为靠近口门，受上游径流影响作用相对较小，与冲淡水掺混少，因此其向上游入侵的强弱主要受潮汐强度的影响。

(3)从本次测量的数据统计到表层低含盐度 0.5 psu 的盐度线振荡幅度来看,其振荡幅度总体呈现逐渐增加趋势,从本次统计数据起始时段内的振荡幅度 1.32 km 到大潮期间最大 8.259 km(12 月 15 日 20.658 ~ 12 月 16 日 8.329 落),再到中潮期间的 11.545 km(12 月 19 日 0.271 ~ 12 月 19 日 10.656 落),然后到小潮期间的 20.892 km(12 月 25 日 1.678 ~ 12 月 25 日 12.957 落);可见,到本次测量时间终止的小潮期间,该盐度线出现迅速向上游入侵的现象。

(4)比较高、低盐度线振荡幅度来看,大潮期间,高含盐度线的振荡幅度大于低含盐度线,而中潮和小潮期间,呈现低含盐度线的振荡幅度大于高含盐度的趋势;且从涨、落潮期间的盐度振荡幅度来看,盐度线大幅度的振荡基本出现在落潮期间。

6.4.3.2 底层盐度线振荡变化规律

(1)从本次开始测量的 12 月 10 日中潮至 12 月 15 日大潮出现之间的时间段,底层 0.5 psu 和 5.0 psu 盐度线向上游入侵的距离基本都大于 40 km,即超出了本次测量的最上游竹银位置,无法得知振荡幅度;从大潮开始(12 月 16 日)向小潮(12 月 22 日)过渡的时间段内,两盐度线都有所后退,振荡幅度略有减小;小潮开始之后(12 月 22 日),两盐度线又开始出现向上游入侵的趋势。

(2)不管是高盐度线还是低盐度线,底层盐度线振荡变化与涨、落潮存在显著的对应关系,口门涨潮时,底层盐度线都出现后退,落潮时,底层盐度线都出现上溯,表明磨刀门水道形成了显著的表、底层环流现象。

总结表、底层高低盐度线的振荡变化统计数据和分析可见:

(1)低盐度线由于处于盐水与淡水的交界处,同时受到潮汐和径流冲淡水的作用,其在口门内的振荡变化较高盐度线复杂,从本次实测资料来看,低盐度线上溯的距离与潮型大小基本呈反比,即潮型越小,低盐度线上溯的距离越大,说明小潮期间水流的往复振荡会导致低盐度线迅速向上游扩散和入侵;而高盐度线的上溯则主要是受到潮汐动力作用的影响,潮型越大,其上溯越明显。

(2)由于底层盐度线在涨潮时后退、落潮时上溯,说明磨刀门河口水道沿水深方向形成了显著的环流现象,即由于表层冲淡水向河口流动,导致底层高盐度水形成明显的向上游的补偿流动。

由于磨刀门水道近些年的航道整治、口门延伸、拦门沙的逐渐消失以及人类活动的加剧,致使该水道向窄深型方向发展,河道径流动力加强,冲刷加剧,河道变深,导致口门外高含盐水更容易从底部向河道上游入侵,中、小潮期间,由于潮汐动力弱,高含盐水体难以退出口门,水道内小幅度的往复振荡水流极容易导致盐水迅速向水表层扩散及上溯,从而形成咸潮灾害。

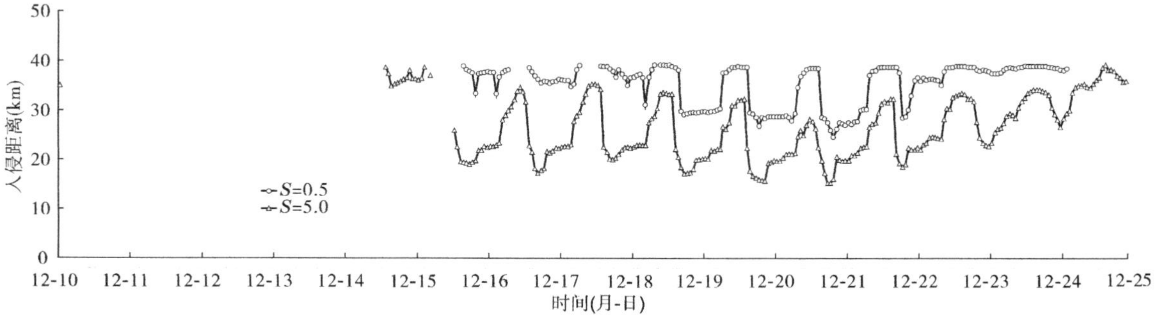

图 6-12　磨刀门水道枯季底层盐度入侵距离

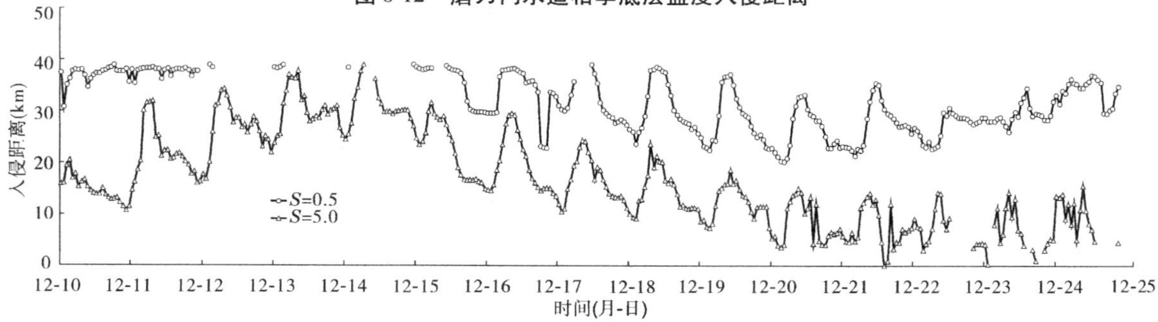

图 6-13　磨刀门水道枯季表层盐度入侵距离

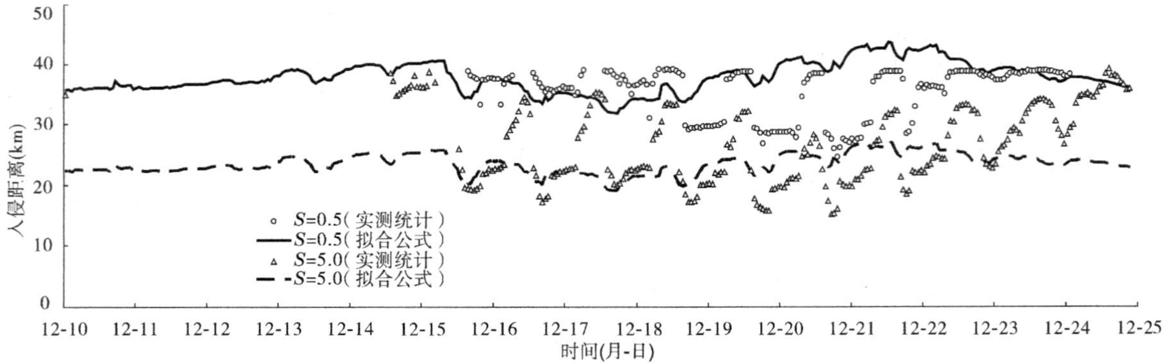

图 6-14　磨刀门水道枯季底层盐度入侵距离实测统计与经验公式对比

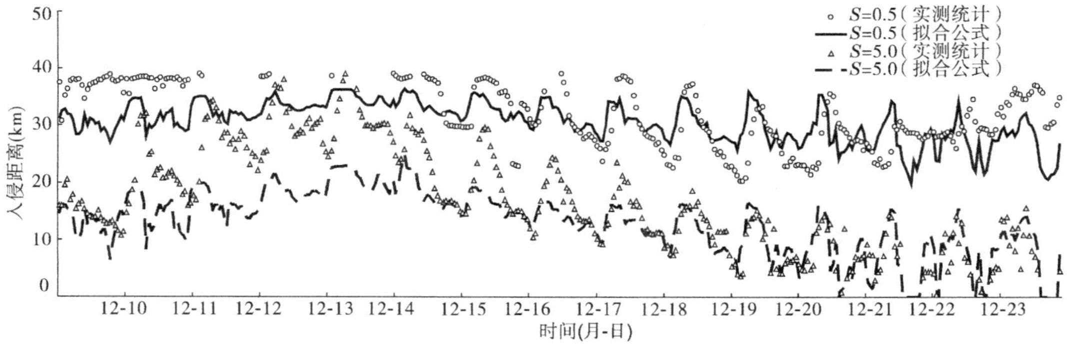

图 6-15　磨刀门水道枯季表层盐度入侵距离实测统计与经验公式对比

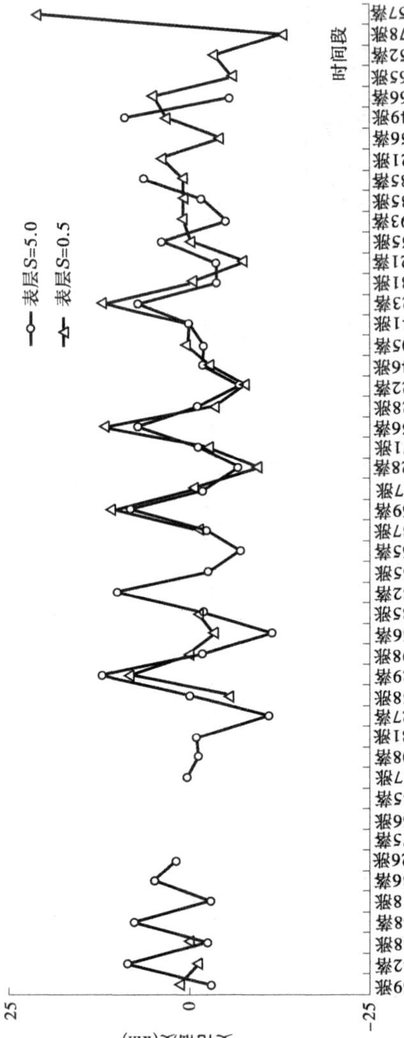

图 6-16 磨刀门水道各涨落潮时段内表层盐度入侵距离振荡幅度图

第 7 章 磨刀门水道水动力和盐度数值模拟及分析

7.1 磨刀门水道三维潮流和盐度数学模型的建立

7.1.1 控制方程

枯季磨刀门水道由于径流减少，盐水入侵容易形成分层现象，具有典型的三维水动力特性。有鉴于此，依托磨刀门水道最新地形资料，此处采用 DELFT3D 软件建立了磨刀门水道三维潮流和盐度数学模型，并采用 2009 年 12 月 10～25 日的实测资料对模型进行了率定和验证。在此基础上，对磨刀门水道的潮流和盐度入侵特性进行了分析和探讨。

控制方程由连续方程、动量方程和盐度方程组成，平面上采用贴体坐标系，垂向上采用 σ 坐标，相关模型的具体方程可参见 2.2 节，所建立的数学模型中已考虑盐度正压和斜压对水流运动的影响，以便更真实地模拟河口径流和潮汐的相互作用。其通用形式如下：

$$\frac{\partial(\rho\varphi)}{\partial t}+\frac{\partial(\rho u_j\varphi)}{\partial x_j}=\frac{\partial}{\partial x_j}\left(\Gamma_\varphi\frac{\partial\varphi}{\partial x_j}\right)+R_\varphi \tag{7-1}$$

式中：φ 为流场中不同物理量的通用变量，对不同方程，余下的项用源项 $R_\varphi(x_i)$ 表示；u_j 为贴体坐标系上 x_j 的速度分量；ρ 为水体密度，其随温度和盐度的变化采用国际通用海水密度计算公式（UNESCO），模型中已考虑由盐度变化引起的水体密度梯度对水流运动的影响；Γ_φ 为扩散项参数。

7.1.2 计算区域及网格

2009年12月10~25日(农历十月二十四日至十一月十日),珠江水利科学研究院[122]对磨刀门水道上至竹银、下至磨刀门口门(大横琴水文站以南约3.9 km)之间近40 km的磨刀门水道中的8个站点的潮位、流速和盐度进行了逐时测量,实测点位置如图5-1所示,其中1#测点位于磨刀门口门位置,距大横琴水文站以南约3.8 km,8#站点位于竹银,4#站点布置在洪湾水道内。数值模拟试验中,为方便验证和提取边界,选取的数学模型计算区域与实测区域一致。采用正交曲线网格对计算区域进行剖分,共计216×27个网格,垂直方向平均分成10层。

7.1.3 边界条件及参数选取

7.1.3.1 边界条件

计算范围内的磨刀门水道边界条件相对较为简单,在该水道上游竹银位置设置为上边界,应用2009年12月10~25日实测流量数据进行控制,下边界主要是磨刀门河口边界和洪湾水道边界,采用同一时期实测潮位控制。

7.1.3.2 初始条件

DELFT3D软件中,初始条件有“冷启动”和“热启动”之分。“冷启动”即给定一个零初始场,依靠模型不断迭代计算以接近实际情况;“热启动”即给定初始水流、水位、盐度等初始场。在潮位和潮流的数值模拟计算中,边界影响能迅速传递到流场内部,因此模拟的流态能迅速趋向于真实值;但在盐度场计算中,由于盐度输移和扩散的缓慢以及遵循物质守恒规律,盐度若给定为零初始场,则计算要花费相当长的计算周期才能达到真实分布状态。因此,如果给定的盐度场能尽量接近真实情况,能提高收敛速度,节省计算时间。有鉴于此,依据2009年枯季磨刀门水道布置的8个实测点位的盐度资料以及实际地形状况,采用插值方法给出了计算区域每一层网格节点上的盐度初始值,有效地缩短了对初始盐度场实际探寻的时间。

7.1.3.3 其他参数选取

根据模型调试显示，模型糙率变化范围为 0.016～0.025，从上游至口门依次减少。由于水平方向相对水深方向大的多，因此水平方向的紊动黏性系数和盐度扩散系数根据模型调试后直接给定为常值即可；在水深垂直方向，则通过 $k-\varepsilon$ 紊流模型计算给出。

7.1.4 模型的验证

由于选取 1#、8#和 4#站点分别作为磨刀门口门、磨刀门水道上游以及洪湾水道的边界控制站点，因此该三个测站不参与验证。图 7-1～图 7-5 给出了 2#和 6#测站的潮位、表底层流速和盐度的验

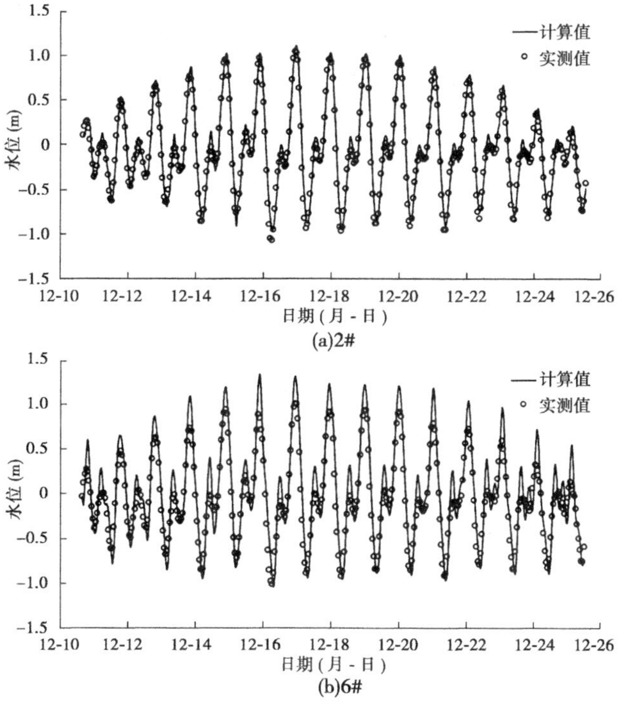

图 7-1　潮位验证图

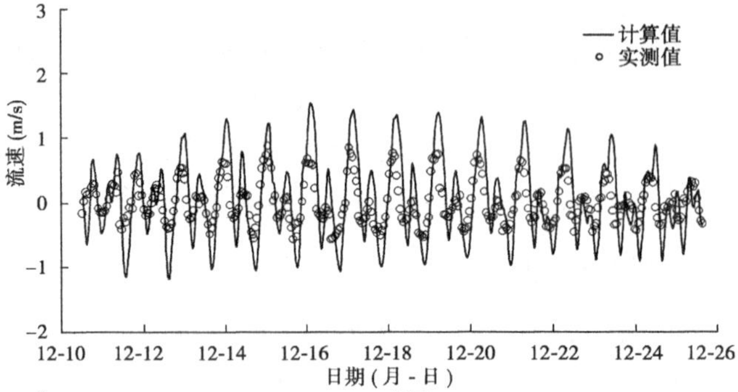

(a) 表层

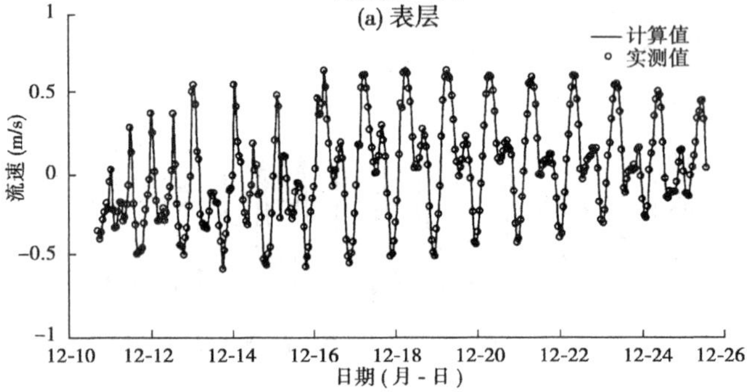

(b) 底层

图 7-2　流速验证图(2#)

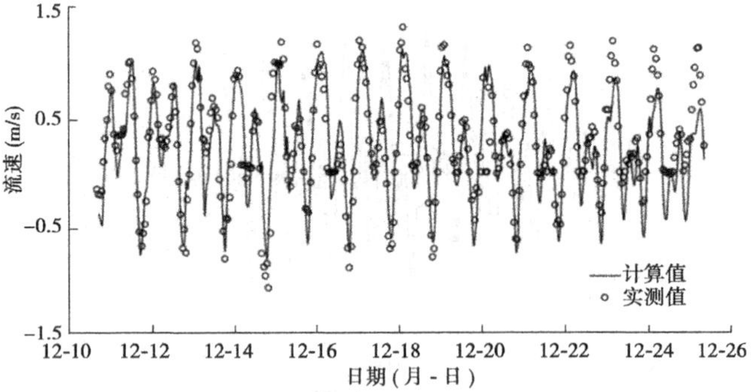

(a) 表层

图 7-3　流速验证图(6#)

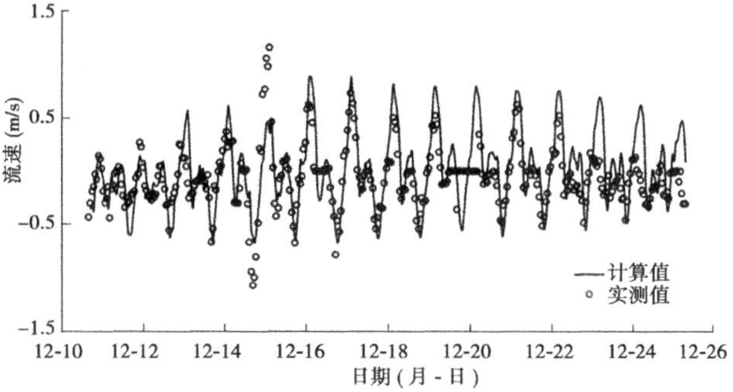

(b) 底层

续图 7-3

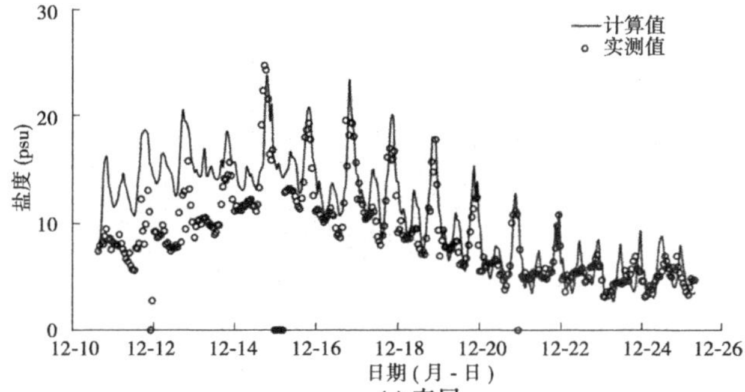

(a) 表层

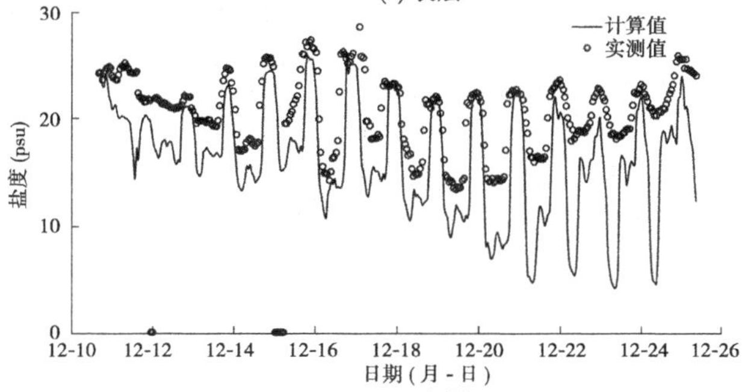

(b) 底层

图 7-4　盐度验证图(2#)

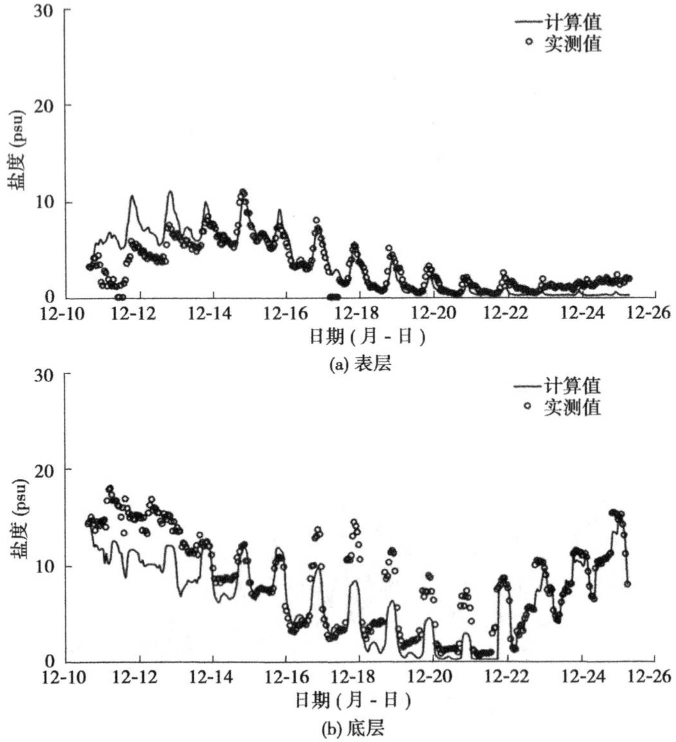

图 7-5 盐度验证图(6#)

证图,其他测站由于篇幅所限不一一列出。验证结果显示,从潮位、流速和盐度各项实测值与数值模拟结果比较来看,数值模拟计算的潮位和流速与实测值吻合较好,潮位的绝对误差在 0.07 m 以内,其中 2#的误差最小,7#的误差最大。流速除了个别站位存在较大的误差,误差均在 10% 左右。盐度吻合相对较差,个别实测点底层盐度数值模拟结果与实测误差较大,尤其是底层靠近上游的验证站位,这可能是与该测量站位资料存在一定误差引起。但从总体来看,模拟计算各测点盐度变化总体趋势与实测基本一致,综合考虑和分析实测过程中各种干扰因素对盐度测量值的影响、局部地形的差异以及数值模拟的误差精度等，认为本模型基本能反映 2009 年 12 月 10 ~ 25 日（农历十月二十四日至十一月十日）期间的潮位、流速和盐度的变化，可以应用本模型来分析该水道潮流和盐度变化规律。

7.2 磨刀门水道水动力和盐度分布特性

7.2.1 流态特性

图 7-6 给出了数值模拟出的磨刀门水道大潮涨落急时刻表层和底层的平面流态（中层及中潮和小潮时刻流态与大潮基本一致，此处没有给出）。结合实测图 5-3 和图 5-4 分析，从平面流态来看，靠近东侧为磨刀门水道主槽，西侧则主要为浅滩分布，因此东侧流速要明显大于西侧。大潮涨急时刻，从口外进入磨刀门水道的涨潮流向北，即 NW 方向；洪湾水道水流为 SE 向，即磨刀门水道部分涨潮流进入到该水道。从表、中、底分层来看，表层平均流速略大于中层和底层平均流速。大潮落急时刻，落潮流速显著大于涨潮流速，磨刀门水道落潮流为 SE 向；洪湾水道流向则为 NW 向，部分潮流进入磨刀门水道。流速存在分层现象，表、中、底三层流速依次减小。根据对中潮和小潮分析显示，磨刀门水道表层落潮流速显著大于涨潮流速，大潮和中潮时，底层落潮流速略大于涨潮流速，小潮时，底层落潮流速略小于涨潮流速；磨刀门水道表层平均涨潮流速值随潮型增大而增大，显示涨潮时潮流在磨刀门水道内占优势；落潮流时，径流作用凸显，与落潮流相互作用，导致河道流速变化较为复杂，随潮型变化趋势不明显；各潮型下，底层涨、落潮流速都随潮型增大而增大。总体来看，枯季磨刀门水道总体涨、落潮流速都不大，各潮型下的表层总体涨潮平均流速都在 0.5 m/s 以内，总体落潮平均流速在 0.8 m/s 以内；底层总体涨落潮平均流速都在 0.5 m/s 以内。

枯季小潮期间，由于径流和潮动力都很弱，容易出现由于盐水入侵造成的密度分层现象，表层淡水向海漂移，而底层盐水则由于补偿

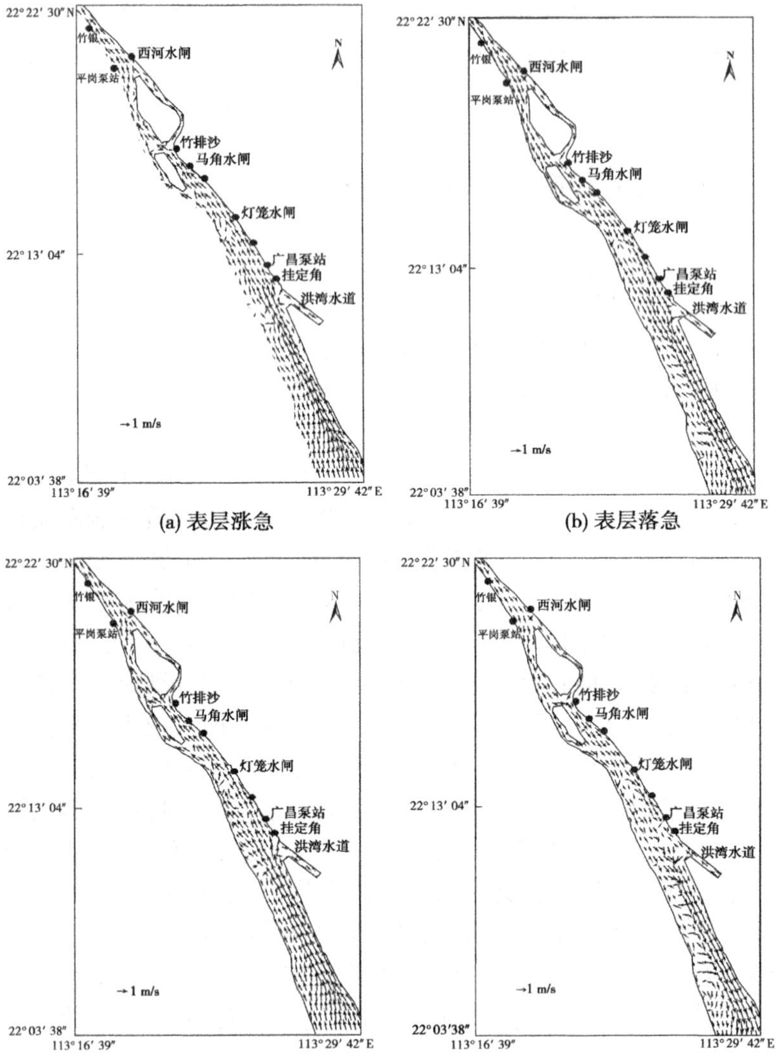

(a) 表层涨急　(b) 表层落急

(c) 底层涨急　(d) 底层落急

图 7-6　磨刀门水道大潮期间涨落急流态

流和盐度斜压力等作用，向上游运动。图 7-7 给出了低低潮位时刻(12 月 11 日 1 时小潮低潮)磨刀门水道的纵剖面流速等值线，此时流速处于涨落潮的交替时刻。纵坐标为高程，横坐标为距离，坐标原点设为口门位置 1#测点。图中流速为正表示流向向海，负值表示流向向陆。可见，小潮低潮时刻，底层水流以向陆运动为主，表层水流以向海运动为主，表底层流向相反，垂向上，流向变化的位置流速等值线分布较为密集，流速梯度变化大。实测期间，该现象在口门 1#测点能明显观察到。大、中、小潮型下，1#测点表层平均落潮和涨潮历时分别为 8. 8 h 和 3. 9 h、12. 5 h 和 3. 8 h、8. 6 h 和 3. 9 h；底层平均落潮和涨潮历时分别为 8. 0 h 和 16. 8 h、7. 3 h 和 17. 0 h、6. 0 h 和 18. 9 h。该测点表层和底层涨落潮时段不完全重合，说明表层和底层流向存在不一致的时段；从各潮型来看，表、底层流速相反的时间段一般出现在经过第一个长时间的落潮流之后的第二个较短落潮时间段内。且沿水深方向流向发生变化的位置随潮动力减弱而有向水面移动的趋势。

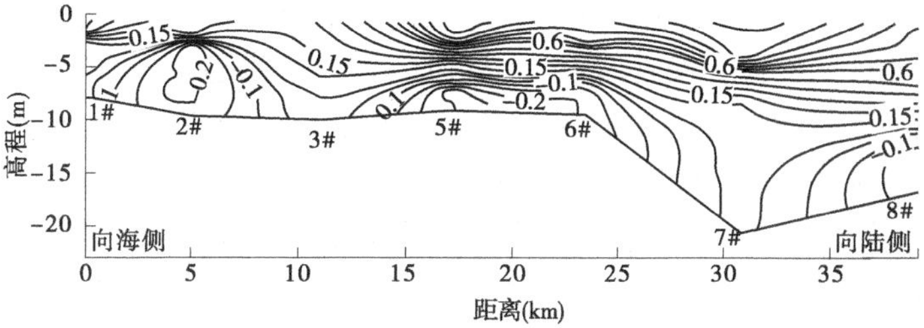

图 7-7　磨刀门水道小潮纵剖面流速图

7.2.2　盐度平面分布特性

图 7-8 给出了大潮涨落急时刻表、底层的盐度分布。由于磨刀门水道从口门至与洪湾水道汇合口之间河段的主槽靠近东岸，因此表底层盐度入侵也主要受地形影响明显，总体呈现涨潮时磨刀门水道东侧盐度高于西侧，落潮时东侧盐度小于西侧的趋势。涨急时，表

层和底层 10 psu 的盐度线分别到达挂定角和大冲口水闸附近；落急时，表层和底层 10 psu 的盐度线则都到达灯笼水闸附近。可见，涨潮时，10 psu 的底层盐度等值线入侵距离超过表层；落潮时，两者相差不大；同时可见，落潮时的盐度向上游入侵的距离反而超过涨潮。涨落潮时，竹排沙浅滩东侧水道盐度总体小于西侧，大排沙浅滩东侧石岐水道盐度则明显大于西侧磨刀门水道。从表、底层盐度等值线分布来看，涨落潮时底层盐度等值线分布梯度显著大于表层，同一位置的底层盐度明显高于表层。中潮和小潮期间涨落急的盐度平面分布呈现相同特征，且由地形影响造成的近磨刀门水道口门处东西两侧的盐度差别更为明显。

7.2.3 盐度垂向分布特性

为探讨大、中、小潮下磨刀门水道盐度在垂向上的变化规律，图 7-9给出沿主槽对应剖面涨落潮下的盐度垂向分布，纵剖面线平面位置示意如图 7-10 所示。由于磨刀门水道地形变化对盐水入侵影响明显，为分析方便，根据水深地形特征，大致可以将磨刀门水道近口门河段分为 4 段：河段 1 为从口门到洪湾水道汇合口处，河段长度大致为 15 km，从口门向河道上游方向 14 km 范围内，河底地形高程从大约 -4 m 下降至接近 -12 m，然后在 1 km 内迅速上升到约 -3 m；河段 2 为从洪湾水道汇合口到竹排沙，该河段长约 16 km，呈现两端高、中间低的形态，该河段下游端地形高程为 -3 m，上游端地形高程接近 0 m，中间最低位置地形高程为 -12 m 左右；河段 3 为石岐水道，该水道位于大排沙的东侧，河道长度约 6 km，从纵剖面地形上看，水深较浅，也呈现两端高、中间低的形式；河段 4 为从磨刀门水道进入石岐水道分流口往上游方向河段，该河段河床地形由 -2 m 高程在 5 km 距离内迅速下降到 -15 m。根据各潮型下的纵剖面盐度分布分析各河段盐度特性可见：

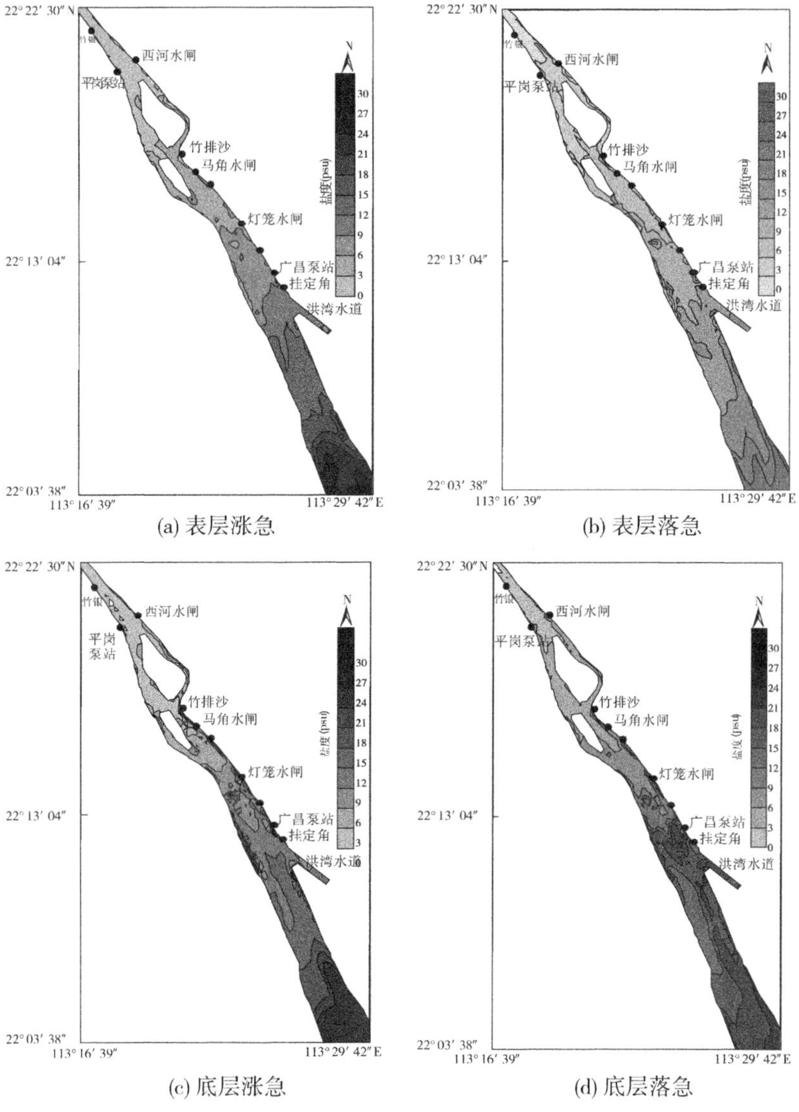

图 7-8　磨刀门水道大潮期间盐度分布

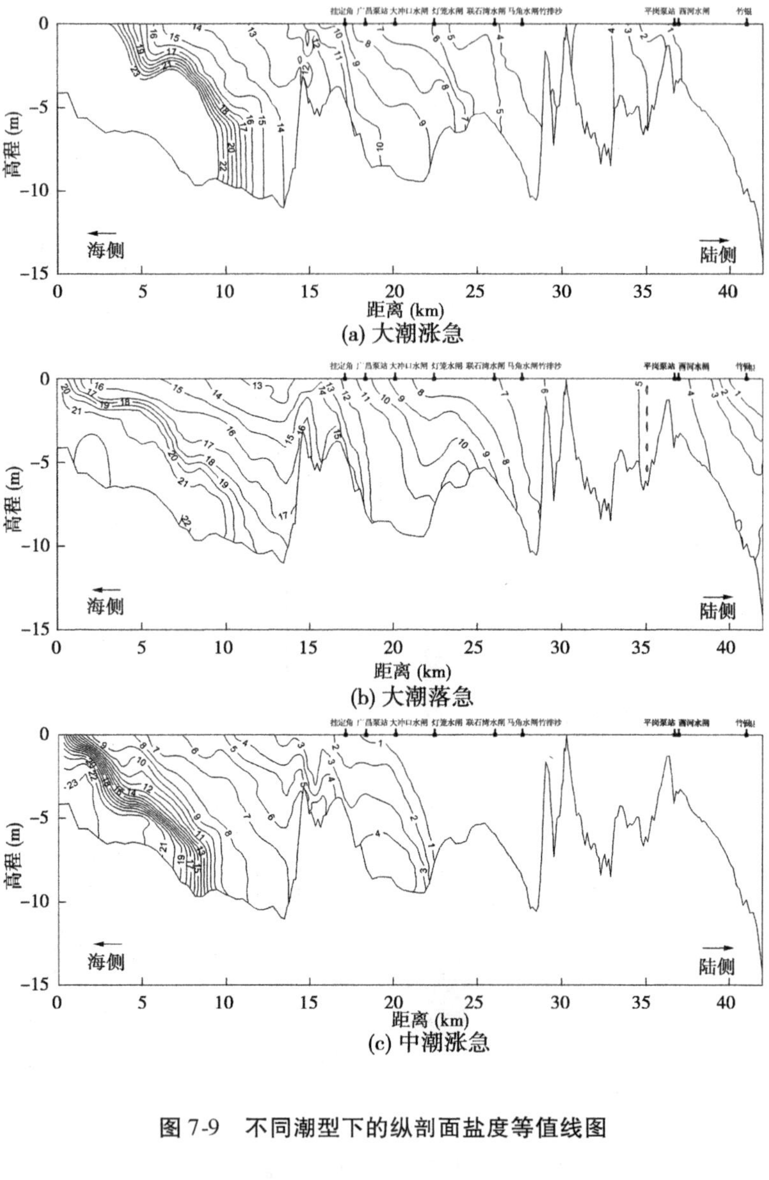

图 7-9　不同潮型下的纵剖面盐度等值线图

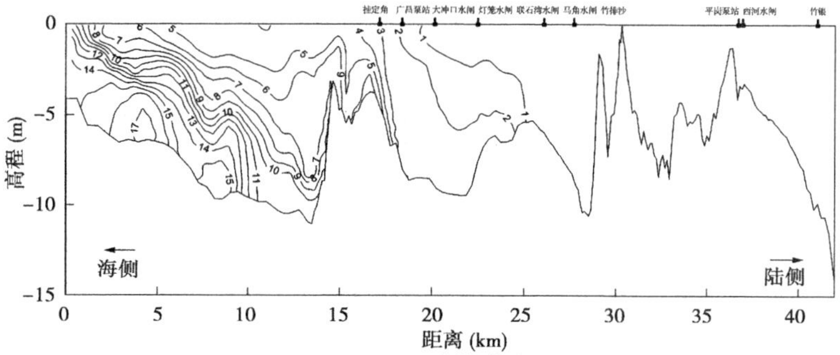

(d) 中潮落急

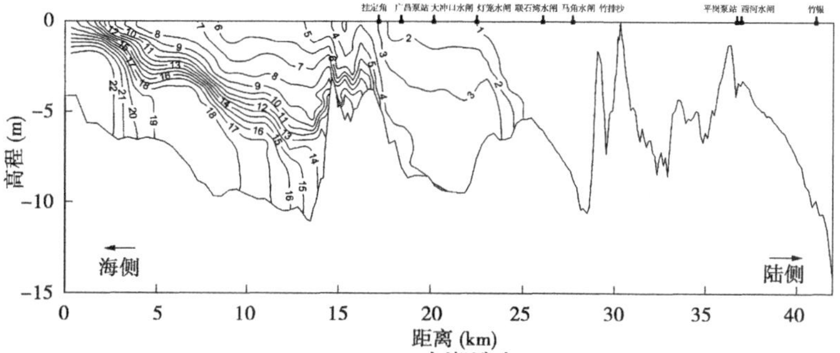

(e) 小潮涨急

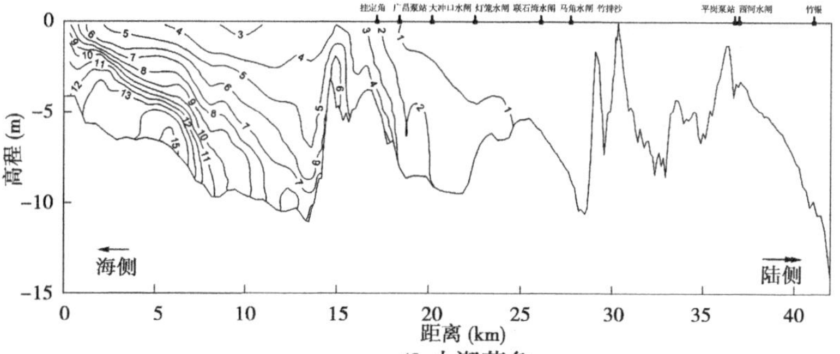

(f) 小潮落急

续图 7-9

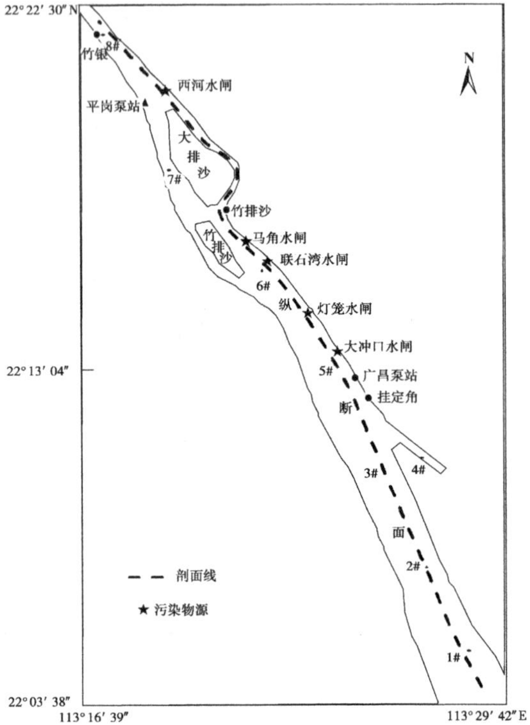

图 7-10　盐度纵剖面位置图

(1)大潮涨急时,外海高盐度(盐度在 20 psu 以上)的纯海水进入到磨刀门水道河段 1 内,表层和底层入侵距离分别达 4 km 和 10 km 左右,底层高盐水体入侵距离显著大于表层,高盐海水与冲淡水接触锋面盐度等值线分布密集,盐度等值线整体呈现垂直分布,与洪湾水道汇合口处盐度约为 12 psu;河段 2 盐度等值线总体也呈现垂向分布,底层盐水入侵距离大于表层,末端竹排沙位置盐度为 4 psu 左右;河段 3 盐度等值线呈现垂向分布,其末端西河水闸位置盐度约为 1 psu;河段 4 从西河水闸向上游,盐度都小于 1 psu。

大潮落急时,河段 1 表层高盐海水基本退出口门,为冲淡水占据,底层由于地形原因,部分高盐水体聚集在底部无法退出,形成显著的表底分层现象，盐度等值线呈现水平分布，与洪湾水道汇合口处盐度为16 psu左右，明显高于涨潮时的盐度；河段2盐度等值线大体呈垂向分布，但表、底层盐度向上游入侵的距离反而大于大潮涨急时，该河段末端竹排沙位置盐度为6 psu左右；河段3盐度等值线呈现垂向分布，整体盐度较涨急时有显著升高，末端西河水闸位置盐度约为5 psu；河段4的整体盐度也呈现显著升高。

(2)中潮涨急时，河段1底层约7 km范围内由外海高盐度水体占据，表层则由冲淡水覆盖，盐度等值线呈现向陆方向的倾斜分布，与洪湾水道汇合口位置的最大盐度为5 psu左右；河段2在灯笼水闸以下游河段的盐度变化范围为1~5 psu，底层最远入侵距离达到灯笼水闸，灯笼水闸往上游河段2部分、河段3和河段4的水体盐度都小于1 psu。

中潮落急时，河段1基本为冲淡水占据，呈现显著的表、底分层现象，盐度等值线大体呈水平分布，底层最高盐度达17 psu以上，表层盐度为4 psu左右，与洪湾水道汇合口位置的盐度达到6 psu左右；河段2的盐度较涨急时整体有所升高，等值线大体呈现垂向分布，底层1 psu的等值线向上游最远接近联石湾水闸，从联石湾水闸往上游河段2的部分、河段3和河段4的水体盐度都小于1 psu。

(3)小潮涨急时，河段1底层高盐水体入侵较为显著，尽管底层含盐度20 psu以上的纯海水仅仅进入到离口门4 km的范围，但河段1的底层基本都被15 psu以上的高浓度盐水占据，盐度等值线呈现由海向陆的倾斜分布，表层为盐度相对较低的冲淡水占据，形成显著分层现象，与洪湾水道汇合口位置最高盐度为8 psu左右；河段2在联石湾水闸下游河道的水体盐度变化范围为1~10 psu以内，较高含盐度出现在洪湾水道汇合口位置底层，显示是河段1底层部分较高含盐度的水体侵入所致；联石湾水闸以上河段的水体盐度都在1 psu以内。

小潮落急时，河段1水体含盐度较涨急时有显著下降，底层最大盐度为15 psu左右，表层最低为3 psu左右，形成显著的表底分层现象，底层较高浓度的含盐水体由于地形阻碍无法完全退出口门，盐度等值线呈现由海向陆的倾斜分布，与洪湾水道交汇处的最大盐度为6 psu 左右；河段 2 水体含盐度较涨急时有所下降，联石湾水闸下游河道水体盐度变化范围为 1 ~6 psu，从联石湾水闸往上游河道含盐度都在 1psu 以内。

综上可见，近河口的磨刀门水道由于其特殊的水深地形和潮汐水动力形态，决定了口门盐度入侵的变化特性。

(1)枯季大潮时，由于潮动力占绝对主导作用，外海高盐度的纯海水从口门显著入侵到磨刀门水道，对磨刀门水道下泄径流形成了显著顶托作用，致使大潮时的盐度等值线总体呈现垂向分布；中潮和小潮时，潮动力减弱，径流作用凸显，密度较小的淡水或冲淡水由表层向下游流动，底层高浓度的盐水由于地形及补偿流动原因向上游入侵，形成显著的表底分层现象。

(2)从口门至洪湾水道的河段 1 由于水深地形呈现由海向陆倾斜下降的形态，因此导致底层容易为高浓度盐水占据，且不宜完全退出口门；与洪湾水道的汇合口处地形的升高对来自外海的底层高盐水体入侵具有显著的阻挡作用。

(3)大潮时的盐水入侵距离较远，1 psu 的盐度等值线能达到竹银以上，中潮和小潮时则基本都在联石湾水闸以下。

(4)潮汐动力较强时(大潮和中潮)，落潮时的盐水向上游的入侵距离反而较涨潮时更远，根据对流态分析显示，潮汐动力强时，上游下泄的径流基本被潮流挡在磨刀门水道上游河段内，造成潮水和淡水分别聚集在水道的下游和上游，上游水道含盐度迅速降低；落潮时，聚集在水道内的大量潮流与淡水迅速下泄，由于磨刀门水道的水深地形变化迅速，高低地形交叉分布对下泄水流形成显著的阻挡和反弹作用，造成水流的强烈紊动，导致下泄时盐度反而迅速向上游方向扩散。潮汐动力弱(小潮)时，由于整个水道内水流流速很低，流态平缓，紊动较弱，因此总体仍呈现涨潮时入侵距离大于落潮时的情况。因此，枯季磨刀门水道盐水入侵的主要影响因素为地形和潮动力。

7.3 咸潮入侵对污染物的输移影响特性

7.3.1 污染物数值模拟方案

磨刀门水道内的污染物主要来源于上游径流挟带和沿岸城市排污。磨刀门近口门处水系较多，一般在进入磨刀门水道的位置段设置有闸门控制，沿岸大多数陆源污染也是通过内陆水网汇入该水道。因此，为初步探讨盐水入侵对污染物的输移和扩散影响，此处在数学模型中，以分布在磨刀门水道沿线的各水闸和排污口作为主要污染物的源点，暂不考虑上游径流挟带影响，依据磨刀门水道主要水闸位置，设置的污染物源点见图 7-10。为方便作图、分析和讨论，污染物浓度取为 1 个单位，排放流量取为 500 m^3/s，源点设在所选位置沿水深方向第三层，所有污染物源点在模拟时段内连续排污，磨刀门水道内初始污染物浓度为 0。

7.3.2 污染物的分布特性

图 7-11 给出了纵剖面上大、中、小潮下的污染物浓度分布等值线，该剖面线位置与盐度剖面线位置一致，详见图 7-10。分析可见：

(1)大潮涨急时，从口门至洪湾水道汇合口之间近 10 km 范围内的污染物浓度出现显著分层现象，由于靠近口门污染物的浓度与潮水的稀释密切相关，该现象进一步说明了即使在大潮期间，也存在由盐水异重流和盐水楔现象导致的盐水分层现象，污染物等值线分布密集处同时也是盐水楔锋面处，上游 15 km 左右处的地形对该盐度锋具有一定的阻挡作用；从洪湾水道往上游达竹排沙处，此段有 4 个污染源点，总体来看，污染物浓度值较大，并呈现微弱分层现象。竹排沙至西河水闸之间的河段属于石岐水道，西河水闸污染源点紧邻该水道上游端，且该水道水深较浅，因此该水道表底层污染物浓度在 0.9 以上；从西河水闸往上游，污染物浓度等值线呈现垂向密集分布，显然是由于高浓度污染区向上游清洁的径流区迅速过渡所致。

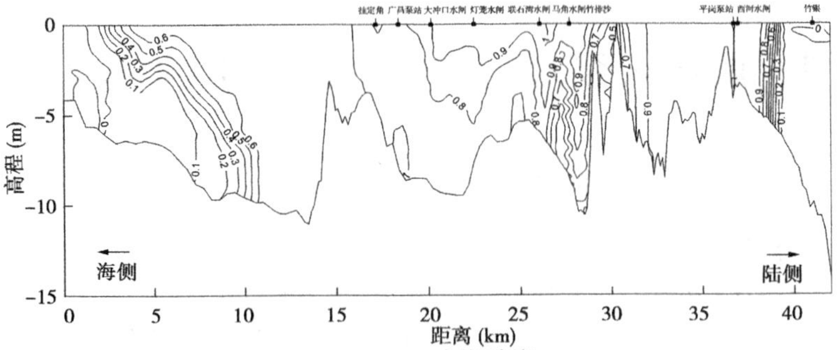

(a) 大潮涨潮

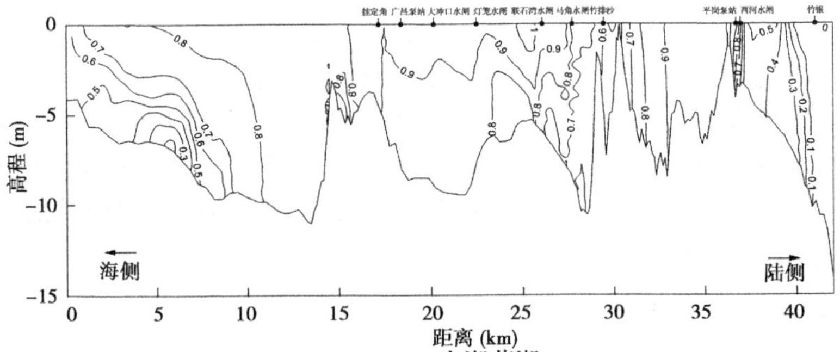

(b) 大潮落潮

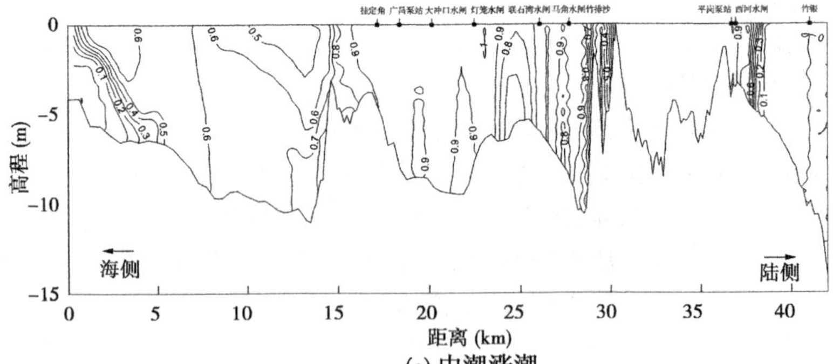

(c) 中潮涨潮

图 7-11　不同潮型下的纵剖面污染物浓度等值线图

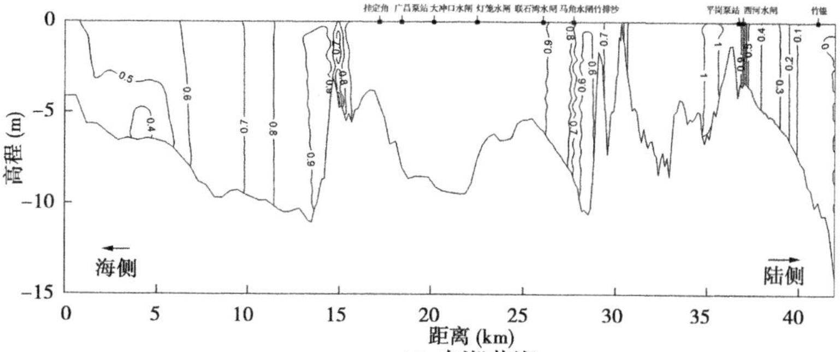

(d) 中潮落潮

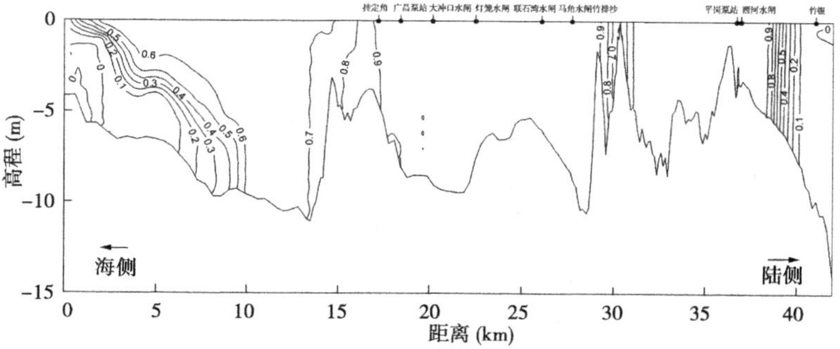

(e) 小潮涨潮

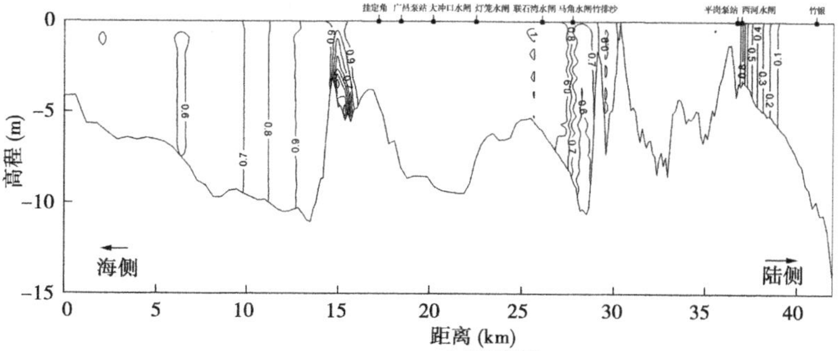

(f) 小潮落潮

续图 7-11

(2)大潮落急时，从口门至洪湾水道汇合口之间10 km范围内的河段存在分层现象，在离口门约5 km的位置存在一污染物低浓度区，浓度值仅为0.2左右，表层污染物浓度达0.8以上，显示是由于从口门至洪湾水道汇合口之间近15 km的范围内地形呈现下切，退潮时部分高含盐低污染物浓度的水体由于地形阻挡而无法退出口门所致；在洪湾水道与磨刀门水道汇合口处的底部，也存在一较低污染物浓度区域，显示是由于落潮时洪湾水道底层低浓度高含盐潮水进入磨刀门水道所致；从洪湾水道汇合口至竹排沙，同样由于设置的污染物源点较多，排污流量较大，整体表底层污染物浓度较大，并呈现微弱分层；由竹排沙至西河水闸间的石岐水道污染仍然很严重，且无分层；从西河水闸至竹银河段，由于落潮时径流下泄的稀释作用，高浓度污染物区域(大于0.5)有所减少，但低浓度污染物区域(小于0.5)反而有所扩大，主要是由于从西河水闸往上游，地形呈现急剧下切，上游下泄的径流由于受地形阻挡，水流紊动加剧，从而导致污染物向上游方向的迅速扩散所致。

(3)中潮涨急时，从口门至洪湾水道汇合口之间的河段污染物浓度分层现象不明显，仅在距口门5 km的范围内存在分层现象，其他位置污染物表底层混合较为均匀；从洪湾水道汇合口至西河水闸水体污染物浓度含量同样很大，且基本不存在分层现象；从西河水闸向上游竹银河段，由于上游径流稀释作用强烈，水体污染物浓度含量很低；中潮落急时，从口门至洪湾水道汇合口段，仅在距口门5 km范围内存在微弱分层现象，同样在距口门4 km的位置存在一污染物低浓度区，显然也是由于地形阻挡作用所致，其他位置河段污染物表底层混合均匀，无分层现象；在洪湾水道汇合口处底层同样也存在一相对较低的污染物浓度区域；洪湾水道汇合口至西河水闸之间的河段水体污染物浓度很大，无分层现象；从西河水闸至竹银河段，同样显示高浓度污染物区域(大于0.5)有所减少，但低浓度污染物区域(小于0.5)反而有所扩大。

(4)小潮涨急时,从口门至洪湾水道之间15 km的河段,其中靠口门10 km的范围内污染物浓度存在显著分层现象,其他位置表底层污染物浓度较为均匀,无分层现象;从汇合口至西河水闸之间的河段污染物浓度很大,无分层现象,西河水闸至上游竹银段污染物浓度由于冲淡水作用迅速减小。小潮落急时,从口门至洪湾水道汇合口之间的污染物浓度含量较大,达0.6以上,且表底层污染物浓度相同,无分层现象;洪湾汇合口位置河段底层同样存在一相对较低浓度的区域,从洪湾汇合口至西河水闸之间河段污染物浓度含量很高,西河水闸以上至竹银河段高浓度污染物区域和低浓度污染物区域都有所减小。

比较图7-9和图7-11可见,潮动力越强,或越接近口门,污染物浓度分布等值线与盐度分布等值线形态也越相似,显示水道内污染物受潮汐和盐水活动影响也越显著;同时磨刀门水道内的地形特征也影响到了盐水活动和污染物浓度的输移扩散,以上节将磨刀门水道分为4段来看:

第一段地形从口门向陆方向呈快速下切,致使涨潮时底层高含盐水体极容易向上游入侵,从而形成水体分层现象,导致污染物浓度表层显著高于底层的现象;落潮时,由于地形的阻挡作用,底层低污染物浓度的高含盐水体则无法全部退出口门,从而形成一局部低污染物浓度区域。

第二段从洪湾水道汇合口至竹排沙段呈现两端高、中间低的特征,涨潮时阻碍了污染物的下泄,落潮时下游端洪湾水道对该段下泄流的顶托,不利于表底层污染物向外的扩散。

第三段从竹排沙至西河水闸之间的石岐水道水深较浅,地形也呈现两端高、中间低的形状,由于地形阻碍及水动力条件弱,西河水闸排污对该水道影响很大,导致该水道污染物浓度表底层含量很高,污染物难以向外输移和扩散。

第四段为西河水闸向上游竹银河段,地形呈现急剧下切态势,该段淡水稀释作用强烈,尤其是落潮时,下泄淡水径流由于受到地形的阻挡作用，水体紊动强烈，反而导致低浓度污染物向上游迅速扩散的特殊现象。

可见，磨刀门水道污染物分布特征与该水道的潮动力驱动的盐水活动、淡水径流以及地形特征密切相关，其中磨刀门水道特殊的地形特征对口门盐水入侵规律有重要的影响作用，从而也决定了污染物在该水道的输移和扩散规律。

7.3.3 咸潮入侵与污染物输移的相关关系

为探索磨刀门水道盐度对污染物的输移和影响规律，图 7-12 ~ 图 7-16 给出了 1#、3#、4#、5#和 8#测点表、中、底层盐度与污染物的相关关系，分析可见：

(1)口门 1#测点位置表、中、底层盐度与污染物浓度的相关性系数分别是 0.819、0.913 和 0.946，两者具有很好的负相关性，即盐度越大，污染物浓度越小，且底层相关性更好于表层。由于口门处含盐度大于某一临界值后的污染物浓度都接近 0，因此该部分数据在拟合过程前先被过滤掉，以免干扰对盐度与污染物相关关系的分析。

由于 1#测点处于磨刀门水道与外海交界位置，盐度和污染物浓度主要受潮汐和潮流作用控制，因此口门位置污染物浓度的变化更多地取决于涨落潮过程中海水的稀释作用，涨落潮流量大，则稀释作用强烈，但相应水体含盐度也会升高；口门表层水体含盐度达到 20 psu 的临界值以后，污染物浓度接近于 0，显示表层完全被清洁的外海海水占据；愈往底层，该临界盐度值越大，也说明了底层盐度要高于表层。同时可见，愈往底层，超出该临界盐度值的点愈多，显示底层存在更为强烈的盐水入侵现象，从而对污染物的稀释作用更强烈。

另外，从盐度与污染物的相关关系来看，口门表、中、底层的污染物随盐度增加而减小的斜率分别是 -0.041 3、-0.037 和 -0.035，可见表层污染物浓度随盐度增加而衰减的速率快于中层和底层。

(2)测点 3#紧邻洪湾水道汇合口下游，该位置点表、中、底层盐度与污染物浓度的相关性系数分别是 0.903、0.78 和 0.88，污染物

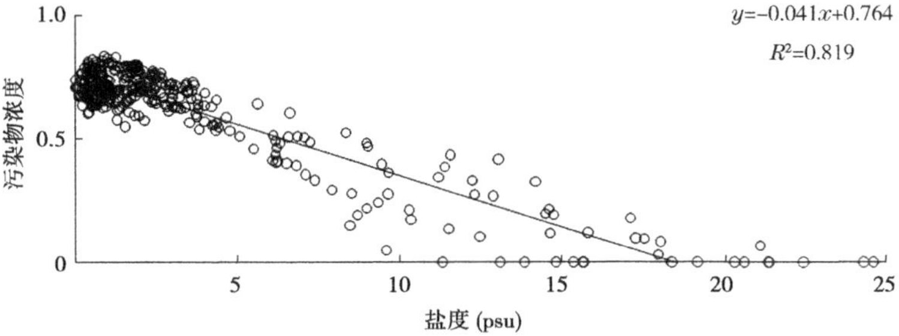

(a) 表层

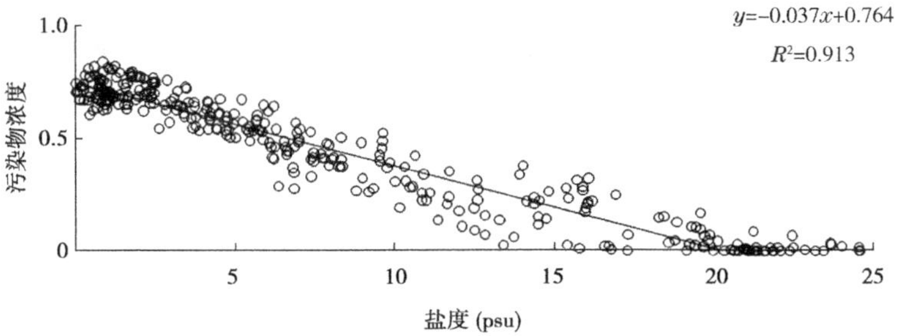

(b) 中层

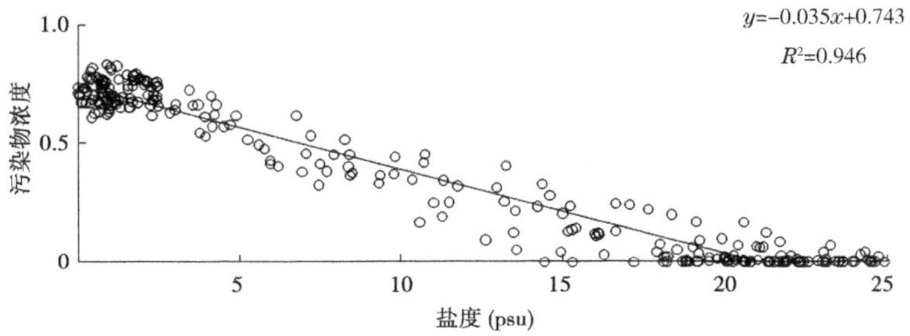

(c) 底层

图 7-12　污染物浓度和盐度的相关关系(1#)

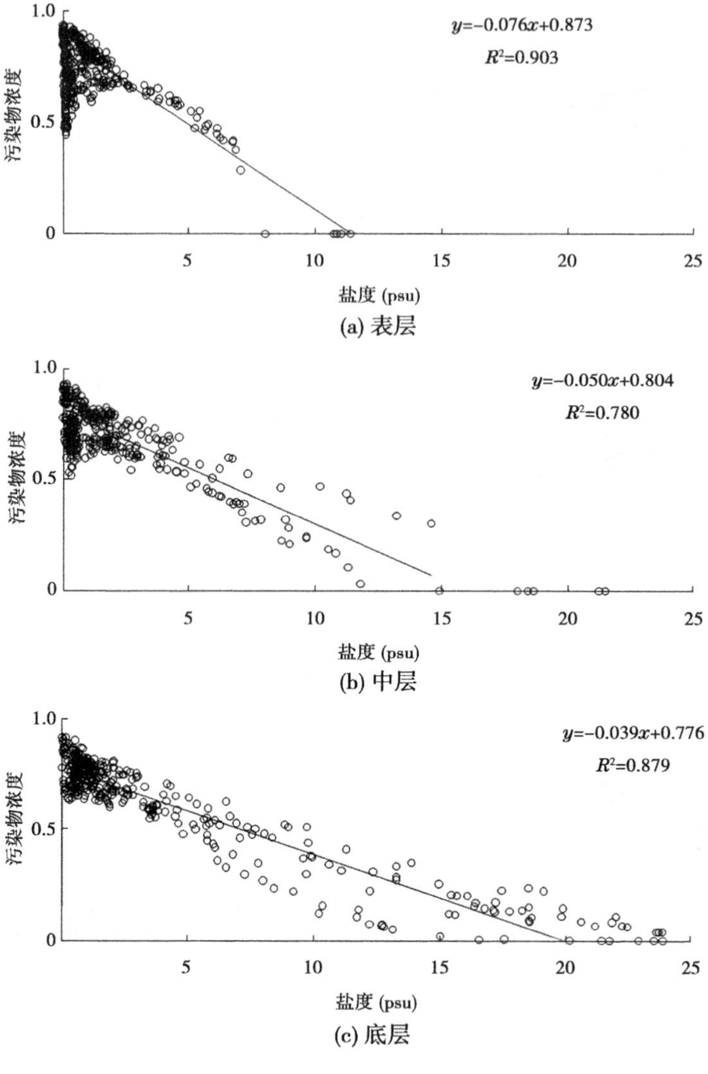

图 7-13　污染物浓度和盐度的相关关系(3#)

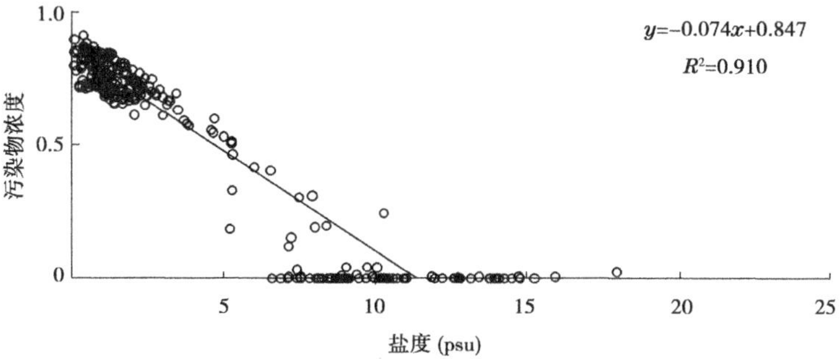

(a) 表层

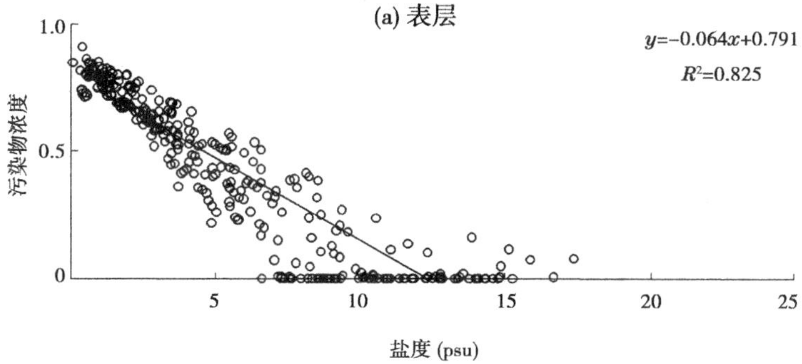

(b) 中层

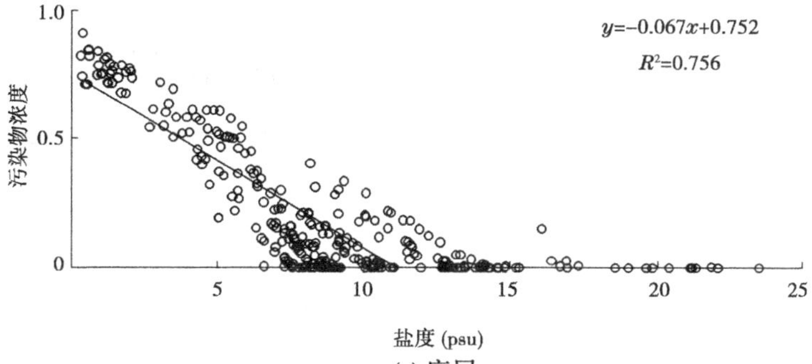

(c) 底层

图 7-14　污染物浓度和盐度的相关关系(4#)

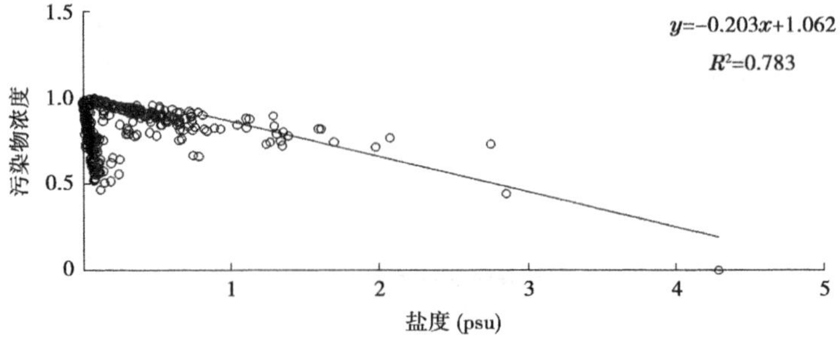

(a) 表层

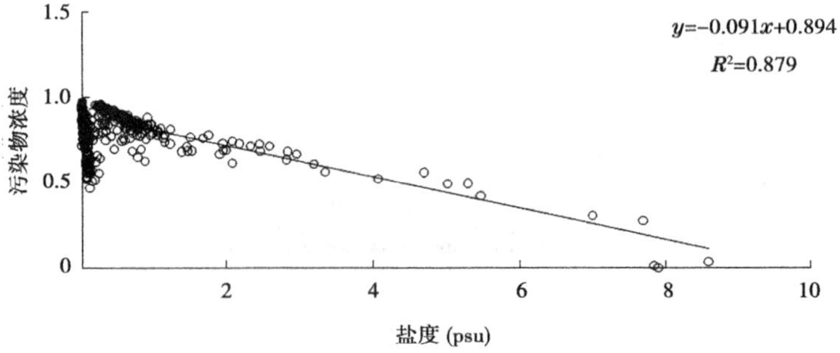

(b) 中层

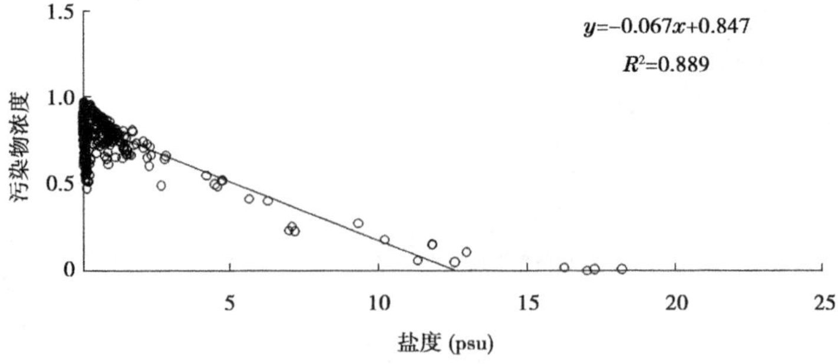

(c) 底层

图 7-15　污染物浓度和盐度的相关关系(5#)

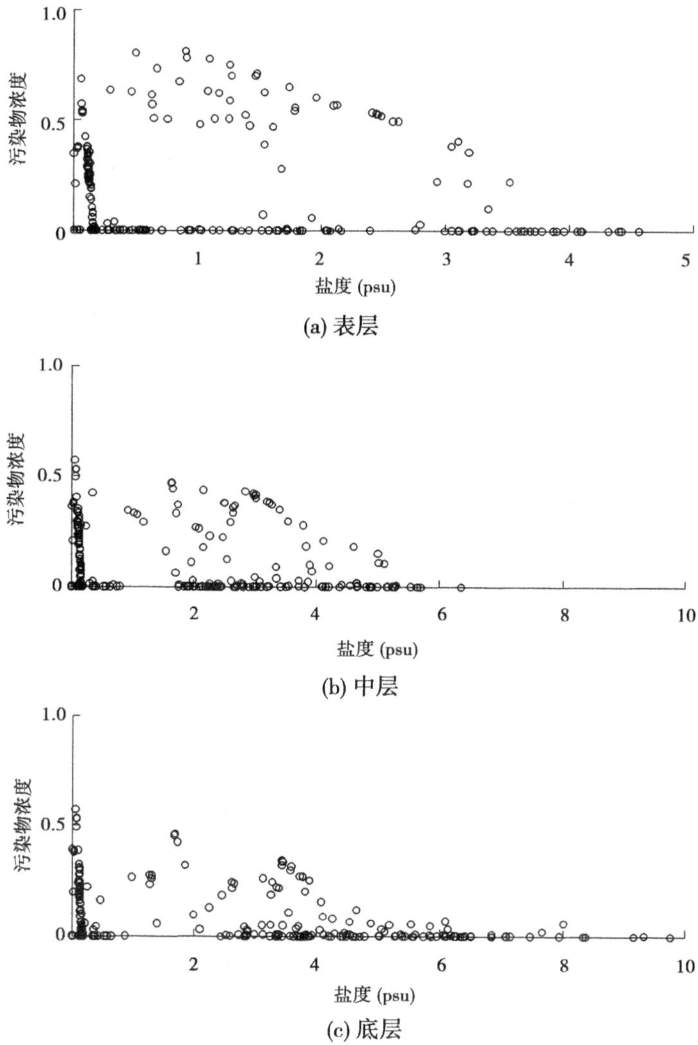

图 7-16　污染物浓度和盐度的相关关系(8#)

浓度与盐度也具有很好的相关性。同时，有部分数据点显示盐度为0时的污染物浓度较大，显示此时该点为挟带高浓度污染物的淡水占据，且这些数据点数量由表层向底层递减，显示该位置点同时受潮流和径流控制，且愈往底层，径流影响愈弱，潮流入侵作用愈强。

从盐度与污染物的相关关系来看，表、中、底层的污染物随盐度增加而减小的斜率分别是 -0.076、-0.05 和 -0.039，同样显示表层污染物浓度随盐度增加而衰减的速率快于中层和底层。且同一层的污染物衰减速率也快于口门1#测点。

(3)测点4#布置在洪湾水道内，洪湾水道内没有布置污染物源点，该水道的污染物主要由涨潮时磨刀门水道的潮流挟带入内，表、中、底层盐度与污染物浓度的相关性分别是0.91、0.83和0.76，相关性较好。同样，由于该水道淡水径流少，水体含盐度较高，在初始阶段或落潮时，部分较高盐度时的污染物浓度接近为0，显示此时污染物尚未进入该水道或已退出该水道，且愈往底层，这些数据点愈多，因此拟合时将此部分数据点过滤掉。其表、底层拟合线的斜率分别是 -0.074 5 和 -0.067 8，显示表层污染物浓度衰减速率快于底层。

(4)测点5#由于靠近中上游，受径流作用影响较强，可见其有很大部分数据点靠近纵坐标，显示此时以淡水挟带污染物为主，咸水影响较弱；在将此部分数据点过滤后，得到表、中、底层盐度与污染物的相关系数分别是0.78、0.88和0.89，也具有较好的相关性。拟合线斜率分别是 -0.204、-0.09 和 -0.07，同样显示表层污染物浓度衰减速率快于底层。

(5)测点8#位于本次模拟计算的上游端，主要受淡水径流作用影响强烈，图中显示数据点较为散乱，污染物和盐度相关性不大。由于本次模拟计算设置的污染源点主要布置在该测点的下游位置，因此总体来看，不存在上游径流挟带污染物对该测点的影响，主要影响来自于其对岸西河水闸污染物的紊动扩散以及涨潮时下游部分污染物回溯到上游所致。

根据以上对各测点污染物和盐度的相关性分析,可以总结如下:

(1)磨刀门水道内的动力条件主要为径流、潮汐和盐水入侵,各时刻污染物的分布是各动力综合作用的结果,靠近口门段,污染物以潮汐动力和盐水入侵作用为主,径流作用为辅,中间段则受到三者的共同作用,靠上游段主要以径流和潮汐作用为主;而从沿水深分层来看,表层较底层受径流作用影响更为强烈,底层则受盐水入侵更为强烈。

(2)在过滤掉部分污染物接近0以及盐度接近0的数据点后,本次模拟计算的大部分河段内(大致从联石湾水闸往下游),污染物浓度与水体含盐度分布具有很好的相关性,总体显示含盐度越大,污染物浓度越低,因此可以大致推定枯季咸潮入侵对污染物的稀释是靠近河口段污染物浓度下降的主要原因。

(3)盐水入侵对污染物浓度存在较为显著的影响,从以上测点分析显示,在相同污染物浓度下,底层的含盐度较表层高,由于底层盐水入侵更为强烈,从而对污染物的稀释作用更为显著,因此一般显示表层污染物浓度要高于底层。

(4)磨刀门水道内不同位置污染物浓度随盐度衰减的速率不同,总体来看,表层污染物浓度随含盐度衰减的速率要高于底层,靠近口门位置测点的污染物浓度衰减速率要慢于上游。其主要原因为径流作用影响,由于径流主要作用于水体表层和上游河段,径流在挟带污染物的同时,对盐水具有较强的稀释作用,从而形成河道上游及水体表层污染物浓度较高而含盐度较低。

参考文献

[1] 李春初. 论河口体系及其自动调整作用[J]. 地理学报,1997,52(4):353-360.

[2] 戴志军,任杰,周作付. 河口定义及分类研究的进展[J]. 台湾海峡,2000,19(2):254-260

[3] 陈吉余,陈沈良. 南水北调工程对长江河口生态环境的影响[J]. 水资源保护,2002,(3):10-13.

[4] 陈为峰,周维芝,史衍玺. 黄河三角洲湿地面临的问题及其保护[J]. 农业环境科学学报,2003,22(4):499-502.

[5] 罗宏宇,黄方,张养贞. 辽河三角洲沼泽湿地时空变化及其生态效应[J]. 东北师范大学学报:自然科学版, 2003,35(2):100-105.

[6] 谷东起,赵晓涛,夏东兴. 中国海岸湿地退化压力因素的综合分析[J]. 海洋学报,2003,25(1):78-85.

[7] 王国平,张玉霞. 水利工程对向海湿地水文与生态的影响[J]. 资源科学,2002,24(3):26-30.

[8] 吕金福,范有生. 莫莫格湖泊群近50年来的环境变化[J]. 地理科学,2000,20(3):279-283.

[9] 李秀莲,王幼慧. 黄河断流的成因分析及对策[J]. 甘肃水利水电技术,2002,38(2):91-93.

[10] 崔伟中. 珠江河口滩涂湿地的问题及其保护研究[J]. 湿地科学, 2004,2(1):26-30.

[11] 李波. 盘锦"红海滩"退化初探[J]. 垦殖与稻作,2006,(4):76-78.

[12] 朱浩峥,侯万发,李忠波,等. 双台子河口"红海滩"退化初探[J]. 土壤通报, 2006,37(6):1191-1194.

[13] 李忠波. 盘锦海岸带"红海滩"植物群落退化原因及恢复措施[J]. 辽宁城乡环境科技,2002,22(3):37-45.

[14] 陈吉余,陈沈良. 河口海岸环境变异和资源可持续利用[J]. 海洋地质与第四纪地质,2002,22(2):1-7.

[15] 王宏,陈丕茂,贾晓平,等. 海水交换能力的研究进展[J]. 南方水产,

2008,4(2):75-80.
[16] 方神光,陈文龙,崔丽琴. 伶仃洋水域纳潮量计算及演变分析[J]. 海洋环境科学,2012,31(1):76-78.
[17] 方神光,陈文龙,崔丽琴. 伶仃洋河口水域纳潮特性分析[J]. 海洋科学,2012,36(6):105-112.
[18] 罗承平. 珠江委派工作组赴珠江三角洲开展咸潮专题调研[J]. 人民珠江,2004,(2):48.
[19] 殷建平,王友绍,徐继荣,等. 特大咸潮对珠江入海河段环境要素的影响[J]. 热带海洋学报,2006,25(4):79-84.
[20] 俞鸣同. 闽江口河口盐水楔活动的研究[J]. 海洋通报,1998,17(6),1-6.
[21] 崔莹,吴莹,张国森,等. 盐水入侵下长江口南港水域COD和营养盐分布[J]. 海洋环境科学,2009,28(5):549-561.
[22] 谭维炎. 盐水楔运动规律的研究评述[J]. 水科学进展,1994,5(2):149-159.
[23] 徐锋俊,朱士康,王华. 伶仃洋水动力环境分析及治理策略探讨[J]. 人民珠江,2004,(1):11-14.
[24] 柯东胜,关志斌,韩联名,等. 珠江口海域环境问题与对策[J]. 海洋开发与管理,2007,(2):88-92.
[25] 林卫强,李适宇. 夏季伶仃洋COD、DO的垂向分布及其影响因素[J]. 中山大学学报:自然科学版, 2002,41(4):82-86.
[26] 李丙瑞,田纪伟,刘志亮,等. 热带海洋次表层温度反升现象的初步探讨[J]. 自然科学进展,2005,15(2):198-205.
[27] 包芸,任杰. 伶仃洋盐度高度层化现象及盐度锋面的研究[J]. 水动力学研究与进展,2005,Ser. A,20(6):689-693.
[28] Weinstein M P, Litvin S Y, Guida V G. Considerations of habitat linkages, estuarine landscapes, and the trophic spectrum inwet1and restoration design [J]. Journal of Coastal Research,2005,40: 51-63.
[29] 肖风劲,欧阳华. 生态系统健康及其评价指标和方法[J]. 自然资源学报,2002,17(2):203-209.
[30] 曾德慧,姜凤岐,范志平. 生态系统健康与人类可持续发展[J]. 应用生态学报,1999,10(6):715-756.
[31] 林卫强,李适宇,历红梅. 夏季珠江口COD的浓度分布及影响因素[J].

海洋与湖沼,2003,34(1):67-73.
[32] 杨美兰,林钦,黄洪辉,等. 珠江口水域化学耗氧量(COD)的分布特征[J]. 海洋通报,2005,24(4):22-26.
[33] Gillibrand P A, Balls P W. Modelling Salt Intrusion and Nitrate Concentrations in the Ythan Estuary[J]. Estuarine, Coastal and Shelf Science, 1998, 47:695-706.
[34] Milnes E, Renard P. The problem of salt recycling and seawater intrusion in coastal irrigated plains: an example from the Kiti aquifer (Southern Cyprus)[J]. Journal of Hydrology, 2004, 288:327-343.
[35] Tho N, Vromant N, Hung N T, et al. Organic pollution and salt Intrusion in Cai Nuoc District, Ca Mau Province, Vietnam[J]. Water Environment Research, 2006, 78(7):716-723.
[36] McManus J. Salinity and suspended matter variations in the Tay Estuary[J]. Continental Shelf Research, 2005, 25:729-747.
[37] Essink G H P. The saltwater intrusion in 3D LargeScale aquifers: A dutch case[J]. Physics and Chemistry of the Earth (Part B), 2001, 26(4):337-344.
[38] Anna GG, ImmaT, Eric J, et al. Origin and vertical dynamics of particulate organic matter in a salt-wedge estuary, the Ebro Delta, inferred from lipid molecular markers and compound-specific isotope carbon analysis[J]. Marine Chemistry, 2011, 126:269-280.
[39] Akihide K, Yoshiro K, Masahiro U, et al. Salt-wedge intrusion of seawater and its implication for phytoplankton dynamics in the Yura Estuary, Japan[J]. Estuarine, Coastal and Shelf Science, 2010, 86:408-414.
[40] Kiriaki H, Georgios S, Vassilios AT. Salt-wedge propagation in a Mediterranean micro-tidal river mouth[J]. Estuarine, Coastal and Shelf Science,2010, 90:174-184.
[41] E Marcelo A, Hermes M, Raul G,et al. An overview of physical and ecological processes in the Rio de la Plata Estuary[J]. Continental Shelf Research, 2008, 28:1579-1588.
[42] 俞鸣同. 闽江口河口盐水楔活动的研究[J]. 海洋通报,1998,17(6), 1-6.
[43] 崔莹,吴莹,张国森,等. 盐水入侵下长江口南港水域 COD 和营养盐分布

[J]. 海洋环境科学,2009,28(5):549-561.

[44] 管卫兵,王丽娅,潘建明,等. POM 模式在河口湾污染物质输运过程模拟中的应用[J]. 海洋学报,2002,24(3):9-17.

[45] Zhou NQ, Bernhard W, Jiang SM, et al. A coupling simulation based on a hydrodynamics and water quality model of the Pearl River Delta, China[J]. Journal of Hydrology, 2011, 396: 267-276.

[46] 肖莞生,陈子燊. 珠江河口区枯季咸潮入侵与盐度输运机理分析[J]. 水文,2010,30(3):10-14.

[47] 殷建平,王友绍,徐继荣,等. 特大咸潮对珠江入海河段环境要素的影响[J]. 热带海洋学报,2006,25(4):79-84.

[48] Wong LA, Guan W B, Chen JC, et al. A model study of influence of circulation on the pollutant transport in the Zhujiang River Estuary and adjacent coastal waters[J]. Acta Oceanologica Sinica, 2004, 23(2):225-237.

[49] 柯东胜,关志斌,余汉生,等. 珠江口海域污染及其研究趋势[J]. 海洋环境科学,2007,20(5):488-491.

[50] 林卫强,李适宇. 珠江口水环境可持续发展的探讨[J]. 海洋环境科学,2002,21(4):54-58.

[51] 陈炳禄,张云霓,王志刚,等. 伶仃洋水文特征与水质变化趋势分析[J]. 重庆环境科学,2002,24(2):69-72.

[52] 杨莉玲,朱志夏,王运洪,等. 波浪对理想河口盐度分布影响的数值模拟[J]. 上海交通大学学报,2008,42(6):997-1000.

[53] 田向平. 河口盐水入侵作用研究动态综述[J]. 地球科学进展,1994,9(2):29-34.

[54] 李春初. 高盐陆架水入侵影响我国河口概况与问题[J]. 海洋科学,1990,(3):54-59.

[55] Backjaus J O. A semi-implicit scheme for the shallow water equations for application to shelf sea modeling[J]. Continental Shelf Research, 1983, 4(2): 243-254.

[56] 欧素英. 珠江三角洲咸潮活动的空间差异性分析[J]. 地理科学,2009,29(1):89-92.

[57] 应秩甫,陈世光. 珠江口伶仃洋咸淡水混合特征[J]. 海洋学报,1983,5(1):1-10.

[58] 包芸,任杰. 珠江河口西南季风强迫下潮流场的数值模拟[J]. 海洋通报,2003,22(4):8-14.

[59] 金腊华,徐峰俊. 河口及近海水质模拟[M]. 北京:化学工业出版社,2007.

[60] 黄小平,黄良民. 珠江口海域无机氮和活性磷酸盐含量的时空变化特征[J]. 台湾海峡,2002,21(4):416-421.

[61] 马媛,魏巍,夏华永,等. 珠江口伶仃洋海域营养盐的历史变化及影响因素研究[J]. 海洋学报,2009,31(2):69-77.

[62] 邱耀文,王肇鼎. 珠江口伶仃洋水域溶解氧特征[J]. 热带海洋,1994,13(2):99-102.

[63] Chen SS, Fang LG, Zhang LX, et al. Remote sensing of turbidity in seawater intrusion reaches of Pearl River Estuary—A case study in Modaomen water way, China[J]. Estuarine, Coastal and Shelf Science, 2009, 82:119-127.

[64] 李丙瑞,田纪伟,刘志亮,等. 热带海洋次表层温度反升现象的初步探讨[J]. 自然科学进展,2005,15(2):198-205.

[65] 潘建明,周怀阳,扈传昱,等. 夏季珠江口沉积物中营养盐剖面分布和界面交换通量[J]. 海洋学报,2002,24(3):52-59.

[66] 罗琳,李适宇,王晓东. 珠江河口夏季缺氧现象的模拟[J]. 水科学进展,2008,19(5):729-735.

[67] 林洪瑛,刘胜,韩舞鹰. 珠江口底层海水季节性缺氧现象及其引发 CTB 的潜在威胁[J]. 湛江海洋大学学报, 2001, 21:25-29.

[68] Paul J H, Ying KD, Lee JHW, et al. Physical-biological coupling in the Pearl River Estuary[J]. Continental Shelf Research, 2008, 28:1405-1415.

[69] Heaps N S. Development of a three-dimensional numerical model of the Irish Sea[C]. Rapp. Rev. Reun. Cons. Int. Explor. Mer., Sec. 3: Models, 1974, 167:147-162.

[70] Davies A M. The numerical solution of the three-dimensional hydrodynamic equations using a B-spline representation of vertical current profile[C]. Proceedings of the 8th liege colloquium on ocean hydrodynamics. Amsterdam Elsevier,1977:1-25.

[71] Leedertse J J, Alexander R C, Liu S K. A three-dimensional model for estuaries and coastal seas[M]. New York. Rand Corp. 1975.

[72] Blumberg A F, Mellor G L. A description of a three-dimensional coastal ocean circulation model[C]//Heaps N. S. In: Three-Dimensional Coastal Ocean Models. Washiongton: American Geophysical Union, 1987:1-16.
[73] Backhaus J O. A three-dimensional model for the simulation of shelf sea dynamics[J]. Deutsche Hydrographische Zeitschrift, 1985, 38:165-187.
[74] 李孟国,曹祖德. 海岸河口潮流数值模拟的研究与进展[J]. 海洋学报,1999,21(1):111-125.
[75] 李义天,赵明登,曹志芳. 河道平面二维水沙数学模型[M]. 北京:中国水利水电出版社,2001.
[76] 李炜. 黏性流体的混合有限分析解法[M]. 北京:科学出版社,2000.
[77] 陈景仁. 湍流模型及有限分析法[M]. 上海:上海交通大学出版社,1989.
[78] Huai Wenxin, Fang Shenguang, Dai Huichao. Behavior of Obstructed Square Buoyant Vertical Jets in Static Ambient(I)-Verification of Mathematical Model and Numerical Method[J]. Applied Mathematics and Mechanics, 2006, 27(5):645-652.
[79] Huai Wenxin, Fang Shenguang, Dai Huichao. Behavior of Obstructed Square Buoyant Vertical Jets in Static Ambient(I)-Analysis on Behavior of Flow field[J]. Applied Mathematics and Mechanics, 2006, 27(5):653-659.
[80] 方神光,槐文信. 静水中正方形孔口浮力射流特性的研究[J]. 应用基础与工程科学学报,2004,12(4):361-369.
[81] Leendertse J J. A water quality simulation model for well-mixed estuaries and coastal seas, Vol. 1, principle of computation[M]. New York, The Rand Corporation, 1970.
[82] 王宏,陈丕茂,贾晓平,等. 海水交换能力的研究进展[J]. 南方水产,2008,4(2):75-80.
[83] 刘沛然,闻平,周作付. 珠江口伶仃洋滩槽发育演变影响因素分析[J]. 中山大学研究生学刊:自然科学版,1999,20(1):32-38.
[84] 徐君亮,李永兴,蔡福祥,等. 珠江口伶仃洋滩槽发育演变[M]. 北京:海洋出版社,1985.
[85] 刘岳峰,韩慕康,邬伦,等. 珠江三角洲口门区近期演变与围垦远景分析[J]. 地理学报,1998,53(6):492-500.
[86] 陈水森,黎夏,邹春洋,等. 20 年来珠江口伶仃洋滩槽变化及演变分析

[J]. 海洋学报研究简报,2001,(6):52-54.

[87] 沈汉堃,刘建业,堪晓东,等. 珠江出海口门泄洪形势分析[J]. 人民珠江,2006,(2):10-12.

[88] 陆浩,高冬光. 桥梁水力学[M]. 北京:人民交通出版社,1991.

[89] Sarker M D. Flow measurement around scouredbridge piers using Acoustic-Doppler Velocimeter(ADV)[J]. Flow Measurement and Instrumentation,1998(9):217-227.

[90] 张玮,解鸣晓. 桩墩壅水数值计算方法研究[J]. 水利水电科技进展,2008,28(5):25-28.

[91] 周华兴,孙玉萍. 墩柱受水流作用时阻力系数的试验研究[R]. 天津:交通部天津水运科学研究所,1985.

[92] Ball D J. Simulation of Piers in Hydraulic Models[J]. Jourmal of the Waterways,Harbors and Coastal Engineering Division,ASCE,1974,100(1):18-27.

[93] 赵晓冬. 桩群阻力研究及模型码头桩群计算[R]. 南京:南京水利科学研究院,1996.

[94] 解鸣晓,张玮,谢慧姣. 桩群数值模拟中的概化方法研究[J]. 水动力学研究与进展,2008,23(4):464-471.

[95] 方神光,吴保生. 南水北调中线工程输水渠道桥梁影响分析[J]. 水利水电科技进展,2007,27(6):61-63.

[96] Parker D S, Norris D P, Nelson A W. Tidal exchange at Golden Gate[J]. Proc. of ASCE, 1972, 98(2): 305-323.

[97] 柏井诚. 海水交换概念与海水交换率[J]. Journal of Oceanogr Soc. Jap., 1984, 40(2): 135-147.

[98] Daviesa. Meteorologically induced circulation on the North West European continental shelf from a three dimensional numerical model[J]. OceanologicaActa, 1982, 53 (2): 269-280.

[99] 曾刚. 厦门湾海水交换的初步计算[J]. 海洋通报, 1984, 3(5): 7-11.

[100] Fischer H B. Mass transport mechanisms in partially stratified estuaries[J]. Journal of Fluid Mech., 1972, 53(4):671-687.

[101] Dyer K R. The salt balance in stratified estuary[J]. Est Coast Mar Sci, 1974, 2:273-281.

[102] Chatwin P C. Some remarks on the maintenance of the salinity distribution in

estuaries[J]. Est Coast Shelf Sci. , 1976, 4:555-566.

[103] 董礼先,苏纪兰. 象山港水交换数值研究:I. 对流 - 扩散型的水交换模式[J]. 海洋与湖沼,1999,30(4):410-414.

[104] 韩志远,田向平,刘峰. 珠江磨刀门水道咸潮上溯加剧的原因[J]. 海洋学研究,2010,28(2):52-59.

[105] 刘杰斌,包芸,黄宇铭. 丰、枯水年磨刀门水道盐水上溯运动规律对比[J]. 力学学报,2010,42(6):1098-1103.

[106] 包芸,刘杰斌,任杰,等. 磨刀门水道盐水强烈上溯规律和动力机制研究[J]. 中国科学G辑,2009,39(10):1527-1534.

[107] 闻平,陈晓宏,刘斌,等. 磨刀门水道咸潮入侵及其变异分析[J]. 水文,2007,27(3):65-67.

[108] 路剑飞,陈子燊. 珠江口磨刀门水道盐度多步预测研究[J]. 水文,2010,30(5):69-74.

[109] 吕爱琴,彭靖,梁剑喜,等. 磨刀门水道枯季咸潮上溯规律分析[J]. 广东水利水电,2011(S0): 22-24.

[110] 陈荣力,刘诚,高时友. 磨刀门水道枯季咸潮上溯规律分析[J]. 水动力学研究与进展,2011,26(3):312-317.

[111] 罗丹. 磨刀门咸潮测验的实践[J]. 水利技术监督,2011,(5):21-23.

[112] 陈斌,杨聿. 珠江骨干水库调度对遏制磨刀门水道咸潮上溯的效果分析[J]. 广东水利水电,2009(4):10-14.

[113] 何慎术,钱海强. 磨刀门水道咸潮入侵规律及影响因素初步分析[J]. 人民珠江,2008,(3):18-21.

[114] 韩志远,田向平,刘峰. 珠江磨刀门水道咸潮上溯加剧的原因[J]. 海洋学研究,2010,28(2):52-59.

[115] 胥加仕,罗承平. 近年来珠江三角洲咸潮活动特点及重点研究领域探讨[J]. 人民珠江,2005,(2):21-23.

[116] 罗宪林,季荣耀,杨利兵. 珠江三角洲咸潮灾害主因分析[J]. 自然灾害学报,2006,15(6):146-148.

[117] 吴亚帝,闻平. 近年来珠江三角洲咸潮入侵加强原因及对策探讨[C]//中国水利学会. 2005学术年会论文集——水环境保护及生态修复的研究与实践. 北京:中国水利水电出版社,2005:90-95.

[118] 李春初. 珠江口磨刀门的河口动力与沉积[J]. 热带地理,1983,(1):27-

35.
[119] 李春初,田向平,罗宪林,等. 西江磨刀门拦门沙的形成演变及口门整治问题[C]//第七届全国海岸工程学术讨论会论文集(上). 北京:海洋出版社,1993:172-181.
[120] 胡达,李春初,王世俊. 磨刀门河口拦门沙演变规律的研究[J]. 泥沙研究,2005,(4):71-75.
[121] 丁晓英,喻丰华. 近 30 年磨刀门拦门沙演变遥感监测分析[J]. 人民珠江,2011,(4):3-5.
[122] Chau Y K, Wong C S. Oceano graphical investigations in the Northern Shelf Region of the South China off Hong Kong[J]. Fish. Bull., Hong Kong, 1960, (3):1-25.
[123] 田向平. 河口盐水入侵作用研究动态综述[J]. 地球科学进展,1994,9(2):29-34.
[124] 张志忠,阮文杰,蒋国俊. 长江口动水絮凝沉降与拦门沙淤积的关系[J]. 海洋与湖沼,1995,26(6):632-638.
[125] 刘锋,田向平,韩志远,等. 近四十年西江磨刀门水道河床演变分析[J]. 泥沙研究,2011,(1):45-50.
[126] 罗小峰,陈志昌. 长江口水流盐度数值模拟[J]. 水利水运工程学报,2004,(2):29-33.
[127] 彭靖. 咸潮对磨刀门水道环境要素的影响[J]. 广东水利水电,2009(4):19-21.